普通高等教育“十一五”规划教材

资源与环境保护概论

王新　沈欣军　主编

U0392142

化学工业出版社
·北京·

全书分为四篇。基础篇，主要介绍生态学、城市生态系统及生态城市的建设、人口与环境、环境监测和环境质量评价、环境经济与环境管理；资源与能源篇，主要介绍资源与能源的类型、现状及发展趋势；环境保护篇，主要讨论环境污染问题（水污染、大气污染、固体废物、土壤污染、物理污染）及其防治方法；可持续发展篇，详细介绍可持续发展战略的形成、战略实施和在实践中的应用。

本书可作为高等院校环境科学、环境工程等专业师生的教材，也可作为高等院校非环境专业本科生素质教育课程的教材使用，还可供从事环境保护工作的研究人员、管理人员等阅读使用。

图书在版编目（CIP）数据

资源与环境保护概论/王新．沈欣军主编．—北京：化学工业出版社，2009.9（2024.9重印）
普通高等教育“十一五”规划教材
ISBN 978-7-122-05903-1

Ⅰ．资…　Ⅱ．王…　Ⅲ．①自然资源-资源保护-高等学校-教材②生态环境-环境保护-高等学校-教材　Ⅳ．X37

中国版本图书馆CIP数据核字（2009）第107815号

责任编辑：满悦芝　宋林青　　文字编辑：荣世芳
责任校对：李　林　　装帧设计：尹琳琳

出版发行：化学工业出版社（北京市东城区青年湖南街13号　邮政编码100011）
印　　装：北京建宏印刷有限公司
787mm×1092mm　1/16　印张13½　字数329千字　2024年9月北京第1版第10次印刷

购书咨询：010-64518888　　售后服务：010-64518899
网　　址：http://www.cip.com.cn
凡购买本书，如有缺损质量问题，本社销售中心负责调换。

定　　价：39.00元

版权所有　违者必究

前　言

由于科学技术的飞速进步，世界经济迅猛发展，人类社会发生了翻天覆地的变化，许多先人的梦想已经或正在逐步变成现实，这是很令人欢欣鼓舞的。但人类在20世纪中叶开始面临众多环境问题的挑战，由此带来了一场新的觉醒，那就是对环境问题的认可，残酷的现实告诉人们，经济水平的提高和物质享受的增加，很大程度上是在牺牲环境与资源的基础上换来的。可以毫不夸张地说，人类正遭受着严重的环境问题的威胁和危害。这种威胁和危害关系到当今人类的健康、生存与发展，更关系到人类未来的前途。解决经济增长和资源利用、环境保护的矛盾和问题，谋求人类经济、社会和生态的持续发展，已成为当今人类的历史使命。

我国政府十分重视资源、环境和发展问题。1978年以来，就先后把实行计划生育和环境保护作为社会主义现代化建设的两项基本国策。20世纪90年代初，又把科教兴国和可持续发展战略作为两项基本战略，并制定和实施了一系列行之有效的法律和政策。1994年我国在世界上率先制定了《中国21世纪议程——中国21世纪人口、环境与发展白皮书》，它已成为我国制定国民经济和社会发展中长期规划的一个指导性文件，并已经开始实施。

为了向读者介绍有关人口、资源和环境保护学科的一些基本理论和基础知识，使读者更加全面而深入地认识我国的基本国情，了解国际经济发展和资源、环境形势，也为了和读者一起学习和借鉴国际先进理论、观念和方法，研究解决我国的经济发展和环境问题，编者特编写了此教材。

本教材以高等学校普及环境教育为出发点，力求做到章节层次分明、内容重点突出、概念理论清晰、应用实例丰富。力争使各专业学生在研读本书后，不仅对资源和环境保护有深刻的认识，而且能在以后的生产、管理、设计及研究等工作中自觉地把环境保护放在重要位置，增强环境意识，具备可持续发展观，因此具有一定的实用性。为了保护环境，走可持续发展的道路，从根本上解决环境问题，迫切需要全人类的觉醒和一致的行动，从高层的决策人物到普通的老百姓，无一例外地与环境问题密切相关，并对环境保护起重要的作用。尤其是年轻的一代，他们将是未来世界的主人，他们的意识、伦理、知识、信念都将极大程度地决定世界的未来。

全书分为四篇，十六章，即绪论、基础篇、资源与能源篇、环境保护篇、可持续发展篇。分别由王新（第五章、第十三章、第十四章、第十五章）、沈欣军（绪论、第一章、第九章）、梁吉艳（第四章、第七章）、张林楠（第三章、第十章）、崔丽（第六章、第十一章）、王惠丰（第八章）、杜英君（第二章）和李艳平（第十二章）编写。全书由王新统稿。

本书配有免费电子教案，选用本书作为教材的老师可发 e-mail 到 cipedu@163.com 索取。

本书内容广泛，因编者编写水平和时间有限，书中缺点和疏漏在所难免，敬请读者批评指正。

编者

2009年7月

目　录

第一篇　基　础　篇

第二篇 资源与能源篇

第三篇 环境保护篇

第四篇　可持续发展篇

绪　论

环境保护是我国的一项基本国策，随着社会主义现代化建设的发展和经济改革的深入，环境保护工作越来越引起人们的关心和重视。1992 年，联合国“环境与发展”大会以后，实行可持续发展战略，促进经济与环境协调发展已成为世界各国的共识。实践证明，以大量消耗资源、粗放经营为特征的传统经济发展模式，经济效益低，排污量大，不但环境质量必然会不断恶化，损害人民健康，而且经济也难以持续发展。因此，在建立社会主义市场经济和深化改革的过程中，我们必须勇于探索，勇于创新，尽快转变发展战略，开拓具有中国特色的环境保护道路。在经济持续、快速、健康发展的同时，创造一个清洁安静、优美舒适的劳动环境和生活环境，是历史赋予我们的光荣而艰巨的任务。

第一节　环境概论

一、环境的定义

环境是一个应用广泛的名词或术语，因此它的含义和内容既丰富，又随各种具体状况而不同。从哲学上来说，环境是一个相对于主体而言的客体，它与其主体相互依存，它的内容随着主体的不同而不同。因此，在不同的学科中，环境一词的科学定义也不相同，其差异源于主体的界定。对于环境科学而言，“环境”的含义应是：“以人类社会为主体的外部世界的总体。”这里所说的外部世界主要指：人类已经认识到的、直接或间接影响人类生存与社会发展的周围事物。它既包括未经人类改造过的自然界众多要素，如阳光、空气、陆地（山地、平原等）、土壤、水体（河流、湖泊、海洋等）、天然森林和草原、野生生物等；又包括经过人类社会加工改造过的自然界，如城市、村落、水库、港口、公路、铁路、空港、园林等。它既包括这些物质性的要素，又包括由这些要素所构成的系统及其所呈现出的状态。

目前，还有一种为适应某些方面工作的需要，而给“环境”下的定义，它们大多出现在世界各国颁布的环境保护法规中。例如，我国的环境保护法中明确规定：“本法所称环境是指：大气、水、土地、矿藏、森林、草原、野生动物、野生植物、水生植物、名胜古迹、风景游览区、温泉、疗养区、自然保护区、生活居住区等。”这是一种把环境中应当保护的要素或对象界定为环境的一种定义，其目的是从实际工作的需要出发，对环境一词的法律适用对象或适用范围做出规定，以保证法律的准确实施。

二、环境要素及其属性

（一）环境要素

构成环境整体的各个独立的、性质不同而又服从总体演化规律的基本物质组分称为环境要素，亦称环境基质，主要包括水、大气、生物、土壤、岩石和阳光等。环境要素组成环境的结构单元，环境的结构单元又组成环境整体或环境系统。例如，空气、水蒸气、地球引力、阳光等组成大气圈；河流、湖泊、海洋等地球上各种形态的水体组成水圈；土壤组成农田、草地和林地等；岩石组成地壳、地幔和地核，全部岩石和土壤构成岩石圈或称土壤-岩石圈；动物、植物、微生物组成生物群落，全部生物群落构成生物圈。因此，大气、水、土壤（岩石）和生物四大环境要素及其存在的空间构成了人类的生存环境，即大气圈、水圈、土壤-岩石圈和生物圈。

（二）环境要素的属性

环境要素具有非常重要的属性，这些属性决定了各个环境要素间的联系和作用的性质，是人类认识环境、改造环境、保护环境的基本依据。在这些属性中，最重要的是以下几项。

(1) 环境整体大于诸要素之和　环境诸要素之间相互联系、相互作用形成环境的总体效应，这种总体效应是在个体效应基础上的质的飞跃。某处环境所表现出的性质，不等于组成该环境的各个要素性质之和，而要比这种“和”丰富得多、复杂得多。

(2) 环境要素的相互依赖性　环境诸要素是相互联系、相互作用的。环境诸要素间的相互作用和制约，是通过能量流，即通过能量在各要素之间的传递，或以能量形式在各要素之间的转换来实现的。另一方面，通过物质循环，即物质在环境要素之间的传递和转化，使环境要素相互联系在一起。

(3) 环境质量的最差限制律　环境质量的一个重要特征是最差限制律，即整体环境的质量不是由环境诸要素的平均状态决定的，而是受环境诸要素中那个“最差状态”的要素控制的，不能够因其他要素处于良好状态而得到补偿。因此，环境诸要素之间是不能相互替代的。例如，一个区域的空气质量优良，声环境质量较好，但水体污染严重，连清洁的饮用水也不能保证，则该区域的总体环境质量就由水环境所决定，改善环境质量，首先要改善水质。

(4) 环境要素的等值性　任何一个环境要素，对于环境质量的限制，只有当他们处于最差状态时，才具有等值性。也就是说，各个环境要素，无论它们本身在规模上或数量上是如何的不相同，但只要是一个独立的要素，那么他们对环境质量的限制作用并无质的差别。如前述，对一个区域来说，属于环境范畴的空气、水体、土地等均是独立的环境要素，无论哪个要素处于最差状态，都制约着环境质量，使总体环境质量变差。

(5) 环境要素变化之间的连锁反应　每个环境要素在发展变化的过程中，既受到其他要素的影响，同时也影响其他要素，形成连锁反应。例如，由于温室效应引起的大气升温，将导致干旱、洪涝、沙暴、飓风、泥石流、土地荒漠化、水土流失等一系列自然灾害。这些自然现象之间一环扣一环，只要其中的一环发生改变，就可能引起一系列连锁反应。

三、环境的功能

对人类而言，环境功能是环境要素及由其构成的环境状态对人类生产和生活所承担的职能和作用，其功能非常广泛。

（一）为人类提供生存的基本要素

人类、生物都是地球演化到一定阶段的产物，生命活动的基本特征是生命体与外界环境的物质交换和能量转换。空气、水和食物是人体获得物质和能量的主要来源。因此，清洁的空气、洁净的水、无污染的土壤和食物是人类健康和世代繁衍的基本环境要素。

（二）为人类提供从事生产的资源基础

环境是人类从事生产与社会经济发展的资源基础。自然资源可以分为可耗竭资源（不可再生资源）和可再生资源两大类。可耗竭资源是指资源蕴藏量不再增加的资源，它的持续开采过程也就是资源耗竭的过程，当资源的蕴藏量为零时，就达到了耗竭状态。可耗竭资源主要是指煤炭、石油、天然气等能源资源和金属等矿产资源。

可再生资源是指能够通过自然力以某一增长率保持、恢复或增加蕴藏量的自然资源。例如太阳能、大气、森林、农作物以及各种野生动植物等。许多可再生资源的可持续性受人类利用方式的影响。在合理开发利用的情况下，资源可以恢复、更新、再生甚至不断增长。而不合理的开发利用，会导致可再生过程受阻，使蕴藏量不断减少，以至枯竭。例如水土流失或盐碱化导致土壤肥力下降，农作物减产；过度捕捞使渔业资源枯竭，由此降低鱼群的自然增长率。有些可再生资源不受人类活动影响，当代人消费的数量不会使后代人消费的数量减少，例如太阳能、风力等。

（三）对废物的消化和同化能力（环境自净能力）

人类在进行物质生产或消费过程中，会产生一些废物并排放到环境中。环境通过各种各样的物理（稀释、扩散、挥发、沉降等）、化学（氧化和还原、化合和分解、吸附、凝聚等）、生物降解等途径来消化、转化这些废物，使暂时污染的环境又恢复到原来的自然状态。如果环境不具备这种自净功能，整个地球早就充满了废物，人类将无法生存。

环境自净能力（环境容量）与环境空间的大小、各环境要素的特性、污染物本身的物理和化学性质有关。环境空间越大，环境对污染物的自净能力就越大，环境容量也就越大。对某种污染物而言，它的物理和化学性质越不稳定，环境对它的自净能力也就越大。

（四）为人类提供舒适的生活环境

环境不仅能为人类的生产和生活提供物质资源，还能满足人们对舒适性的要求。清洁的空气和水不仅是工农业生产必需的要素，也是人们健康愉快生活的基本需求。优美的自然景观和文物古迹是宝贵的人文财富，可成为旅游资源。优美舒适的环境使人心情轻松，精神愉快，对人类健康和经济发展都会起到促进作用。随着物质和精神生活水平的提高，人类对环境舒适性的要求也会越来越高。

四、环境承载力

承载力（Carrying Capacity，CC）是用以限制发展的一个最常用概念。

“环境承载力”一词的出现，最初是用来概述环境对人类活动所具有的支持能力的。众所周知，环境是人类生产的物质条件，是人类社会存在和发展的物质载体，它不仅为人类的各种活动提供空间场所，同时也供给这些活动所需要的物质资源和能量，这一客观存在反映出环境对人类活动具有支持能力。正是在认识到环境的这种客观属性的基础上，20 世纪 70 年代，“环境承载力”一词开始出现在文献中。

环境问题的出现，具体原因是多样的，人口过多，对环境的压力太大；生产过程资源利用率低，造成资源浪费及污染物的大量产生；毁林开荒，引起生态失调等。这些均是促成环境问题形成和发展的动因。这些原因都可以归结为人类社会经济活动，因此，可以说，环境问题的产生是由于人类社会经济活动超越了环境所能承载的“限度”而引起的。

1991 年，北京大学等在湄洲湾环境规划的研究中，科学定义了“环境承载力”的含义，即环境承载力是指在某一时期，某种状态或条件下，某地区的环境所能承受人类活动作用的阈值。因此环境承载力的大小可以以人类活动作用的方向、强度和规模来加以反映。不同地区、不同人类开发活动水平将对该地区的环境产生不同程度的影响，开发强度不够，社会生产力低下，会直接影响人民群众的生活水平，开发强度过大，又会影响、干扰以致破坏人类赖以生存的环境，反过来会制约社会生产力。因此，人类必须掌握环境系统的运动变化规律，了解发展中经济与环境相互制约的辩证关系，在开发活动中做到发展生产与保护环境相协调，既要高速发展生产，又不破坏环境，或是经过人工改造，使环境朝着人类进步的方向发展，促使人类文明不断提高，自然资源永续利用。

第二节 环境问题

一、概述

二三十年前，人们对环境问题的认识只局限在环境污染或公害的方面，因此那时把环境污染等同于环境问题，而地震及水、旱、风灾等则认为属自然灾害。可是近几十年来自然灾害发生的频率及受灾的人数都在增加。以水灾为例，全世界于20世纪60年代平均每年受水灾人数达244万人，而70年代则为1540万人，即受水灾人数增加4.3倍。1998年夏季，中国南方出现罕见的多雨天气，持续不断的大雨以逼人的气势铺天盖地地压向长江，使长江无须臾喘息之机地经历了自1954年以来最大的洪水。洪水一泻千里，几乎全流域泛滥，加上东北的松花江、嫩江泛滥，包括受灾最重的江西、湖南、湖北、黑龙江四省，共有29个省、市、自治区都遭受了这场无妄之灾，受灾人数上亿，近500万所房屋倒塌，2000万公顷土地被淹，经济损失达1600多亿元人民币。这些都是由人类活动引起的自然灾害，进而也都是环境问题。

环境问题就其范围大小而论，可从广义和狭义两个方面解释。从广义理解，是由自然力和人力引起生态平衡破坏，最后直接或间接影响人类的生存和发展的一切客观存在的问题，都是环境问题；从狭义理解，是由于人类的生产和生活活动，使自然生态系统失去平衡，反过来影响人类生存和发展的一切问题。

二、环境问题分类

如果从引起环境问题的根源考虑，可以将环境问题分为两类。由自然引起的为原生环境问题，又称第一环境问题，它主要指火山活动、地震、台风、洪涝、干旱、滑坡等自然灾害问题，对于这类环境问题，目前人类的抵御能力还很脆弱。由于人类活动引起的为次生环境问题，也叫第二环境问题，它又可分为环境污染和生态环境破坏两类。

① 环境污染是指人类活动产生并排入环境的污染物或污染因素超过了环境容量和环境自净能力，使环境的组成或状态发生了改变，环境质量恶化，从而影响和破坏了人类正常的生产和生活。例如工业“三废”排放引起的大气、水体、土壤污染。

② 生态环境破坏是指人类开发利用自然环境和自然资源的活动超过了环境的自我调节能力，使环境质量恶化或自然资源枯竭，影响和破坏了生物正常的发育和演化以及可更新自然资源的持续利用。例如砍伐森林引起的土地沙漠化、水土流失、一些动植物物种灭绝等。

有时把污染和生态破坏统称为环境破坏，有的国家则统称为环境公害。环境问题的分类如图0-1所示。

- 环境
  - 原生：地震、海啸、干旱、洪涝
  - 次生
    - 环境
      - 污染：水体、大气、土壤
      - 干扰：噪声、振动、电磁波辐射
    - 生态环境破坏：森林破坏、草原退化、沙漠化、水土流失、物种灭绝等

图0-1 环境问题的分类

原生和次生两类环境问题都是相对的。它们常常相互影响，重叠发生，形成所谓的复合效应。例如大面积毁坏森林可导致降雨量减少；大量排放CO_2可使温室效应加剧，使地球气温升高、干旱加剧。目前，人类对第一类环境问题尚不能有效防治，只能侧重于监测和预报。

三、环境问题的产生与发展

环境问题是随着人类社会和经济的发展而发展的。随着人类生产力的提高，人口数量也迅速增长，人口的增长又反过来要求生产力进一步提高，如此循环作用，直至现代，环境问题发展到十分尖锐的地步，即由轻污染、轻破坏、轻危害向重污染、重破坏、重危害方向发展。依据环境问题产生的先后和轻重程度，可将环境问题的产生与发展大致分为以下四个阶段。

（一）环境问题萌芽阶段（工业革命以前）

人类在诞生以后很长的岁月里，只是天然食物的采集者和捕食者，人类对环境的影响不大。那时“生产”对自然环境的依赖十分突出，人类主要是以生活活动、以生理代谢过程与环境进行物质和能量转换，主要是利用环境，而很少有意识地改造环境。如果说那时也发生“环境问题”的话，则主要是由于人口的自然增长和盲目的乱采乱捕、滥用资源而造成生活资料缺乏，引起的饥荒问题。为了解除这种环境威胁，人类被迫学会了吃一切可以吃的东西，以扩大和丰富自己的食谱，或是被迫扩大自己的生活领域，学会适应在新的环境中生活的本领。

随后，人类学会了培育、驯化植物和动物，开始发展农业和畜牧业，这在生产发展史上是一次大革命。而随着农业和畜牧业的发展，人类改造环境的作用也越来越明显地显示出来，但与此同时也发生了相应的环境问题，如大量砍伐森林、破坏草原、刀耕火种、盲目开荒等，往往引起严重的水土流失、水旱灾害频繁和沙漠化；又如兴修水利、不合理灌溉，往往引起土壤的盐渍化、沼泽化以及引起某些传染病的流行。在工业革命以前虽然已出现了城市化和手工业作坊（或工场），但工业生产并不发达，由此引起的环境污染问题并不突出。

（二）环境问题的发展恶化阶段（工业革命至20世纪50年代前）

随着生产力的发展，在18世纪60年代至19世纪中叶，生产发展史上又出现了一次伟大的革命——工业革命。它使建立在个人才能、技术和经验之上的小生产被建立在科学技术成果之上的大生产所代替，大幅度地提高了劳动生产率，增强了人类利用和改造环境的能力，大规模地改变了环境的组成和结构，从而也改变了环境中的物质循环系统，扩大了人类的活动领域，但与此同时也带来了新的环境问题。一些工业发达的城市和工矿区的工业企业，排出大量废弃物污染环境，使污染事件不断发生。如1873年12月、1880年1月、1882年2月、1891年12月、1892年2月，英国伦敦多次发生可怕的有毒烟雾事件；19世纪后期，日本足尾铜矿区排出的废水污染了大片农田；1930年12月，比利时马斯河谷工业区由于工厂排出的有害气体，在逆温条件下造成了严重的大气污染事件。如果说农业生产主要是生活资料的生产，它在生产和消费中所排放的“三废”是可以纳入物质的生物循环而迅速净化、重复利用的，那么工业生产除生产生活资料外，还大规模地进行生产资料的生产，把大量深埋在地下的矿物资源开采出来，加工利用投入环境之中，许多工业产品在生产和消费过程中排放的“三废”，都是生物和人类所不熟悉，难以降解、同化和忍受的。总之，由于蒸汽机的发明和广泛使用以后，大工业日益发展，生产力有了很大的提高，环境问题也随之发展且逐步恶化。

（三）环境问题的第一次高潮（20世纪50年代至80年代以前）

环境问题的第一次高潮出现在20世纪50～60年代。20世纪50年代以后，环境问题更加突出，震惊世界的公害事件接连不断，世界著名的“八大公害事件”大多发生在本阶段(表0-1)，形成了第一次环境问题高潮。这主要是由于下列因素造成的。

表0-1　世界著名“八大公害事件”

事　件	时间、地区和危害	主要污染物
马斯河谷事件	1930年12月1日～5日，比利时马斯河谷的气温发生逆转，工厂排出的有害气体和煤烟粉尘，在近地大气层中积聚。3天后，开始有人发病，一周内，60多人死亡，还有许多家禽死亡。这次事件主要是由于几种有害气体和煤烟粉尘污染的综合作用所致，当时的大气中 SO_2 浓度高达 25～100mg/m^3	粉尘、SO_2、CO
多诺拉事件	1948年10月26日～31日间，美国宾夕法尼亚州的多诺拉小镇持续有雾，致使全镇43%的人口(5911人)相继发病，其中17人死亡。这次事件是由二氧化硫与金属元素、金属化合物相互作用所致，当时大气中 SO_2 浓度高达 0.5×10^{-6}～2.0×10^{-6}mg/m^3，并发现有尘粒	SO_2、CO、As、Pb 等
伦敦烟雾事件	1952年12月5～8日，素有“雾都”之称的英国伦敦，突然有许多人患呼吸系统疾病，并有4000多人相继死亡。此后两个月内，又有8000多人死亡。这起事件原因是当时大气中尘粒浓度高达 4.46mg/m^3，是平时的10倍，SO_2 浓度高达 1.34×10^{-6}mg/m^3，是平时的6倍	SO_2、粉尘
洛杉矶光化学烟雾事件	1936年在洛杉矶开采出石油后，刺激了当地汽车业的发展。至20世纪40年代初期，洛杉矶市已有250万辆汽车，每天消耗约1600万升汽油，但由于汽车汽化率低，每天有大量碳氢化合物排入大气中，受太阳光的作用，形成了浅蓝色的光化学烟雾，使这座本来风景优美、气候温和的滨海城市，成为“美国的雾城”。这种烟雾刺激人的眼、喉、鼻，引发眼病、喉头炎和头痛等症状，致使当地死亡率增高，同时，又使远在百里之外的柑橘减产，松树枯萎	光化学烟雾、O_3、NO、NO_2
水俣病事件	日本一家生产氮肥的工厂从1908年起在日本九州南部水俣市建厂，该厂生产流程中产生的甲基汞化合物直接排入水俣湾。从1950年开始，先是发现“自杀猫”，后是有人生怪病，因医生无法确诊而称之为“水俣病”。经过多年调查才发现，此病是由于食用水俣湾的鱼而引起。水俣湾因排入大量甲基汞化合物，在鱼的体内形成高浓度的积累，猫和人食用了这种被污染的鱼类就会中毒生病	甲基汞(CH_3-Hg)
痛痛病事件	20世纪50年代日本三井金属矿业公司在富山平原的神通川上游开设炼锌厂，该厂排入神通川的废水中含有金属镉，这种含镉的水又被用来灌溉农田，使稻米含镉。许多人因食用含镉的大米和饮用含镉的水而中毒，全身疼痛，故称“痛痛病”。据统计，在1963年至1968年5月，共有确诊患者258人，死亡人数达128人	Gd等
四日哮喘事件	20世纪五六十年代日本东部沿海四日市设立了多家石油化工厂，这些工厂排出的含 SO_2、金属粉尘的废气，使许多居民患上哮喘等呼吸系统疾病而死亡。1967年，有些患者不堪忍受痛苦而自杀，到1970年，患者已达500多人	SO_2、粉尘
米糠油事件	1968年，日本九州爱知县一带在生产米糠油过程中，由于生产失误，米糠油中混入了多氯联苯，致使1400多人食用后中毒，4个月后，中毒者猛增到5000余人，并有16人死亡。与此同时，用生产米糠油的副产品黑油做家禽饲料，又使数十万只鸡死亡	多氯联苯(PCB)

首先，是人口迅猛增加，都市化的速度加快。刚进入20世纪时世界人口为16亿，至1950年增至25亿（经过50年人口约增加了9亿）；50年代之后，1950～1968年仅18年间就由25亿增加到35亿（增加了10亿）；尔后，人口由35亿增至45亿只用了12年(1968～1980年)。1900年拥有70万以上人口的城市，全世界有299座，到1951年迅速增加到879座，其中百万人口以上的大城市约有69座。在许多发达国家中，有半数人口住在

城市。

其次，是工业不断集中和扩大，能源的消耗大增。1900年世界能源消费量还不到10亿吨煤当量，至1950年就猛增至25亿吨煤当量；到1956年石油的消费量也猛增至6亿吨，在能源中所占的比例加大，又增加了新污染。大工业的迅速发展逐渐形成大的工业地带，而当时人们的环境意识还很薄弱，第一次环境问题高潮出现是必然的。

当时，在工业发达国家因环境污染已达到严重程度，直接威胁到人们的生命和安全，成为重大的社会问题，激起广大人民的不满，并且也影响了经济的顺利发展。1972年的斯德哥尔摩人类环境会议就是在这种历史背景下召开的，这次会议对人类认识环境问题来说是一个里程碑。工业发达国家把环境问题摆上了国家议事日程，包括制定法律、建立机构、加强管理、采用新技术，20世纪70年代中期环境污染得到了有效控制，城市和工业区的环境质量有明显改善。

（四）环境问题的第二次高潮（20世纪80年代以后）

第二次高潮是伴随环境污染和大范围生态破坏，在20世纪80年代初开始出现的一次高潮。人们共同关心的影响范围大且危害严重的环境问题有三类：一是全球性的大气污染，如温室效应、臭氧层破坏和酸雨；二是大面积生态破坏，如大面积森林被毁、草场退化、土壤侵蚀和荒漠化；三是突发性的严重污染事件迭起。表0-2列出了近20年发生的严重公害事件次数和公害病人数。这些全球性大范围的环境问题严重威胁着人类的生存和发展，无论是广大公众还是政府官员，也不论是发达国家还是发展中国家，都普遍对此表示不安。1992年里约热内卢环境与发展大会正是在这种社会背景下召开的，这次会议是人类认识环境问题的又一里程碑。

表0-2 近20年来发生的严重公害事件

事　件	发生事件	发生地点	产生危害	产生原因
阿摩柯卡的斯油轮泄油事件	1978年3月	法国西北部布列塔尼半岛	藻类、湖间带动物、海鸟灭绝	油轮触礁，2.2×10^5t原油入海
三哩岛核电站泄漏事件	1979年3月	美国宾夕法尼亚州	直接经济损失超过10亿美元	核电站反应堆严重失水
威尔士饮用水污染事件	1985年1月	英国威尔士州	200万居民饮用水污染，44%人中毒	化工公司将酚排入迪河
墨西哥油库爆炸事件	1984年11月	墨西哥	4200人受伤，400人死亡，10万人要疏散	石油公司油库爆炸
博帕尔农药泄漏事件	1984年12月	印度中央邦博帕尔市	2万人严重中毒，1408人死亡	45t异氰酸甲酯泄漏
切尔诺贝利核电站泄漏事故	1986年4月	前苏联乌克兰	203人受伤，31人死亡，直接经济损失30亿美元	4号反应堆机房爆炸
莱茵河污染事件	1986年11月	瑞士巴塞尔市	事故段生物绝迹，160km内鱼类死亡，480km内的水不能饮用	化学公司仓库起火，30t硫、磷、汞等剧毒物进入河流
莫农格希拉河污染事件	1988年11月	美国	沿岸100万居民生活受到严重影响	石油公司油罐爆炸，$1.3\times10^4m^3$原油进入河流
埃克森瓦尔迪兹油轮泄露事件	1989年3月	美国阿拉斯加	海域严重污染	漏油4.2×10^4t

前后两次高潮有很大的不同，有明显的阶段性。

其一，影响范围不同。第一次高潮主要出现在工业发达国家，重点是局部性、小范围的环境污染问题，如城市、河流、农田等；第二次高潮则是大范围乃至全球性的环境污染和大面积生态破坏。这些环境问题不仅对某个国家、某个地区造成危害，而且对人类赖以生存的整个地球环境造成危害。这不但包括了经济发达的国家，也包括了众多发展中国家。发展中国家不仅认识到全球性环境问题与自己休戚相关，而且本国面临的诸多环境问题，特别是植被破坏、水土流失和荒漠化等生态恶性循环，是比发达国家的环境污染危害更大、更难解决的环境问题。

其二，就危害后果而言，第一次高潮人们关心的是环境污染对人体健康的影响，环境污染虽也对经济造成损害，但问题还不突出；第二次高潮不但明显损害人类健康，每分钟因水污染和环境污染而死亡的人数全世界平均达到 28 人，而且全球性的环境污染和生态破坏已威胁到全人类的生存与发展，阻碍经济的持续发展。

其三，就污染源而言，第一次高潮的污染来源尚不太复杂，较易通过污染源调查弄清产生环境问题的来龙去脉。只要一个城市、一个工矿区或一个国家下决心，采取措施，污染就可以得到有效控制。第二次高潮出现的环境问题，污染源和破坏源众多，不但分布广，而且来源杂，既来自人类的经济再生产活动，也来自人类的日常生活活动；既来自发达国家，也来自发展中国家，解决这些环境问题只靠一个国家的努力很难奏效，要靠众多国家甚至全球人类的共同努力才行，这就极大地增加了解决问题的难度。

其四，第二次高潮的突发性严重污染事件与第一次高潮的“公害事件”也不相同。一是带有突发性，二是事故污染范围大、危害严重、经济损失巨大。例如：印度博帕尔农药泄漏事件，受害面积达 40 平方公里，据美国一些科学家估计，死亡人数在 0.6 万～1 万人，受害人数为 10 万～20 万人之间，其中有许多人双目失明或终生残废，直接经济损失数十亿美元。

四、环境问题的性质和实质

环境问题就其性质而言，首先，具有不断发展和不可根除性。它与人的欲望、经济的发展、科技的进步同时产生、同时发展。其次，环境问题的范围广泛而全面，它存在于生产、生活、政治、工业、农业和科技等各个领域。再次，环境对人类行为具有反作用，迫使人类在生产方式、生活方式、思维方式等一系列问题上进行改变。环境问题的最后一个性质是可控性，即人们可以通过宣传教育提高环境意识，充分发挥人的智慧和创造力，借助法律的、经济的、技术的手段把环境问题控制在影响最小的范围内。环境问题是由于人类活动而产生的，也就可以由人类去阻止它的发生和扩大。

从环境问题的发展历程可以看出，人为的环境问题是随人类的诞生而产生的，并随着人类社会的发展而发展。造成环境问题的根本原因是对环境的价值认识不足，缺乏妥善的经济发展规划和环境规划。环境是人类生存发展的物质基础和制约因素，随着人口增长，从环境中取得食物、资源、能源的数量必然要增长，也就是说，由环境向人类社会输入的总资源量增大。其中一部分供人类直接消费，有的经人体代谢变为“废物”排入环境，有的经使用后降低了质量；总资源中相当大一部分进入人类的生产过程，人口的增长要求工农业迅速发展，为人类提供越来越多的工农业产品，再经过人类的消费过程（生活消费与生产消费），变为“废物”排入环境，降低了环境资源的质量。环境的承载能力和环境容量是有限的，如果人口的增长、生产的发展不考虑环境条件的制约作用，超出了环境容许极限，那就会导致环境的污染与破坏，造成资源的枯竭和人类健康的损害。国际、国内的事实充分说明了上述论点。所以，环境问题的实质是由于盲目发展、不合理开发利用资源而造成的环境质量恶化和资源浪费，甚至枯竭和破坏问题。

五、当前世界面临的主要环境问题

当前人类所面临的主要环境问题是人口问题、资源问题、生态破坏问题和环境污染问题。它们之间相互关联、相互影响，成为当今世界环境科学所关注的主要问题。

（一）人口问题

人口的急剧增加可以认为是当前环境的首要问题。近百年来，世界人口的增长速度达到了人类历史上的最高峰，目前世界人口已达60亿！众所周知，人既是生产者，又是消费者。从生产者的角度来说，任何生产都需要大量的自然资源来支持，如农业生产要有耕地、工业生产要有能源、各类矿产资源、各类生物资源等。随着人口增加、生产规模的扩大，一方面所需要的资源要继续或急剧增大；一方面在任何生产中都将有废物排出，随着生产规模的增大而使环境污染加重。从消费者的角度来说，随着人口的增加、生活水平的提高，则对土地的占用（住、生产食物）越大，对各类资源如不可再生的能源和矿物、水资源等的需求也急剧增加，当然排出的废弃物量也增加，加重环境污染。我们都知道，地球上一切资源都是有限的，即使是可恢复的资源（如水、可再生的生物资源），也是有一定的再生速度，在每年中是有一定可供量的。而其中尤其是土地资源不仅是总面积有限，人类难以改变，而且还是不可迁移的和不可重复利用的。这样，有限的全球环境及其有限的资源，将限定地球上的人口也必将是有限的。如果人口急剧增加，超过了地球环境的合理承载能力，则必然造成生态破坏和环境污染。这些现象在地球上的某些地区已出现了，并正是我们要研究和改善的问题。

（二）资源问题

资源问题是当今人类发展所面临的另一个主要问题。众所周知，自然资源是人类生存发展不可缺少的物质依托和条件。然而，随着全球人口的增长和经济的发展，对资源的需求与日俱增，人类正受到某些资源短缺或耗竭的严重挑战。全球资源匮乏和危机主要表现在：土地资源在不断减少和退化，森林资源在不断缩小，淡水资源出现严重不足，生物多样性在减少，某些矿产资源濒临枯竭等。

（三）生态破坏

生态破坏是指人类不合理地开发、利用自然资源和兴建工程项目而引起的生态环境的退化及由此而衍生的有关环境效应，从而对人类的生存环境产生不利影响的现象。全球性的生态环境破坏主要包括：森林减少、土地退化、水土流失、沙漠化、物种消失等。

（四）环境污染

环境污染作为全球性的重要环境问题，主要指的是温室气体过量排放造成的气候变化、臭氧层破坏、广泛的大气污染和酸沉降、有毒有害化学物质的污染危害及其越境转移、海洋污染等。

六、当前中国面临的主要环境问题

我国的环境问题与世界其他发展中国家有许多共同点，环境卫生条件差，生态破坏严重。又由于我国虽地大物博但人口众多，人均资源数量很少。改革开放以来，我国的经济发展很快，国民生产总值逐年提高。因此，又有发达国家发展初期先污染、后治理的问题。

（一）经济快速发展，环境污染严重

改革开放以来，我国的经济一直保持高速增长。但由于我国长期沿袭粗放型的经济增长方式，管理水平比较落后；经济结构和产业结构不合理，技术水平较低，使单位 GDP 能耗和物耗居高不下，工业“三废”大量排放。由于历史原因，我国对环境问题的认识较迟，环境保护工作起步较晚，力量薄弱，旧的环境问题来不及解决，又出现新的问题，致使环境污染问题比较严重。

（二）资源浪费惊人，生态压力巨大

我国人口负担过重，人均资源相对贫乏，生态基础薄弱。在资源开发和利用过程中，往往不顾长远利益和生态利益，使原本脆弱的生态环境更加恶化。

（三）环保成绩显著，形式依然严峻

随着国家和公众对环境问题日益重视，我国在防治工业污染、城市环境建设和保护生态方面采取了很多措施，取得了一定进展。从总体上看，我国的环境污染和生态恶化趋势基本得到控制，部分地区有所改善。但应清醒地看到，我国当前环境污染还很严重，生态压力仍然很大。以 2003 年为例，全国共发生较大的环境污染和破坏事故数十次，给人民生命财产和国家经济建设带来巨大损失。

七、解决环境问题的根本途径

人口激增、经济发展和科技进步，是产生和激化环境问题的根源。因此，解决环境问题必须依靠控制人口、加强教育、提高人口素质、增强环境意识、强化环境管理，依靠强大的经济实力和科技进步。

① 控制人口对于解决当代环境问题，有着特殊重要的作用。与此同时，还要加强教育，普遍提高群众的环境意识，促使人们在进行任何一种社会活动、生产生活活动、科技活动与发明创造时，都能考虑到是否会对环境造成危害，或能否采取相应的措施，使对环境的危害降到最低程度。这些措施包括各种技术手段以及环境管理，特别是加强环境管理，是一种低投入、高效益的解决环境问题的根本途径。

② 解决环境问题必须要有相当的经济实力，不但需要付出巨大的财力、物力，而且需要经过长期的努力。有人做过初步的估计，要把目前我国的城市污水全部进行二级处理，按 20 世纪 80 年代中期的不变价格估算，至少需要 300 亿元；如果把控制工业和城市大气污染、防治生态环境破坏的资金也计算在内，至少需要几千亿元的资金。但是要知道，即便把 1991 年内、外债 461 亿元的收入计算在内，我国该年的财政收入才达到 3611 亿元，显然不可能把全年全国的财政收入都用在环境保护工作上。目前，我国用于环保的投资每年大约 100 多亿元，是当年国民生产总值的 0.7%。显然，有限的环保投资，对于我们这样一个幅员广大、有几千年人类活动的历史、环境污染和生态破坏的欠账都十分巨大的国家来说，远不能达到有效控制污染和生态环境破坏的目的。因此，更有必要借助科技的进步解决环境问题。

③ 科技进步与发展，虽然会产生各种各样的环境问题，但环境问题的解决仍离不开科技的进步。例如由燃煤带来的环境污染（大气和水污染及固体废物污染、全球变暖和酸沉降以及人造化学物质氟氯烃等的应用造成臭氧层的破坏等环境问题），需要改善和提高燃煤设备的性能和效率，寻找洁净能源或氟氯烃的替代物，从根本上清除污染源或降低污染源的危害程度，以及研制和生产高效、低能耗的环保产品，治理污染；或者通过科学规划，以区域

为单元，制定区域性污染综合防治措施等，都可以使现在较低的或有限的环保投资下获得较佳的环保效益。

毫无疑问，上述三个方面，都是解决环境问题的根本途径。

第三节 环境保护

一、环境保护的定义

环境保护就是通过采取行政的、法律的、经济的、科学技术等多方面的措施，保护人类生存的环境不受污染和破坏；还要依据人类的意愿，保护和改善环境，使它更好地适合于人类劳动和生活以及自然界中生物的生存，消除那些破坏环境并危及人类生活和生存的不利因素。环境保护所要解决的问题大致包括两个方面的内容，一是保护和改善环境质量，保护人类身心的健康，防止机体在环境的影响下变异和退化；二是合理利用自然资源，减少或消除有害物质进入环境，以及保护自然资源（包括生物资源）的恢复和扩大再生产，以利于人类生命活动。

当然，环境保护还必须考虑经济的增长和社会的发展，只有互相之间协调发展，才是新时代的环境保护新概念。

环境保护工作的好坏，直接与国家的安定有关，对保障社会劳动力再生产免遭破坏有着重要的意义。

随着人类对环境认识的深入，环境是资源的观点，越来越为人们所接受。空气、水、土壤、矿产资源等，都是社会的自然财富和发展生产的物质基础，构成了生产力的要素。由于空气污染严重，国外曾有空气罐头出售；由于水体污染、气候变化、地下水抽取过度，世界许多地方出现水荒；由于人口猛增、滥用耕地、土地沙漠化，使得土地匮乏等。由此我们可以看到，不保护环境，不保护环境资源，就会威胁到人类社会的生存，也关系到国民经济能否持续发展下去。

二、世界环境保护的发展历程

近百年来，世界各国，主要是发达国家的环境保护工作，大致经历了四个发展阶段。

（一）限制阶段（20世纪50年代以前）

环境污染早在10世纪就已发生，如英国泰晤士河的污染、日本足尾铜矿的污染事件等。20世纪50年代前后，相继发生了八大公害事件。由于当时尚未搞清这些公害事件产生的原因和机理，所以一般只是采取限制措施。如英国伦敦发生烟雾事件后，制定了法律，限制燃料使用量和污染物排放时间。

（二）“三废”治理阶段

20世纪50年代末、60年代初，发达国家环境污染问题日益突出，环境保护成了举世瞩目的国际性大问题，于是各发达国家相继成立环境保护专门机构。但因当时的环境问题还只是被看做工业污染问题，所以环境保护工作主要就是治理污染源、减少排污量。因此，在法律措施上，颁布了一系列环境保护的法规和标准，加强法治。在经济措施上，采取给工厂企业补助资金，帮助工厂企业建设净化设施，并通过征收排污费或实行“谁污染、谁治理”的原则，解决环境污染的治理费用问题。在这个阶段，经过大量投资，尽管环境污染有所控制，环境质量有所改善，但所采取的尾部治理措施从根本上来说是被动的，因而收效并不显著。

（三）综合防治阶段

1972 年 6 月 5 日至 16 日，联合国在瑞典斯德哥尔摩召开了人类环境会议，并通过了《人类环境宣言》。这次会议，成为人类环境保护工作的历史转折点，它加深了人们对环境问题的认识，扩大了环境问题的范围。宣言指出，环境问题不仅仅是环境污染问题，还应该包括生态环境的破坏问题。另外，它冲破了以环境论环境的狭隘观点，把环境与人口、资源和发展联系在一起，从整体上来解决环境问题。对环境污染问题，也开始实行建设项目环境影响评价制度和污染物排放总量控制制度，从单项治理发展到综合防治。1973 年 1 月，联合国大会决定成立联合国环境规划署，负责处理联合国在环境方面的日常事务工作。

（四）规划管理阶段

20 世纪 80 年代初，由于发达国家经济萧条和能源危机，各国都急需协调发展、就业和环境三者之间的关系，并寻求解决的方法和途径。该阶段环境保护工作的重点是：制定经济增长、合理开发利用自然资源与环境保护相协调的长期政策。其特点是：重视环境规划和环境管理，对环境规划措施，既要求促进经济发展，又要求保护环境；既要求有经济效益，又要有环境效益。要在不断发展经济的同时，不断改善和提高环境质量。

20 世纪 70 年代以来，许多国家在治理环境污染上都进行了大量投资。发达国家，如美国、日本用于环境保护的费用约占国民生产总值的 1%～2%；发展中国家为 0.5%～1%。环境保护在宏观上促进了经济的发展，既有经济效益，又有社会效益和环境效益；但在微观上，尤其在某些污染型工业和城市垃圾等方面，环境污染治理投资较高，运营费用较大，对产品成本有些影响，对城市社会经济的发展是一个重要的制约因素。

1992 年 6 月，在巴西里约热内卢召开了联合国环境与发展大会，这标志着世界环境保护工作又迈上了新的征途，探求环境与人类社会发展的协调方法，实现人类与环境的可持续发展。“和平、发展与保护环境是相互依存和不可分割的。”至此，环境保护工作已从单纯治理污染扩展到人类发展、社会进步这个更广阔的范围，“环境与发展”成为世界环境保护工作的主题。

三、中国环境保护的发展历程

中国的环境保护起步虽然较晚但成就突出，具有自己的特色。从 1973 年至今共经历了三个阶段。

（一）中国环保事业的起步（1973～1978 年）

中国派代表团参加了 1972 年 6 月 5 日在瑞典斯德哥尔摩召开的人类环境会议。通过这次会议，使中国代表团的成员比较深刻地了解到环境问题对经济社会发展的重大影响，高层次的决策者们开始认识到中国也存在着一系列环境问题，需要认真对待。在这样的历史背景下，1973 年 8 月 5 日至 20 日，在北京召开了第一次全国环境保护会议。

（二）改革开放时期环保事业的发展（1979～1992 年）

1978 年 12 月 18 日，党的十一届三中全会的召开，实现了全党工作重点的历史性转变，开创了改革开放和集中力量进行社会主义现代化建设的历史新时期，我国的环境保护事业也进入了一个改革创新的新时期。

1978 年 12 月 31 日，中共中央批准了国务院环境保护领导小组的《环境保护工作汇报要点》，指出：“消除污染，保护环境，是进行社会主义建设，实现四个现代化的一个重要组成部分……我们绝不能走先建设、后治理的弯路。我们要在建设的同时就解决环境污染的问题”。这是在中国共产党的历史上，第一次以党中央的名义对环境保护作出的指示，它引起了各级党组织的重视，推动了中国环保事业的发展。

1983年12月31日至1984年1月7日，在北京召开了第二次全国环境保护会议。这次会议是中国环境保护工作的一个转折点，为中国的环境保护事业做出了重要的历史贡献。

1989年4月底至5月初在北京召开了第三次全国环境保护会议，这是一次开拓创新的会议。

（三）可持续发展时代的中国环境保护（1992年以后）

1992年在巴西里约热内卢召开了联合国环境与发展大会，实施可持续发展战略已成为全世界各国的共识，世界已进入可持续发展时代，环境原则已成为经济活动中的重要原则。

1996年7月在北京召开了第四次全国环境保护会议。这次会议对于部署落实跨世纪的环境保护目标和任务，实施可持续发展战略，具有十分重要的意义。会议进一步明确了控制人口和保护环境是我国必须长期坚持的两项基本国策，在社会主义现代化建设中，要把实施科教兴国战略和可持续发展战略摆在重要位置。

四、环境保护的目的和内容

环境保护的目的应该是随着社会生产力的进步，在人类“征服”自然的能力和活动不断增加的同时，运用先进的科学技术，研究破坏生态系统平衡的原因，寻找避免和减轻破坏环境的途径和方法，化害为利，为人类造福。在环境保护工作中，既要重视自然原因对环境的破坏，更要研究人为原因对环境的影响和破坏，因为后者往往更存在危害的广泛性和潜在性。其内容主要有：

① 防治由生产和生活活动引起的环境污染，包括防治工业生产排放的“三废”、粉尘、放射性物质以及产生的噪声、振动、恶臭和电磁微波辐射，交通运输活动产生的有害气体、废液、噪声，海上船舶运输排出的污染物，工农业生产和人民生活使用的有毒有害化学品，城镇生活排放的烟尘、污水和垃圾等造成的污染。

② 防止由建设和开发活动引起的环境破坏，包括防止由大型水利工程、铁路、公路干线、大型港口码头、机场和大型工业项目等工程建设对环境造成的污染和破坏，农垦和围湖造田活动、海上油田、海岸带和沼泽地的开发、森林和矿产资源的开发对环境的破坏和影响，新工业区、新城镇的设置和建设等对环境的破坏、污染和影响。

③ 保护有特殊价值的自然环境，包括对珍稀物种及其生活环境、特殊的自然发展史遗迹、地质现象、地貌景观等提供有效的保护。

另外，城乡规划、控制水土流失和沙漠化、植树造林、控制人口的增长和分布、合理配置生产力等，也都属于环境保护的内容。环境保护已成为当今世界各国政府和人民的共同行动和主要任务之一。我国已把环境保护宣布为我国的一项基本国策，并制定和颁布了一系列环境保护的法律、法规，以保证这一基本国策的贯彻执行。

五、发展环境保护产业

环境保护产业是一项新兴产业，它是开展环境保护工作、实现可持续发展的技术支持与物质基础；是改善环境质量，保护人们身体健康和全面建设小康社会的重要手段；是扩大内需、吸纳就业人员和国民经济发展中新的增长点；是当代的一项朝阳产业。

根据英国政府2006年的研究报告显示，环保产业的全球市场产值，在2004年时已达到5480亿美元，其中以美国市场的38.5%为首，其次欧洲38.3%，日本17%，中国3.2%，印度2.5%；预估全球环保产业在2010年产值将达到6880亿美元，到了2015年可望达到8000亿美元，增长率为45%。若进一步以环保产业的分类来看，占整体产值40%的废弃物管理与资源回收再利用，以及占39%的水资源开发与废水处理，分居环保产业产值的第一与第二位；但能源监控管理和效率提升与再生能源的开发以及洁净生产技术与过程，因与全球面对气候变迁与资源枯竭的挑战有关，毋庸置疑地被预测为最具成长潜力的环保产业。

我国环保产业自20世纪70年代起步，经过30年的发展，目前已经成为拥有环保产品生产、资源综合利用、环境保护服务、洁净产品生产、生态产业等领域的一个综合性产业。但是，就在市场为环保产业发展提供了难得的机遇的同时，技术水平的低下已经成为我国环保产业发展的“瓶颈”。虽然我国环境污染治理工艺的研究基本上与国际同步，但工艺水平和环保产品质量却仅处于国际20世纪70年代中后期水平，至少有15至20年的差距，只有少数产品和技术达到了90年代的国际水平。总之，我国环保产业科技落后和资金投入不足是造成差距的主要原因。

由于环保产业属于技术密集型产业，WTO市场开放后，环保产品的全球化竞争势不可挡，因此，强化环保产品技术研发并加速研发成果的商业化，是提升我国环保产业的关键。此外，应当加速落实我国环保法规与国际接轨，提高民众对环境保护的观念，使各类产业的发展能融入环保节能与洁净过程，促进新型环保产品与服务市场的需要。展望未来，环保产业是21世纪重要的产业之一，其发展潜力不可限量。

第一篇　基　础　篇

第一章　生态学基础

随着人口的增长和工业、技术的进步，人类正以前所未有的规模和强度影响着环境，诸如世界上出现的能源消耗、资源枯竭、人口膨胀、粮食短缺、环境退化、生态失衡六大基本问题的解决，都有赖于生态学理论的指导。

生态学一词是由德国生物学家赫克尔（E. Haeckel）于1869年首先提出的。他把生态学定义为“自然经济学”。后来，也有学者把生态学定义为“研究生物或生物群体与环境的关系，或生活着的生物与其环境之间相互联系的科学。”由此可见，生态学不是孤立地研究生物，也不是孤立地研究环境，而是研究生物与其生存环境之间的相互关系。这种相互关系具体体现在生物与其生存环境之间作用与反作用、对立与统一、相互依赖与制约和物质循环与代谢等几个方面。

第一节　生 态 系 统

一、生态系统的概念

生态系统的概念是英国植物群落学家坦斯莱（A. G. Tansley）在20世纪30年代首先提出的。由于生态系统的研究内容与人类的关系十分密切，对人类的活动具有直接的指导意义，所以，很快得到了人们的重视。20世纪50年代后已得到广泛传播，60年代以后逐渐成为生态学研究的中心。

生态系统是指在自然界的一定空间内，生物与环境构成的统一整体，在这个统一整体中，生物与环境之间相互影响，相互制约，不断演变，并在一定时期内处于相对稳定的动平衡状态。如果将生态系统用一个简单明了的公式概括可表示为：生态系统＝生物群落＋非生物环境。生态系统具有一定的组成、结构和功能，是自然界的基本结构单元。但是，以上的表述只是自然生态系统的定义，不能把人类生态系统的含义概括在内。中国的生态专家马世骏教授提出“生态系统是生命系统与环境系统在特定空间的组合”。对自然生态系统而言，生命系统就是生物群落；对社会生态系统、城市生态系统、工业生态系统而言，生命系统就是人类。如城市居民与城市环境在特定空间的组合就是城市生态系统，工业生产者及管理人员与工业环境在特定空间的组合就是工业生态系统。

生态系统虽然有大和小、简单和复杂之分，但是具有以下共同特性。

① 在生态系统中，各种生物彼此间以及生物和非生物环境之间相互作用，不断进行着物质循环、能量流动和信息传递。

② 具有自我调节能力。生态系统受到外力的破坏，在一定限度内可以自行调节和恢复。系统内物种数目越多，结构越复杂，自我调节的能力越强。

③ 是一种动态系统。任何生态系统都具有其发生和发展的过程，经历着由简单到复杂、

从幼年到成熟的进化阶段。因此，生态系统是处于动态的。

二、生态系统的组成和结构

(一) 生态系统的基本组成

所有的生态系统，不论陆生的还是水生的生态系统，都可以概括为两大部分或四种基本成分。两大部分是指非生物部分和生物部分，四种基本成分包括非生物环境和生产者、消费者与分解者三大功能类群（图 1-1）。

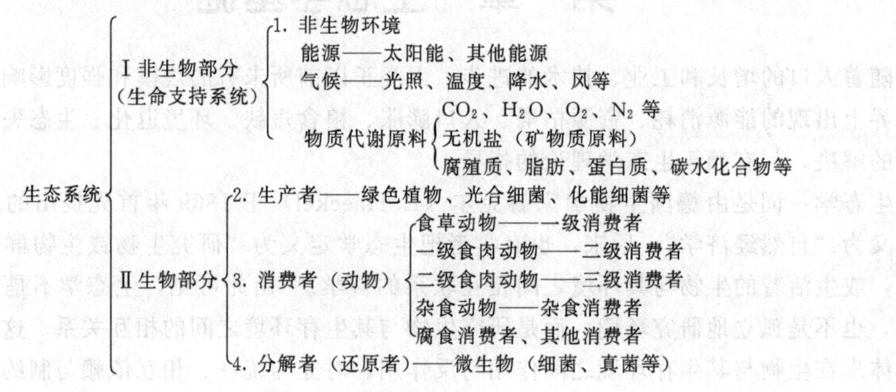

图 1-1 生态系统的组成成分

1. 非生物部分

非生物部分是指生物生活的场所、物质和能量的源泉，也是物质和能量交换的地方，非生物部分具体包括：①气候因子，如光照、热量、水分、空气等；②无机物质，如氮、氧、碳、氢及矿物质等；③有机物质，如碳水化合物、蛋白质、腐殖质及脂类等。非生物成分在生态系统中的作用，一方面是为各种生物提供必要的生存环境，另一方面是为各种生物提供必要的营养元素，可统称为生命支持系统。

2. 生物部分

生物部分由生产者、消费者和分解者构成。

(1) 生产者　生产者主要是绿色植物，包括一切能进行光合作用的高等植物、藻类和地衣。这些绿色植物体内含有光合作用色素，可利用太阳能把二氧化碳和水合成有机物，同时放出氧气。除绿色植物以外，还有利用太阳能和化学能把无机物转化为有机物的光能自养微生物和化能自养微生物。

生产者在生态系统中不仅可以生产有机物，而且也能在将无机物合成有机物的同时，把太阳能转化为化学能，储存在生成的有机物中。生产者生产的有机物及储存的化学能，一方面供给生产者自身生长发育的需要，另一方面，也用来维持其他生物全部生命活动的需要，是其他生物类群以及人类的食物和能源的供应者。

(2) 消费者　消费者由动物组成，它们以其他生物为食，自己不能生产食物，只能直接或间接地依赖于生产者所制造的有机物获得能量。根据不同的取食地位，可分为：一级消费者（亦称初级消费者），直接依赖生产者为生，包括所有的食草动物，如牛、马、兔、池塘中的草鱼以及许多陆生昆虫等；二级消费者（亦称次级消费者），是以食草动物为食的食肉动物，如鸟类、青蛙、蜘蛛、蛇、狐狸等。食肉动物之间又是“弱肉强食”，由此，可以进一步分为三级消费者、四级消费者，这些消费者通常是生物群落中体型较大、性情凶猛的种类。另外，消费者中最常见的是杂食消费者，是介于草食性动物和肉食性动物之间，即食植物又食动物的杂食动物，如猪、鲤鱼、大型兽类中的熊等。

生态系统中还有两类特殊的消费者，一类是腐食性消费者，它们是以动植物尸体为食，如白蚁、蚯蚓、秃鹰等；另一类是寄生生物，它们寄生于生活着的动植物体表或体内，靠吸收寄主养分为生，如虱子、蛔虫、线虫和菌类等。

(3) 分解者　亦称还原者，主要包括细菌、真菌、放线菌等微生物以及土壤原生动物和一些小型无脊椎动物。这些分解者在生态系统中连续地进行分解作用，把复杂的有机物质逐步分解为简单的无机物。最终以无机物的形式回归到环境中，成为自养生物的营养物质。

分解者的分解作用可分为三个阶段：①物理的或生物的作用阶段，分解者把动植物残体分解成颗粒状的碎屑；②腐生生物的作用阶段，分解者将碎屑再分解成腐殖质或其他可溶性的有机酸；③腐殖质的矿化作用阶段。从广义角度可以认为，参与这三个阶段的各种生物都应属于分解者。蚯蚓、蜈蚣、马陆以及各种土壤线虫等土壤动物，在动植物残体分解过程的第一阶段，起着非常重要的作用。另一些动物，如鼠类等啮齿动物也会把植物咬成大量碎屑，残留在土壤中。所以，虽然分解者主要是指微生物，同时也应包括某些小型动物。

以上构成了一个有机的统一整体。在这个有机体中，能量与物质在不断地流动，并在一定的条件下保持着相对平衡。

(二) 生态系统的基本结构

构成生态系统的各个组成部分，各种生物的种类、数量和空间配置，在一定时期均处于相对稳定的状态，使生态系统能够各自保持一个相对稳定的结构。对生态系统结构的研究，目前多着眼于形态结构和营养结构。

1. 形态结构

生态系统的形态结构指生物成分在空间、时间上的配置与变化，即空间结构和时间结构。

(1) 空间结构　是生物群落的空间格局状况，包括群落的垂直结构（成层现象）和水平结构（种群的水平配置格局）。例如，一个森林生态系统，在空间分布上，自上而下具有明显的成层现象，地上有乔木、灌木、草本植物、苔藓植物，地下有深根系、浅根系及根系微生物和微小动物。在森林中栖息的各种动物，也都有其相对的空间位置，包括在树上筑巢的鸟类、在地面行走的兽类和在地下打洞的鼠类等。在水平分布上，林缘、林内植物和动物的分布也有明显的不同。

(2) 时间结构　主要指物种的时间变化关系和发育特征，构成一个完整的季相。例如，长白山森林生态系统，冬季满山白雪覆盖，到处是一片林海雪原；春季冰雪融化，绿草如茵；夏季鲜花遍野，五彩缤纷；秋季又是果实累累，气象万千。不仅在不同季节有着不同的季相变化，就是昼夜之间，其形态也会表现出明显的差异。

2. 营养结构

生态系统的营养结构是以营养为纽带，把生物和非生物紧密结合起来，构成以生产者、消费者、分解者为中心的三大功能类群（图 1-2）。

(1) 食物链和食物网　生态系统各组成成分之间建立起来的营养关系，构成了生态系统的营养结构，它是生态系统中能量流动和物质循环的基础。一般地，生态系统通过这种营养关系建立起来的链锁关系，称为“食物链”。通常有三种类型。

① 捕食性食物链，以生产者为基础，其构成形式为植物→食草动物→食肉动物。

② 腐食性食物链，以动植物尸体为基础，由细菌、真菌等微生物或某些动物，对其进

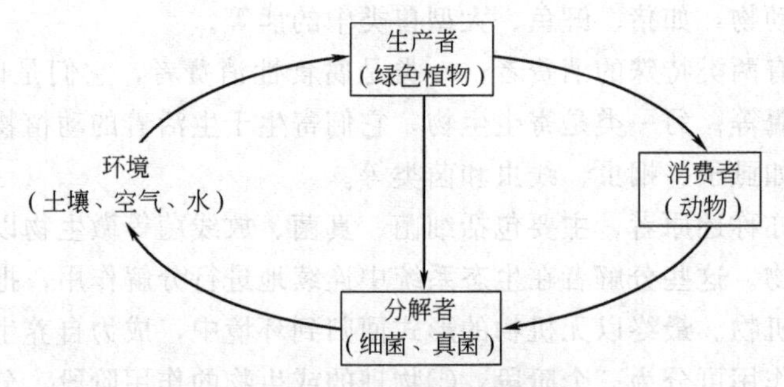

图 1-2 生态系统的营养结构

行腐殖质化或矿化，如动植物遗体→蚯蚓→线虫类→节肢动物。

③ 寄生性食物链，以活的动植物有机体为基础，再寄生以寄生生物，前者为后者的寄主。如猫、狗→跳蚤→原生动物→细菌、病毒。

生态系统中的食物链并不是固定不变的，有的在进化历史上发生变化；有的在短时间内发生变化；有的因为食物短缺，环境资源改变而发生变化；还有的则因动物的发育阶段不同而食性发生变化。

实际上，生态系统中的食物链很少是单条、孤立出现的（除非食物性都是专一的），它往往是交叉链锁，形成复杂的网络结构，即食物网。例如，田间的田鼠可能吃好几种植物的种子，而田鼠也是好几种肉食动物的捕食对象，每一种肉食动物又以多种动物为食等。

食物网是自然界普遍存在的现象。生产者制造有机物，各级消费者消耗这些有机物，生产者和消费者之间相互矛盾，又相互依存。不论是生产者还是消费者，其中某一种群数量突然发生变化，必然牵动整个食物网，在食物链上反映出来。生态系统中各生物成分间，正是通过食物网发生直接或间接的联系，保持着生态系统结构和功能的稳定性。

（2）营养级和生态金字塔 食物链上的各个环节叫营养级。一个营养级指处于食物链某一环节上的所有生物的总和。例如，作为生产者的绿色植物和所有自养生物都位于食物链的起点，共同构成第一营养级；所有以生产者（主要是绿色植物）为食的动物都属于第二营养级，即草食动物营养级；第三营养级包括所有以草食动物为食的肉食动物，依此类推。由于能流在通过营养级时会急剧地减少，所以食物链就不可能太长，生态系统中的营养级一般只有四五级，很少有超过六级的。

能量通过营养级逐渐减少。在营养级序列上，上一营养级总是依赖于下一营养级，下一营养级只能满足上一营养级中少数消费者的需要，逐渐向上，营养级的物质、能量呈阶梯状递减，于是形成一个以底部宽、上部窄的尖塔形，称为“生态金字塔”。生态金字塔可以是能量（生产力）、生物量，也可以是数量。在寄生性食物链上，生物数量往往呈倒金字塔，在海洋中的浮游植物与浮游动物之间，其生物量也往往呈倒金字塔形。

三、生态系统的类型与特征

自然界中的生态系统是多种多样的，为了方便研究，人们从不同角度将生态系统分成了若干的类型。

（1）按照生态系统的生物成分，可分为：①植物生态系统，如森林、草原等生态系统；②动物生态系统，如鱼塘、畜牧等生态系统；③微生物生态系统，如落叶层、活性污泥等生态系统；④人类生态系统，如城市、乡村等生态系统。

（2）按照环境中的水体状况，可把地球上的生态系统划分为：①陆生生态系统，其可以进一步划分成荒漠生态系统、草原生态系统、稀树干草原生态系统和森林生态系统等；②水域生态系统，包括淡水生态系统和海洋生态系统。

(3) 按照人类活动及其影响，可把生态系统分为：①自然生态系统，如原始森林、未经放牧等生态系统；②半自然生态系统，如人工抚育过的森林、农田等生态系统；③人工复合生态系统，如城市、工厂等生态系统。

随着城市化的发展，人类面临人口、资源和环境等问题都直接或间接地关系到经济发展、社会学和人类赖以生存的自然环境三个不同性质的问题。实践要求把三者综合起来加以考虑，于是产生了社会-经济-自然复合生态系统的新概念。这种系统是最为复杂的，它把生态、社会和经济多个目标一体化，使系统复合效益最高、风险最小、活力最大。

城市是一个以人为中心的自然、经济与社会的复合人工生态系统，它不仅包括大自然生态系统所包含的生物要素与非生物组成要素，而且还包含人类最重要的社会及经济要素。因此，城市生态系统是人类在改造、适应生态系统的基础上建立起来的。整个城市生态系统又可分为三个层次的子系统，即自然系统、经济系统、社会系统。自然系统包括城市居民赖以生存的基本物质环境，它以生物与环境协同共生及环境对城市活动的支持、容纳、缓冲及净化为特征；社会系统涉及城市及其物质生活与经济生活，它以高密度的人口和高密度的消费为特征；经济系统涉及生产、分配、流通与消费的各个环节，它以物质从分散向集中的高密度运转、能量从低质向高质的高强度聚集、信息从低序向高序的连续积累为特征（图 1-3）。

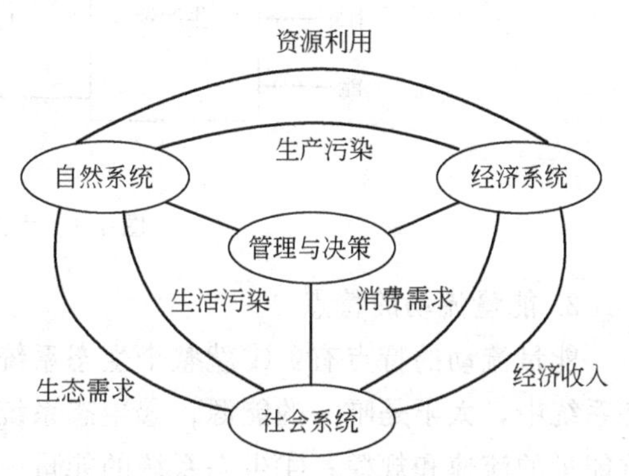

图 1-3 各子系统之间关系

上述各个子系统除内部自身的运转外，各子系统之间的相互作用、相互制约，构成一个不可分割的整体。各子系统的运转或系统间的联系如果失调，便造成城市系统的紊乱，因此，就需要城市部门制定政策，采取措施，发布命令，对整个系统的运行进行调控。

四、生态系统的功能

能量流动、物质循环和信息传递是生态系统的三个重要功能。

（一）能量流动

能量是生态系统的动力，是一切生命活动的基础。一切生命活动都需要能量，并且伴随着能量的转化，否则就没有生命，没有有机体，也就没有生态系统，而太阳能正是生态系统中能量的最终来源。能量有两种形式：动能和潜能。动能是生物及其环境之间以传导和对流的形式相互传递的一种能量，包括热和辐射；潜能是蕴藏在生物有机分子键内处于静态的能量，代表着一种做功的能力和做功的可能性，太阳能正是通过植物光合作用而转化为潜能并储存在有机分子键内的。

从太阳能到植物的化学能，然后通过食物链的联系，使能量在各级消费者之间流动，这样就构成了能流。能流是单向性的，每经过食物链的一个环节，能流都有不同程度的散失，食物链越长，散失的能量就必然越多。由于生态系统中的能量在流动中是层层递减的，所以需要由太阳不断地补充能流，才能维持下去。

1. 能量流动的过程

生态系统中全部生命活动所需要的能量最初均来自太阳。太阳能被生物利用，是通过绿色植物的光合作用实现的，光合作用在合成有机物的同时将太阳能也转变成化学能，储存在有机物中。绿色植物体内储存的能量，通过食物链，在传递营养物质的同时，依次传递给食草动物和食肉动物。动植物的残体被分解者分解时，又把能量传递给分解者。此外，生产者、消费者和分解者的呼吸作用都会消耗一部分能量，消耗的能量被释放到环境中去。这就是能量在生态系统中的流动（图 1-4）。

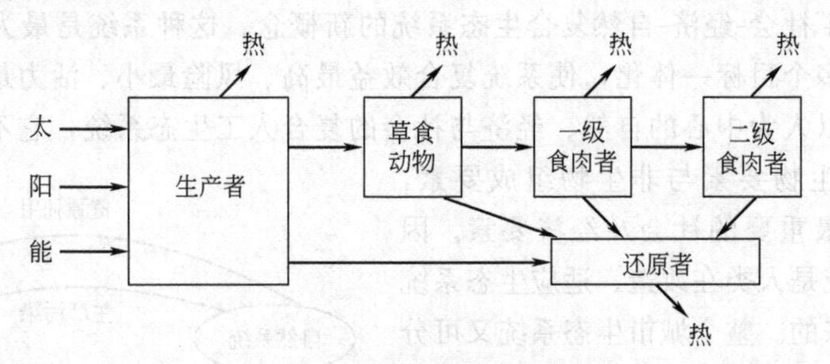

图 1-4 生态系统的能量流动

2. 能量流动的特点

能量流动的特点有：①就整个生态系统而言，生物所含能量是逐级减少的；②在自然生态系统中，太阳是唯一的能源；③生态系统中能量的转移受各类生物的驱动，它们可直接影响能量的流速和规模；④生态系统的能量一旦通过呼吸作用转化为热能，散逸到环境中去，就不能再被生物所利用。因此，系统中的能量呈单向流动，不能循环。

在能量流动过程中，能量的利用效率就叫生态效率。能量的逐级递减基本上是按照“十分之一定律”进行的，也就是说，从一个营养级到另一个营养级的能量转化率为 10%，能量流动过程中有 90%的能量被损失掉了，这就是营养级一般不能超过四级的原因。

（二）物质循环

生命的维持不但需要能量，而且也依赖于各种化学元素的供应，如果说生态系统中的能量来源于太阳，那么物质则是由地球供应的。生态系统从大气、水体和土壤等环境中获得营养物质，通过绿色植物吸收，进入生态系统，被其他生物重新利用，最后再归还于环境中，此为物质循环，又称生物地球化学循环，简言之是指各种化学物质在生物和非生物之间的循环运转。

生物在地球上存在的范围不外乎四大圈，生物界形成生物圈和非生物界三大圈——大气圈、岩石圈和水圈，这四个圈彼此之间不断地进行着各种物质的交换。

从整个生物圈的观点出发，尽管化学元素各有其特性，但根据其属性，生物地球化学循环可分成三种主要类型。

（1）水循环　水是自然的驱使者，水的循环至关重要。可以说，没用水的循环就没有生物地球化学循环，就没有生态系统的功能，就没有生命。

（2）气体型循环　包括氮、碳和氧等的循环。其特点是：储存库主要是大气和海洋，循环性能完善，各物质易于均摊；气体型循环与大气、海洋密切相关，具有明显的全球性循环。

（3）沉积型循环　包括磷、硫、钙等的循环。其特点是：储存库主要是岩石、沉积物、土壤等，与大气关系甚少；循环过程缓慢，沉积物主要是通过岩石的风化作用和沉积物本身的分解作用，才能转变成可供生态系统利用的营养物质；循环是非全球性的，因此容易出现局部物质短缺。

（三）信息传递

信息是指系统传输和处理的对象。生态系统中包含各种各样的信息，大致可以分为物理信息、化学信息、行为信息和营养信息。

1. 物理信息及其传递

生态系统中以物理过程为传递形式的信息称为物理信息。生态系统中的各种声音、颜色、光、电等都是物理信息。鸟鸣、兽吼可以传达惊慌、安全、警告、嫌恶、有无食物和要求配偶等各种信息；大雁迁飞时，中途停歇，总会有一只“哨兵”担任警戒，一旦“哨兵”发现“敌情”，即会发出一种特殊的鸣声，向同伴传达出敌袭的信息，雁群即刻起飞；昆虫可以根据花的颜色判断食物——花蜜的有无；以浮游藻类为食的鱼类，由于光线越强，食物越多，所以使光可以传递有食物的信息。

2. 化学信息及其传递

生态系统的各个层次都是生物代谢产生的化学物质参与传递信息、协调各种功能，这种传递信息的化学物质通称为信息素。信息素虽然量不多，却涉及从个体到群落的一系列活动。化学信息是生态系统中信息流的重要组成部分。

（1）动物与植物间的化学信息　植物的气味源自化合物。不同的动物对气味有不同的反应，蜜蜂取食和传粉，除与植物花的香味、花粉和蜜的营养价值紧密相关外，还与花蕊中含有昆虫的性信息素成分有关。

（2）动物之间的化学信息　某些高等动物以及社会性及群居性昆虫，在遇到危险时，能释放出一种或数种化合物作为信号，以警告种内其他个体有危险来临，这类化合物叫做报警信息素。如七星瓢虫捕食棉蚜虫时，被捕食的蚜虫会立即释放警告信息素，于是周围的蚜虫纷纷跌落。另外许多动物能向体外分泌性信息素来吸引异性。

（3）植物之间的化学信息　在植物群落中，一种植物通过某些化学物质的分泌和排泄而影响另一种植物的生长甚至生存的现象是很普遍的。人们早就注意到，有些植物分泌化学亲和物质，使其在一起相互促进，如作物中的洋葱与食用甜菜、马铃薯和菜豆、小麦和豌豆种在一起能相互促进。

3. 行为信息

许多植物异常表现和动物异常行动传递的某种信息，可统称为行为信息。如蜜蜂发现蜜源时，就有舞蹈动作的表现，以“告诉”其他蜜蜂去采蜜，蜂舞用各种形态和动作来表示蜜源的远近和方向，若蜜源较近时，蜜蜂作圆舞姿态，蜜源较远时，作摆尾舞，其他工蜂则以触觉来感觉舞蹈的步伐，得到正确飞翔方向的信息。又如燕子在求偶时，雄燕会围绕雌燕在空中做出特殊的飞行形式。

4. 营养信息

在生态系统中生物的食物链就是一个生物的营养信息系统，各种生物通过营养信息关系联系成一个相互依存和相互制约的整体。食物链中的各级生物要求一定的比例关系，即生态金字塔规律，养活一只草食动物需要几倍于它的植物，养活一只肉食动物需要几倍数量的草食动物，前一个营养级的生物数量反映出后一营养级的生物数量。如在草原牧区，草原的载畜量必须根据牧草的生长量而定，使牲畜数量与牧草产量相适应，如果不顾牧草提供的营养信息，超载过牧，就必定会因牧草饲料不足而使牲畜生长不良和引起草原退化。

第二节 生态平衡与失衡

一、生态平衡的概念

生态系统的特点是开放的，能量、物质处于不断输入和输出之中，各成员、因素之间维持着稳定状态。也就是说，一个自然生态系统，生产者、消费者和分解者之间，物质和能量输入和输出之间存在着相对的平衡状态。

所谓“生态平衡”，是指一个生态系统在特定时间内的状态，在这种状态下，其结构和功能相对稳定，物质与能量输入输出接近平衡，在外来干扰下，通过自调控能恢复到最初的稳定状态。简单地说，生态平衡就是生物与其环境的相互关系处于一种比较协调和相对稳定状态。经过大自然的长期作用，每个自然生态系统都在一定条件下保持着平衡关系，生物与生物，生物与环境，物质、能量的输入和输出都趋向稳定，变化的幅度不大，称为“生态平衡”。

生态平衡是动态平衡，不是静态平衡。生态平衡的各组成成分会不断地按照一定的规律运动或变化，能量会不断地流动，物质会不断地循环，整个系统都处于动态之中。

二、保持生态平衡的因素

生态系统可以忍受一定程度的外界压力，并且通过自我调控机制恢复其相对平衡。如在森林生态系统中，若由于某种原因森林虫害大规模发生，在一般情况下不会使森林生态系统遭到毁灭性的破坏，因为当害虫大规模发生时，以这种害虫为食的鸟类获得了更多的食物，这就促进了该食虫鸟的大量繁殖并捕食大量害虫，从而抑制了害虫的大规模发生。但是任何一个生态系统的调节能力都是有限的，超出此限度，生态系统的自我调节机制就降低或消失，这种相对平衡就遭到破坏甚至使系统崩溃，这个限度就称为“生态阈值”。掌握各生态系统的生态阈值，才能更充分、更合理地利用自然和自然资源。

三、生态失衡

（一）生态平衡的破坏

1. 生态失衡的标志

生态系统的平衡是相对的，不平衡是绝对的。掌握生态失衡的标志，对于生态平衡的恢复、再建和防止生态失衡，都是至关重要的。生态失衡的标志主要体现在两方面：结构上的标志和功能上的标志。

(1) 结构上的标志　生态系统的失衡首先表现在结构上，包括一级结构缺损和二级结构变化。

生态系统的一级结构是指生态系统的各组成成分及生产者、消费者、分解者和非生物成分组成的生态系统的结构。当其中的某一种成分或几种成分缺损时，即表明生态平衡失调。如一个森林生态系统由于毁林开荒，使原有生产者消失，造成各级消费者栖息地被破坏，食物来源枯竭，必将被迫转移或消失；分解者也会因生产者和消费者残体大量减少而减少，甚至会因为水土流失加剧被冲出原有生态系统，则该森林生态系统随之崩溃。

生态系统的二级结构是指生产者、消费者、分解者和非生物成分各自的组成结构，如各种植物种类组成生产者的结构，各种动物种类组成消费者的结构等。二级结构变化即指组成二级结构的各种成分发生变化，如一个草原生态系统经长期超载放牧，使适口性的优质草类大大减少，有毒的、带刺的劣质草类增加，草原生态系统的生产者种类改变，即二级结构发生变化，并导致草原生态系统载畜量下降，持续下去，该草原生态系统将会崩溃。

(2) 功能上的标志 生态系统功能上的失衡，包括能量流动受阻和物质循环中断。

能量受阻是指能量流动在某一营养级上受到阻碍。如森林生态系统的森林被破坏后，生产者对太阳能的利用会大大减少，能量流动在第一营养级上受到阻碍，该系统将因为对太阳能利用的减少，而导致生态系统失衡。

物质循环中断是指物质循环在某一环节上中断。在草原生态系统中，枯枝落叶和牲畜粪便被微生物等分解者分解后，把营养物质重新归还给土壤，供生产者利用，是保持草原生态系统物质循环的重要环节。但如果把枯枝落叶和牲畜粪便用作燃料烧掉，就使营养物质不能归还土壤，造成物质循环中断，长期下去，土壤肥力必然下降，草本植物生产能力随之下降，生态平衡失调。

2. 生态失衡的因素

生态平衡遭到破坏，主要有两个因素——自然因素和人为因素。

(1) 自然因素

① 生态系统内部的原因，即生物群落的不断演替，实质上就是不断地打破旧的生态平衡。

② 生态系统外部的原因，由于自然因素如火山喷发、海陆变迁、雷击火灾、海啸地震、洪水和泥石流以至地壳变迁等，这些都是自然界发生的异常现象，它们对生态系统的破坏是严重的，甚至可使其彻底毁灭，并具有突发性的特点，但这类因素常是局部的，出现的频率并不高。

(2) 人为原因 在人类改造自然界能力不断提高的当今时代，人为因素对生态平衡的破坏而导致的生态平衡失调是最常见、最主要的。体现在以下三个方面。

① 环境污染和资源破坏。人们的生产和生活活动向环境中输入了大量的污染物质，使环境质量恶化，产生近期效应或远期生态效应，使生态平衡失调或破坏。另一方面是对自然和自然资源的不合理利用，如过度砍伐、过度放牧等。

② 使生物种类发生改变。在一个生态系统中增加一个物种，会使食物链、营养级等发生改变，使生态系统的平衡遭受破坏。

③ 对信息系统的破坏。各种生物种群依靠彼此的信息联系，才能正常繁殖，如果向环境中释放某种物质，破坏了某种信息，就有可能使生态平衡遭受破坏。

（二）生态平衡的重建

当前，人类社会的科学技术水平和生产力水平已经达到空前的高度，有能力影响全球的生态平衡，而且人类正在对自身的生存环境和生活环境以及所有生物的生存环境和生活环境施加全球性的影响，因此，关于生态平衡问题，日益引起全世界各国人民和各社会阶层舆论的关心和重视。

生态平衡失调的初期往往不容易被人类所觉察，如果一旦发展到出现生态危机，就很难在短期内恢复平衡。为了正确处理人类和自然的关系，我们必须认识到整个人类赖以生存的自然界和生物圈是一个高度复杂的具有自我调节功能的生态系统，保持这个生态系统结构和功能的稳定是人类生存和发展的基础。总之，人类的活动除了要讲究经济效益和社会效益外，还必须特别注意生态效益和生态后果，以便在改造自然的同时基本保持生物圈的稳定和平衡。

因此，在生产实践中特别要注意：

① 正确处理保持生态平衡与开发资源的关系，二者不是绝对的对立，要处理得当。

② 正确安排供需的关系。再生是生物资源的特点，应保持对环境供与需的相对平衡。

③ 注意维持生物间的制约关系，破坏生态平衡是要受到自然界惩罚的。

④ 妥善处理部分与全局的关系，尽量使生态系统处于优化状态。

多级氧化塘、土地处理系统、矿山复垦系统等生态工程以及生态农场、生态村的建立等，为生态平衡的恢复和重建展现了广阔的前景。

第三节　生态学在环境保护中的应用

生态学是环境科学重要的理论基础之一。环境科学在研究人类生产、生活与环境的相互关系时，常用生态学的基础理论和基本规律。以生态学基本理论为指导建立的生物监测、生物评价是环境监测与环境评价的重要组成部分；以生态学基础理论为指导建立的生物工程净化措施，也是环境治理的重要手段。城市与农村环境规划的制定，也必须以生态学的基础理论为基础。

一、生物监测与生物评价

（一）生物监测

生物监测是利用生物个体、种群或群落对环境污染物质的反应，来判断环境污染状况的一种手段。生物在环境中所承受的是各种污染因子的综合作用，它能更真实、更直接地反映环境污染的客观状况。凡是对污染物敏感的生物种类都可作为监测生物，如地衣、苔藓和一些敏感的种子植物可监测大气；一些藻类、浮游动物、大型底栖无脊椎动物和一些鱼类可监测水体污染；土壤藻类和螨类可监测土壤污染。生物所发出的各种信息，即生物对各种污染物的反应，包括受害症状、生长发育受阻、生理功能改变、形态解剖变化以及种群结构和数量变化等，通过这些反应的具体体现，可以判断污染物的种类，通过反应的受害程度确定污染等级。

（二）生物评价

生物评价是指生态学方法按一定标准对一定范围内的环境质量进行评定和预测。通常采用的方法有指示生物法、生物指数法和种类多样性指数法等，利用细胞学、生物化学、生理学和毒理学等手段进行评价的方法，也在逐渐推广和完善。生物评价的范围可以是一个厂区，一条河流，一座城市，或一个更大的区域。

二、污染环境的生物净化

生物与污染环境之间，也存在着相互影响和相互作用的关系。在污染环境作用于生物的同时，生物也同样作用于环境，使污染环境得到一定程度的净化，提高环境对污染物的承载负荷，增加环境容量。人们正是利用这种生物与环境之间的相互关系，充分发挥生物的净化能力。

（一）大气污染物的生物净化

大气污染物的生物净化是利用生态学原理，协调生物与大气环境之间的关系，通过大量栽植具有净化能力的乔木、灌木和草坪，建立完善的城市防污绿化体系，包括街道、工厂和庭院的防污绿化，以达到净化大气污染的目的。

大气污染的生物净化包括利用植物吸收大气中的污染物、滞尘、消减噪声和杀菌等几个方面。

1. 植物对大气中化学污染物的净化作用

大气中的化学污染物包括二氧化碳、二氧化氮、氟化氢、氯气、乙烯、苯、光化学烟雾等无机和有机气体，以及汞、铅等重金属蒸气及大气飘尘所吸附的重金属化合物。

据报道每公顷臭椿和白毛杨每年可分别吸收 SO_2 13.02kg 与 14.07kg，1kg 柳杉树叶在生长季节中每日可吸收 3g SO_2，女贞叶中含硫量可占叶片干物质的 2%。SO_2 在通过高宽分别为 15m 的林带后，其浓度可下降 25%～75%；每公顷蓝桉阔叶林叶片干重 2.5t，在距离污染源 400～500m 处，每年可吸收氯气几十公斤，在较高浓度的熏气试验条件下，女贞叶在 2h 内每平方米可吸收氯气 121.2mg。

植物对氟化物也具有极高的吸收能力，桑树树叶片中含氟量可达对照区的 512 倍。

每公顷臭椿每年可吸收 46g 与 0.105g 的 Pb 与 Hg，桧柏则分别为 3g 与 0.021g。

2. 植物对大气物理性污染的净化作用

大气污染物除有毒气体外，也包括大量粉尘，据估计地球上每年由于人为活动排放的降尘为 3.7×10^5t。利用植物吸尘、减尘常具有满意效果。

（1）植物对大气飘尘的去除效果　植物除尘的效果与植物的种类、种植面积、密度、生长季节等因素有关。一般情况下，高大、树叶茂密的树木较矮小、树叶稀少的树木吸尘效果好，植物的叶型、着生角度、叶面粗糙等也对除尘效果有明显的影响。山毛榛林吸附灰尘量为同面积云杉的 2 倍，而杨树的吸尘量仅为同面积榆树的 1/7，后者的滞尘量可达 12.27g/m^3。据测定，绿化较好的城市的平均降尘只相当于未绿化好的城市的 1/9～1/8。

（2）植物对噪声的防治效果　由于植物叶片、树枝具有吸收声能与降低声音振动的特点，成片的林带可在很大程度上减少噪声量。试验表明，单株和稀疏的植物对声波的吸收很少，但当形成郁闭的树林或树篱时，则可有效地吸收反射噪声。经测试，由绿化较好的绿篱、乔灌林及草皮组成的结构，每 10m 可减少 3.5%～4.6% dB，有人试验用 3kg 硝基甲苯炸药，在林区只能传播 400m，而在空旷地带则可传播 4000m。

（3）植物对大气生物污染的净化效果　空气中的细菌借助空气中的灰尘等漂浮传播，由于植物有阻尘、吸尘作用，因而也减少了空气病原菌的含量和传播。同时，许多植物分泌的气体或液体也具有抑菌或杀菌作用，研究表明，茉莉、黑胡桃、柏树、柳树、松柏等均能分泌挥发性杀菌或抑菌物质，柠檬、桦树等也有较好杀菌能力，绿化较差的街道较之绿化较好的街道空气中的细菌含量高出 1～2 倍。

（二）水体污染的生物净化

水体污染的生物净化，是利用生态学原理，协调水生生物与水体环境之间的关系，充分利用水生生物的净化作用，使水体环境得到净化。

如利用水声维管束植物和藻菌共生系统的氧化塘，处理生活污水和工业废水可取得较好的效果。水生维管束植物可通过附着、吸收、积累和降解，净化水体中的有机污染物和重金属。利用氧化塘净化污水，实际上就是建立一个人工生态系统。在耗氧塘中，耗氧微生物可以把污水中的有机物分解成无机营养元素，供藻类生长繁殖利用，藻类光合作用释放出的氧气提供了耗氧微生物生存的必要条件，而其残体又被耗氧微生物分解利用。

（三）制定生态规划方案

资源破坏、环境污染等一系列环境问题的出现，无一不是人们的生产与生活活动违背了生态规律造成的。在沉痛的教训面前，人们逐渐意识到用生态学原理规划自己行为的重要性。

按照复合生态系统理论，区域是一个由社会、经济、自然三个亚系统构成的复合生态系统，通过人的生产与生活活动，将区域中的资源、环境与自然生态系统联系起来，形成人与自然、生产与资源环境的相互作用关系与矛盾。这些相互作用及矛盾决定了区域发展的特点。因此，生态规划的生态学实质就是运用生态学及生态经济学原理，调控区域社会、经济与自然亚系统及其各组分的生态关系，使之达到资源利用、环境保护与经济增长的良性循环。

生态规划认为区域与城市的发展应是社会、经济与生态环境的改善与提高，系统自我调控能力与抗干扰能力的提高，旨在全面改善区域与城市可持续发展的能力。

（四）发展生态农业

在当今世界面临人口膨胀、粮食短缺、资源衰竭、能源紧张和环境污染的压力面前，如何协调发展农业与合理利用自然资源和保护农村生态环境之间的关系，使农业持续、稳定地向前发展，是世界各国政府面临的一项重要而艰巨的任务。因此，发展生态农业是建设具有中国特色的现代化农业的必然选择。

生态农业是根据生态学、生态经济学的原理，在中国传统农业精耕细作的基础上，应用现代科学技术建立和发展起来的一种多层次、多结构、多功能的集约经营管理的综合农业生产体系。下面介绍生态农业的几种典型模式。

1. 家庭生态农业模式

在家庭生态系统中，利用生态工程原理，用鸡粪喂猪，用猪粪生产沼气，沼气发电，沼气渣水肥田，可以收到较好的经济效益（图 1-5）。

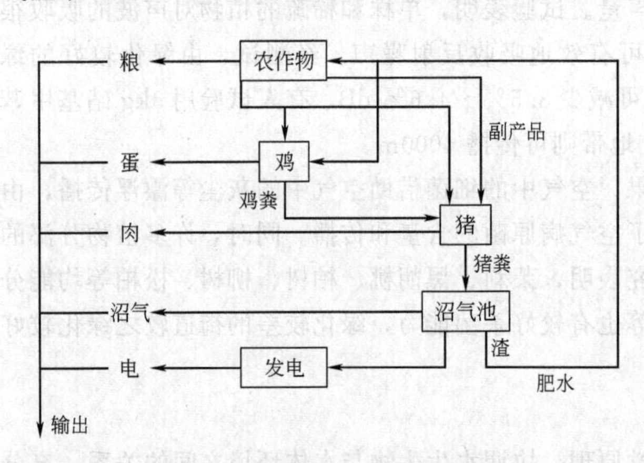

图 1-5 家庭生态农业模式示意

我国莱乡农民通过上述生态模式的运行，使其生产农作物的成本降低了 57.1%，单位面积耕地成本降低了 42%，实现了农业的良性循环和经济上的高效益。

其基本流程为：把稻草、树叶、蔬菜加工成饲料用于养牛、猪、鸭等，其动物粪便和肉类加工厂的高浓度废水送入沼气池，经微生物作用产生沼气，作为农场生活和生产用能源，沼气渣沉淀后的上清液进入氧化塘，进行曝气处理。在氧化塘中种植水生生物并养鸭，水生生物可作为鱼和猪的饲料，鱼塘内繁殖藻类作鱼饵，泥塘和沼气渣作肥料。由于有机质还田减少了化肥用量，从而降低了农业成本，减少了污染，改善了生态环境。

2. 农场生态农业模式

菲律宾的马雅农场被视为生态农业的一个典范，马雅农场把农田、林地、鱼塘、畜牧场、加工厂和沼气池巧妙地联结成一个有机整体，使能源和物质得到充分利用，把整个农场建成一个高效、和谐的农业生态系统。在这个农业生态系统中，农作物和林木生产的有机物经过三次重复利用，通过两个途径完成物质循环：用农作物生产的粮食和秸秆、林木生产的枝叶喂养牲畜，是对营养物质的第一次利用；用牲畜粪便和肉食加工厂的废水生产沼气，是对营养物质的第二次利用；沼液经过氧化塘处理，被用来养鱼、灌溉，沼渣生产的肥料肥田，生产的饲料喂养牲畜，是对营养物质的第三次利用。农作物、森林→粮食、秸秆、枝叶→喂养牲畜→粪便→沼气池→沼渣→肥料→农作物、森林，构成第一个物质循环途径；牲畜→粪便→沼气池→沼渣→饲料→牲畜，构成第二个物质循环途径。这种巧妙的安排，既充分利用了营养物质，创造了更多的财富，增加了收入，又不向环境排放废弃物，防止了环境污染，保护了环境。

在这种农业生态系统中，农作物和林木通过光合作用把太阳能转化成化学能，贮存在有机物质中，这些化学能又通过沼气发电转化成电能，在加工厂中用电开动机械，电能又转化成机械能，用电照明，电能又转化成光能，实现了能量的传递和转化，使能量得到充分利用。

3. 区域生态农业模式

我国黄淮地区地处中原，面积广大，属温带季风气候区，盛产小麦、棉花、大豆、玉米、花生等，但旱、涝、碱、沙等灾害严重。“林-牧-经-粮”生态农业模式是把农、林、牧结合起来，经济作物与粮食作物结合起来，组成一个按比例额发展的大农业体系。该体系有效地扩大物质的利用和循环过程，提高能量和物质的转化率，稳定地提高农业系统的生产力和经济效益，是解决本区旱、涝、碱、沙灾害的合理模式。

“林-牧-经-粮”生态农业模式在结合地区自然特点和发挥本地区优势的基础上，能够提供较多的农副产品和有机物，解决燃料、肥料和饲料的矛盾，促进农业各生产环节的全面发展，通过合理地组织产品利用和再循环，保证足够的有机物和营养物质归还土壤，实现有机质的积累和分解、植物养分收入与支出的平衡，使物质循环不断扩大，土壤肥力不断提高，大幅度地增加生物能源，节约化学能源，提高化学能源的效率，实现大面积平衡增产。这种农业生态模式提高了系统的抗逆性和稳定性，并逐步改善了农业生产的生态环境，同时也有利于全面发展经济，增加收入，为扩大再生产、实现集约化经营创造了条件。可以认为，“林-牧-经-粮”是多灾地区良好的生态农业模式。

第二章　城市环境综合治理与生态城市建设

城市是人类社会文明和发达的象征，是社会进步的标志，它是一个综合体，不仅人口集中，而且也是国家和地方政治、经济、文化教育、科学技术的中心，在国民经济中占有十分重要的地位。尽管我国城市环境治理取得不小成绩，但我国城市数量多、规模大及城市化进程不断加快，加之经济的快速增长和人口增加，使一些城市环境问题和污染突出。因此，如何在科学发展观指导下积极开展节能减排，发展循环经济，建设生态城市，加强环境污染治理和科学管理，实现改善城市环境、完善城市功能，建设生态文明、和谐社会，实现可持续发展是摆在我们面前的重要任务。

第一节　城市概述

一、城市及其环境特征

（一）城市的发展

1. 城市定义

“城”——城池，“市”——集市，即有一定区域范围和集聚一定人口的多功能的综合体。一般认为凡10万以上人口，住房、工商业、行政、文化等建筑物占50%以上面积，具有较发达的交通线网和车辆来往频繁的人类聚集区域就是城市。

按照我国的设市标准，世界上低级别的城市在我国只有镇的行政建制。国际上所说的城市化，在我国相当于城镇化。国际上所说的城市体系，在我国相当于城镇体系。

2. 城市的发展

城市化主要是随着工业化的兴起而发展起来的。18世纪早期，由于蒸汽机的发明，使大规模的工业化生产成为可能，原料分布不均匀加上高昂的运输费用，使工业集中在相对固定的一些地区，于是城市化迅速发展起来。发达国家1990年为72.6%，到2025年将有80%的人生活在城市。发展中国家城市化的发展速度也在加快，1990年为33.6%，到2025年，将有57%的人居住在城市。

中国的城市化在建国后开始发展，1990年城镇人口比重提高到26.1%，根据《中华人民共和国人类居区发展报告》的预测，到2010年城镇人口总数将达到6.3亿人，城镇人口将提高到45%，目前我国城市有不断扩大化和乡镇城市化发展趋势。

（二）城市环境特征

城市环境是人类利用和改造自然环境而创造出来的高度人工化的生存环境，由于人类生产和生活活动对环境的多种影响，使城市环境表现出一些明显的特征。

1. 城市环境质量与城市社会和经济发展紧密相关

城市经济、社会的发展与环境的发展相互依存、相互作用。环境作为一种资源是经济与社会发展的自然基础，环境问题实质是经济问题。城市作为一定地理范围的政治、经济、文化中心，其居民从事的社会活动与经济活动是城市的主要行为，这些行为影响城市环境质量。

2. 城市环境污染源密集，污染物复杂

人们利用资源和能源、生产和生活排放的污染，汽车尾气、噪声污染使城市污染较复杂，大多属于复合性的多源污染。复杂的污染物可以通过相互作用产生二次污染和联合污染。

3. 城市环境问题可以通过调整人类行为得到改善

城市环境问题是由人类活动引起，因此，可以通过合理规划布局、调整产业结构、增加环境保护设施、强化管理、改变人类传统需求欲望与行为准则等得到改善。

二、城市生态系统的内涵及特点

（一）城市生态系统的内涵

1971年联合国教科文组织（UNESCO）在研究人与生物圈计划（MAB）中，把城市生态系统定义为：凡拥有10万或10万以上人口，从事非农业劳动人口占65%以上，其工商业、行政文化娱乐、居住等建筑物占50%以上面积，具有发达的交通线网和车辆，这样一个人类聚居区域的复杂生态系统，称之为城市生态系统。

中国生态学家马世骏教授指出："城市生态系统是一个以人为中心的自然界、经济与社会的复合人工生态系统。"即城市生态系统包括自然、经济与社会三个子系统，是一个以人为中心的复合生态系统。

从生态学角度看，城市是一个以人类生活和生产活动为中心的，由居民和城市组成的自然、社会、经济复合生态系统，或称城市生态系统。研究城市生态系统就是从生态学角度研究城市居民的心理和生理活动与城市环境的关系，了解城市生态系统的结构、功能与特征，按照城市生态系统的调控原则，保持城市各方面协调、持续稳定发展。

城市是在特定地域内的人口、资源、环境通过各种相生相克关系建立起来的人类聚居地。城市生态系统不仅是一个自然地理实体，也是一个社会事理实体，其边界包括空间、时间和事理边界。

（二）城市生态系统特点

城市生态系统是一个结构复杂、功能多样、庞大开放的自然-社会-经济复合人工生态系统。与自然生态系统相比有以下特点。

（1）人是城市生态系统的主体　城市生态系统是大量建筑物等城市基础设施构成的人工环境，城市自然环境受到人工环境因素和人的活动的影响，使城市生态系统变得更加复杂和多样化。人是生态系统的污染者又是被污染者，人是城市生态系统的主宰者又是被主宰者，人的两重性相互制约，组成一个复杂的以人类社会经济活动为中心的城市生态系统。

（2）人工物质系统极度发达　城市生态系统是在自然环境基础上，按人的意志，经过人类加工改造形成的适于人类生存和发展的人工环境，能流、物流、人流、信息流高度集中。在自然的、经济的、社会的再生产过程中人类都是核心、主体。生态环境演化既遵循自然发展规律，也遵循社会发展规律。

（3）城市生态系统具有不完全性　城市生态系统以人为主体，缺乏各种植物、动物、微生物，生产者、消费者和分解者比例整体不协调，是一个不完全、不独立的开放系统。

（4）城市生态系统具有整体性和综合性　城市生态系统是自然、经济、社会复合生态系统，各环境要素、各部分相互联系、相互制约，形成的一个不可分割的、多层次的有机整体。各种城市自然环境都不同程度地受到人工环境因素和人类活动的影响，使得城市生态系统的变化具有综合性。

(5) 城市生态系统是开放的、非自律系统　城市生态系统尽管是一个容量大、流量大、密度高、运转快的开放系统，但与自律的自然生态系统相比自我调节能力有限，属于非自律系统。城市所需的物质和能量大都来自周围其他生态系统，城市之状况如何往往取决于外部条件。城市生态系统需要人为补充物质和能量以及人工合理和适时的调节。城市生态系统能量流动低效性，自然物质循环简单。

(6) 城市生态系统具有脆弱性和非稳态平衡性　城市生态系统是在偏离自然平衡点处建立起来的非稳态平衡系统。城市生态系统的功能、食物链不完整、食物网简单、环境污染等决定了城市生态系统的脆弱性。

城市生态系统具有一定的负荷能力，超负荷则生态平衡被破坏。自我调节能力有限，需要人工调节进行补偿和缓冲。

(7) 城市生态系统是人类自我驯化的系统　人类一方面自身创建了舒适的生活条件，另一方面又抑制绿色植物和其他生物的生存活动，并污染了清洁的环境，反过来又影响人类生存和发展。人类驯服了其他生物及环境，同时又把自已圈在人工化的城市里，改变生活方式不断适应环境。

上述城市生态系统特点表明：与周围其他生态系统高速而大量的能流和物流交换，主要并必须靠人类活动来进行协调，使之趋于相对平衡，从而最大限度地完善城市生产和生活环境，满足城市生产和居民生活的需要，正是由于城市生态系统的这种非独立性（对其他生态系统的依赖性），使城市生态系统显得特别脆弱，传统生态意义上的自我调节能力极小。

第二节　城市发展的环境问题

城市是人类活动高度集中的场所，是人类生存和发展以及对资源、商品和服务的主要消费场所和集散地。城市化具有正负两个方面的效应：一方面城市化促进经济的繁荣、财富的累积、社会的进步和人民生活水平的提高；另一方面城市化又容易产生一系列严重的生态环境问题，对自然生态系统和人民健康产生不良影响，特别是在经济增长和工业发展过程中所产生的人口的过度集聚、居住拥挤、交通堵塞、基础设施短缺、污染加剧、土地资源枯竭、水资源短缺、能源紧张、区域空间缩小、生物多样性锐减、城市热岛效应等一系列危害或称城市病，影响城市生态环境及居民的生活质量。

一、城市环境问题及发展

（一）城市环境问题

1. 城市环境污染

主要包括城市空气污染、水污染、固体废弃物污染、噪声污染、振动污染、土壤污染、辐射污染、放射性污染、光污染。这些污染物单一或复合协同作用，产生光化学烟雾、酸雨等毒性更强的二次污染物，对人类健康和生态环境造成危害。

2. 城市生态环境问题

主要存在水资源短缺、城市气候异常、耕地被占用、天然植被减少、环境基础设施不足、城市人口爆炸式增长、交通拥挤、居住环境不足、城市超负荷运转等环境问题。

（二）现阶段城市发展的突出环境问题

面对经济高速发展和城市化进程加快的双重挑战，城市出现了突出的环境问题，主要体现在以下几点。

1. 消费型环境污染增加

随着城市化进程的加快和城市功能、结构的转化，城市常住人口和流动人口继续保持着快速增长的态势，城市面临的人口压力更为突出，加之人民生活水平的提高和消费增加，给原本趋紧的城市资源、环境供给带来了更大压力。体现在水资源短缺，生活污水、垃圾等废弃物大幅增加，机动车污染加剧，城市自然生态系统加速退化等一系列城市环境问题。

2. 城市环境污染边缘化

由于以往城市环境保护战略更多地关注城市中心区域，城市周边地区的环境保护工业没有受到足够的重视，导致城市环境问题的边缘化问题日益严重，严重影响城市区域和城乡的协调发展。城市中心区工业向周边地区转移、周边地区的农畜业生产和水资源不合理使用、垃圾倾倒等是城市环境污染边缘化的原因。

3. 机动车污染严峻

由于机动车使用数量的快速增加，机动车尾气已经成为大城市空气污染的主要来源。按照目前机动车的发展趋势，如果不能有效控制机动车污染，到 2010 年，我国将会有一部分的城市空气污染从煤烟型转化为煤烟与机动车的混合型污染。

4. 城市生态失衡严重

由于城市化的发展和城市人口、工业、建筑的高度集中，带来了一系列的城市问题，城市自然生态系统受到破坏，生态失衡问题严重。地下水超采引起了一系列城市自然绿地减少、城市热岛、城市荒漠等突出的生态环境问题。同时，城市自然生态系统的退化进一步降低了城市自然环境的承载力，加剧了资源环境供给和城市社会经济发展的矛盾。

二、城市环境问题及其影响

发展中国家尤其是亚洲国家面临的一些主要城市环境问题，已经对居民健康、安全、生产率、舒适性和生态价值产生了不利影响。当今城市环境问题所造成的影响和危害已不仅局限于城市之内，而已涉及整个地区、整个国家甚至全球。伴随着经济发展和城市化进程的不断推进，城市环境问题日益突出。

城市化发展产生许多环境问题，如人口膨胀、交通堵塞、资源匮乏、住房紧张、绿地减少、环境污染等。在发展中国家，各种城市环境问题大体可分为三类，即环境污染、城市系统的拥挤和自然支持系统的退化，这些城市环境问题对居民的生活和生产都有着重要影响。

第三节　城市环境治理

一、城市环境治理概述

(一) 城市环境治理内涵

城市环境治理是指为维护城市区域的环境秩序和环境安全，实现城市社会经济可持续发展，各级管理者依据国家和当地的环境政策、环境法律法规和标准，从环境与发展综合决策入手，运用法律、经济、行政、技术和教育等各种手段，调控人类生产生活行为，协调城市经济社会发展与环境保护之间的关系，限制人类损害城市环境质量的活动的有关行为的总称。概念的内涵体现了城市环境治理协调城市可持续发展与环境关系的根本目标，城市环境治理的核心是对人类行为的治理，城市环境治理是城市治理的重要组成部分。

（二）城市环境治理的特征

主要体现在：一是城市环境治理的综合性；二是城市环境治理的区域性；三是城市环境治理的群众性；四是城市环境治理的动态性。

（三）城市环境治理的原则

1. 全面规划、合理布局的原则

是指从经济、社会、环境、生态等多角度对城市各种产业进行合理规划和布局，实现城市经济、社会和环境的协调发展。原因是：①有利于合理开发和利用自然资源；②有利于充分发挥自然环境的自净能力；③有利于区域环境综合防治。

2. 明确责任的原则

城市环境治理涵盖整个城市环境经济系统，涉及个人、企业和政府等不同的行为主体。而城市环境治理最终能否取得成效，关键在于相关主体能否采取保护环境的行动，为此必须明确各主体保护环境的责任。主要体现为三个具体的原则：①地方政府对辖区环境质量负责的原则；②污染者付费原则；③受益者分摊原则。

3. 预防和保护为主的原则

是指在城市环境和资源保护中，应采取各种预防手段和措施，防止环境问题的产生或将环境问题限制在最小程度，尽量从产生环境问题的源头与生产过程中预防和解决环境问题，而不是等环境污染和资源破坏产生后再进行治理。

4. 公众参与的原则

是指公众具有参与环境保护的权利和义务。包括两个方面：①公众具有参与环境保护的权利；②参与环境保护也是公众的义务和责任。公众享有环境权利的同时，也应承担环境保护的义务。

5. 强化法治、综合治理的原则

是指坚持依法行政，不断完善环境法律法规，严格环境执法；坚持环境保护与发展综合决策，科学规划，突出预防为主的方针，从源头防治污染和生态破坏，综合运用法律、经济、技术和必要的行政办法解决环境问题。具体包括：①完善法规标准体系；②完善执法监督体系；③着重落实三项环境管理制度。

6. 分类指导、突出重点的原则

是指因地制宜、分区规划、统筹城乡发展、分阶段解决制约经济发展和群众反映强烈的环境问题，改善重点流域、区域、海域、城市的环境质量。具体包括：①要加强地区分类指导；②要逐步实行环境分类管理。

二、我国城市环境治理存在的主要问题

我国政府十分重视城市环境治理，经过多方面不断努力已取得了明显成效，但目前仍然存在许多问题。这些问题的产生既有体制、机制的原因，也有法制的原因。目前城市环境现状和改善的进度尚不能满足公众的要求。因此，需要采取切实有效的创新措施，以改善城市环境质量，促进经济社会的全面协调发展。城市环境治理主要问题体现以下几方面：①城市政府及社会公众对环境保护的认识不够高；②城市环境压力随着经济的快速发展和城市人口的不断增长不断加大；③城市环境治理进程滞后，出现一系列新的环境问题；④城市环境治理的基础设施建设滞后，尚难支撑城市的可持续发展；⑤城市环境污染边缘化问题日益显现；⑥城市机动车污染问题日益严峻；⑦城市环境治理突发事件增多；⑧城市环境治理经济

政策激励效力不足；⑨环保产业化水平不高；⑩城市环境治理政策有待完善。

三、我国城市环境治理的主要途径

（一）科学制定城市发展规划，积极推进市场化运行机制，实施城乡一体化保护战略

（1）以城市环境容量和资源承载力为依据，制定城市发展规划。①从区域整体出发，统筹考虑城镇与乡村的协调发展；②调整城市经济结构，转变经济增长方式，发展循环经济；③统筹安排和合理布局区域基础设施，实现基础设施的区域共享和有效利用；④把合理划分城市功能、合理布局工业和城市交通作为首要的规划目标。

（2）提高城市环境基础设施建设和运营水平，积极推进市场化运行机制，加大环境投入，提高城市环境基础设施建设和运营水平。在继续发挥政府主导作用的同时，要重视发挥市场机制的作用，充分调动社会各方面的积极性，积极推进投资多元化、产权股份化、运营市场化和服务专业化。

（3）遵循市场规律，构建紧凑型城市增长模式。很多大城市不顾市场规律，一味通过限制容积率的方式来解决中心城区居住拥挤、交通堵塞和人口密度过高的问题。但事实上控制容积率的后果，一方面减少了中心城区住房的供应量，导致房价提高，更多的人无力买房，不得不拥挤地住在一起，结果城区人口密度不但没有减少反而提高了；另一方面刺激城市土地消费的横向扩张，导致城市周边的农地和生态用地被大量侵占。我国大城市的“城市问题”不是通过限制容积率就能解决的，需多方面因素共同作用，如增加基础设施投资、发展公共交通、制定合理的土地利用规划等。但可以肯定的是，在遵循市场规律的基础上，通过适度合理规划引导城市紧凑型增长，是保护城市周边耕地、生态用地的有效方式。

（4）按照直接受益或间接受益原则，建立大城市污染物处理收费制度。我国大城市废气、污水、固体废弃物等处理设施薄弱、发展缓慢的根本原因在于城市废气、污水、固体废弃物处理的收费标准太低，从而导致废弃物排放量过大、城市环境质量下降和处理资金严重缺乏等问题。因此，在继续发挥城市政府主导作用，加大环境投入的同时，有必要按照直接受益或间接受益的原则建立收费制度。对于污水排放的收费应该调整到足以支付城市污水处理厂全部处理成本，对城市固体废弃物征收的费用应等于废弃物的收集、装运和填埋的成本。只有在政府和市场同时发挥作用的条件下才能真正地提高城市环境基础设施建设和运营水平。

（5）实施城乡一体化的城市环境生态保护战略，统筹城乡污染防治工作，防止将城区内污染转嫁到城市周边地区，走城市建设与生态建设相统一、城市发展与生态环境容量相协调的城市化道路。

（二）建立绿色信贷制度，构建绿色资本市场，联手控制环境污染

温家宝总理在第六次全国环保大会上提出实现环境保护历史性转变，强调要综合利用法律、经济、技术和必要的行政手段解决环境问题。在当前的环境形势下，经济手段是控制环境污染的必要手段之一。2007 年 7 月 12 日，国家环保总局等发布了《关于落实环境保护政策法规防范信贷风险的意见》，这是国家环境监管部门、央行、银行业监管部门首次联合出手，为落实国家环保政策法规、推进节能减排、防范信贷风险出台的重要文件。加强环保和信贷管理工作的协调配合，有可能扭转环境执法乏力的现状，有效遏制环境污染恶化趋势。绿色信贷制度是一项创新，国际履行可持续发展要求的“绿色信贷”已成为一种趋势。

（三）强化管理能力建设，提高执法监督水平，搭建多角度监管治理体系

按照目标与手段相匹配、任务与能力相适应的要求，以监测评估、及时预警、快速反

应、科学管理为目标，以自动化、信息化为方向，以建设先进的环境监测预警体系和完备的环境执法监督体系为重点，实施环境监管能力建设规划，积极争取各级财政投入，努力提高环境管理能力。主要包括：

① 建设先进的环境监测预警体系。
② 建设完备的环境执法监督体系。
③ 建设环境事故应急系统。
④ 提高环境综合评估能力。
⑤ 建设“金环工程”。
⑥ 增强环境科技创新的支撑能力。
⑦ 全力做好污染源普查工作，加大统计改革力度。

第四节 生态城市建设

生态城市建设是可持续发展的战略选择，它不仅为城市发展指明了方向，它的构建为解决城市化进程带来的各种挑战和弊病提供了途径。随着世界各国对生态城市理论研究的不断深入，生态城市在全球的影响更加广泛，建设生态城市的实践活动也在世界各地纷纷展开，生态城市规划、设计与建设的理念得到了更快的普及，生态城市已成为国际第四代城市的发展目标。

一、生态城市概述

(一) 生态城市概念及内涵

生态城市至今尚无公认的确切定义，国内外许多学者从不同角度进行了描述。

生态城市，这一概念是在 20 世纪 70 年代联合国教科文组织发起的“人与生物圈(MAB)”计划研究过程中提出的，一经出现立刻就受到全球的广泛关注。它是城市生态化发展的结果，它的内涵随着社会和科技的发展，不断得到充实和完善。生态城市已经超越了保护环境即城市建设与环境保持协调的层次，它融合了社会、文化、历史、经济等因素，向着更为全面的方向发展，体现出了一种广义的生态观。生态城市是一个社会、经济、文化与自然和谐的复合生态系统，是一种社会和谐、经济高效、生态良性循环的理想的人类居住形式，也是现代的理想的可持续发展的城市新模式。

1984 年前苏联城市生态学家 O. Yanisky 首次正式提出生态城市的概念，认为生态城市的建设目标是“将技术与自然充分融合，人为创造力和生产力得到最大发挥，居民的身心健康和环境质量得到最大限度的保护”。

1987 年美国生态学家 R. Register 认为生态城市追求人类和自然的健康与活动，即生态健全的城市是紧凑、活力、节能、与自然和谐共存的聚居地，并在美国加利福尼亚州 Berkeley 市进行了生态城市的规划建设。1990 年在该市召开了第一届国际生态城市讨论会，与会 12 个国家介绍了生态城市建设理论与实践并提出了十项生态结构革命（Eco-structural Revolution）计划。

1989 年黄光宇认为生态城市是根据生态学原理，综合研究城市生态系统中人与“住所”的关系，并应用社会工程、生态工程、环境工程、系统工程等现代科学与技术手段协调现代城市经济系统与生物的关系，保护与合理利用一切自然资源与能源的再生和综合利用水平，提高人类对城市生态系统的自我调节、修复、维护和发展能力，使人、自然、环境融为一体，互惠共生。

1992年在澳大利亚阿德莱德召开的第二届国际生态会议上，澳大利亚的唐顿（Downton）认为生态城市就是人类内部、人类与自然之间实现生态上平衡的城市。

还有许多国内外学者从不同角度提出了生态城市的内涵，从不同的角度来看生态城市，就会有不同的样貌，从不同侧面反映了生态城市的内涵。生态城市是城市生态化发展的结果，它的内涵随着社会和科技的发展，不断得到充实和完善。生态城市已经超越了保护环境即城市建设与环境保持协调的层次，它融合了社会、文化、历史、经济等因素，向着更为全面的方向发展，体现出了一种广义的生态观。生态城市是一个社会、经济、文化与自然和谐的复合生态系统，是一种社会和谐、经济高效、生态良性循环的理想的人类居住形式，也是现代的、理想的、可持续发展的城市新模式。

（二）生态城市的理论基础

（1）生态学的理论　生态学理论将整体、协调、循环、再生的理念应用于城市生态的整体性，城乡的协调性，资源的再生和物质循环利用。同时还包括生态位理论应用于生态城市的定位；关键物种理论运用于主导产业结构和体系；食物链及食物网理论运用于企业和工业园区生态链的延伸；生态系统多样性理论应用于城市生物多样性保护等。

（2）可持续发展理论　所谓可持续发展，就是既满足当代人的需求，又不对后代人满足其自身需求的能力构成危害的发展（WCED，1987），其内涵强调人类的发展要有限度，不能危及后代人的发展。可持续发展理论的核心是对自然资源合理利用和积极保护并重，人与自然和谐，代际和代内、国家之间平等，社会、经济、自然协调发展。

（3）人与生物圈的理论　人类生态系统是地球上生物圈在太阳系中长期演化的产物，人类是大自然的一部分，是地球的主要成员，一方面人从自然界分离出来，站在自然的对立面；另一方面人又必须回归自然，与自然密切相连。研究人与自然的相互关系及其规律性，实现人与自然的高度和谐，正是社会发展的最高境界，也是实现和建设生态城市的根本宗旨。生态城市建设目标就是以人为本，达到人与自然的高度和谐，实现可持续发展。

（4）循环经济理念　循环经济的本质是改造或调控现有的线性的传统模式，向循环模式转变，提高资源和能源的效率，形成资源和能源效率较高的物质循环、无污染排放模式。循环经济是新型工业化的重要载体，它以减量化（Reduce）、再利用（Reuse）、再循环（Recycle）的3R原则为社会经济活动的行为准则。

（三）生态城市特征

生态城市的主要标志是生态环境良好并不断趋向更高水平的平衡，环境污染基本消除，自然资源得到有效保护和合理利用；稳定可靠的生态安全保障体系基本形成；环境保护法律、法规、制度得到有效的贯彻执行；以循环经济为特色的社会经济加速发展；人与自然和谐共处，生态文化有长足发展；城市、乡村环境整洁优美，人民生活水平全面提高。

（1）整体性与复合性　城市是以人为主体的人、物、空间三位一体的复合生态系统。人、物、空间相互依存，互相制约，形成一个互惠共生不可分割的有机整体，它的结构和功能在人类与环境之间相互易化中协同演变，不仅重视经济发展与生态环境协调，更重视对人类生活质量的提高。

（2）和谐性与耦动性　和谐是生态城市的核心内容，包括人与人、人与自然、自然系统之间的和谐。其中，自然系统和谐、人与自然和谐是基础和条件，人与人和谐才是生态城市的目的和根本，人、生物和环境之间在交感耦合的基础上演变。生态城市是营造满足人类自身进化需求的环境，充满人情味、文化气息浓郁，互助协助的人居环境，人与自然共生共荣，各行各业、各部门之间的共生关系协调，社会和谐稳定，经济发展持续。

(3) 高效性与内源性　生态城市要求改变现代城市"高能耗、高污染"、"非循环"的运行机制，科学高效地利用各种资源，提高一切资源的利用效率，不断创造新的生产力，物尽其用，地尽其力，人尽其才，各施其能，各得其所。物质和能量得到多层分级利用，使用清洁能源，废弃物循环再生，旨在寻求建立一种良性循环发展的新秩序。生态城市发展的动力源于城市内部，源于构成生态城市的人、物、理化空间环境及其相互作用产生的意识、制度、资本的驱动，而不是其他外部条件。

(4) 可持续性与协调性　生态城市以可持续发展为根本，充分体现自然资源与人力资源的合理配置和可持续的开发利用。兼顾不同时间、空间的合理配置资源，公平地满足现代和后代在发展与环境方面的要求，不因眼前利益而用"掠夺"的方式追求城市的暂时"繁荣"，保证其发展的健康与持续，使之稳定有序地演进。

(5) 均衡性与安全性　生态城市是一个系统，是由相互依赖的自然、经济、社会等生态子系统组成，各子系统在生态城市这个大系统中均衡发展。生态城市在形态、构造和功能上是集中与分散的均衡，任何一个组分在时空上的过度密集或分散都会造成生态城市的过度发展或衰退，危及生态系统安全。生态城市中的人、物、理化空间环境之间各要素相对量比关系，都有一个安全的范围，即生态安全范围，超出这个范围生态城市可能衰退或受损害。

(6) 区域性与开放性　生态城市是在一定的区域范围内，人类活动与自然环境资源利用完美结合的产物，具有很强的区域性，是建立在区域平衡协调基础之上，只有平衡协调的区域，才有平衡协调的生态城市。与周围城市保持密切联系，形成互惠共存的融洽关系，与国内外其他城市也保持较强的关联度，加强全球合作，共享技术与资源，维护全球生态平衡，因此，生态城市是一个开放系统。

由此可见，生态城市的主要特征与山水城市、园林城市、森林城市、卫生城市等概念不同，生态城市是人、自然、环境和谐发展的最佳形式。

生态城市最明显的特征也是最基本的条件是绿色、拥有广阔的自然空间、花园、公园、农场、河流或小溪、郊野以及与人类共存的生物。

二、生态城市规划及建设

(一) 生态城市规划

1. 生态城市规划的指导思想

生态城市规划设计应体现的是一种"平衡"或"协调"型的规划思想，它把城与乡、人与自然看作一个整体，综合空间、时间、人三大要素，协调经济发展、社会进步、环境保护之间的关系，促进人类生存空间向更有序、更稳定的方向发展，实现人、自然和谐共生。生态城市规划应体现以下主导思想。

(1) 与自然协调的思想　生态学的形成和发展与人类社会生产实践和对客观事物的认识密切相关。中国古代的"天人合一"、"阴阳五行"等，西方的"理想国"、"田园城市"等，都反映了人与自然共存共荣的生态哲学思想。近代的美国美化城市运动、英国伦敦绿圈规划等出发点都是让人们生活更好。

(2) 以人为本的思想　以人为本是21世纪人类建设的主旋律。以人为本一是要考虑人的行为特征，善解人意，尊重人格；二是满足人的基本需求，从人的心理和生理感受要求出发，目的也是让人们生活得更美好。1991年世界建筑师大会提出，“每个生态城市必须规划和建设成在气候、文化、技术、工业与其所在地方条件等诸方面的整合”，“健康的、生态活泼的城市必须是人性的、生态良好的新技术城市”。

(3) 因地制宜的思想　中国幅员辽阔，生态环境条件千差万别，城市与区域发展水平也相差悬殊，因此生态城市建设不可能是单一的发展类型和模式，应根据不同地区、不同城市具体条件制定适合于自身特点的生态化发展战略和创建各具特色、多种类型的生态城市发展模式。

中国生态城市规划和建设仍处于发展阶段，有关生态城市的理论、规划、设计、方法、手段和管理机制等都还很不成熟，还需要不断实践、探索。

2. 生态城市规划设计的原则

1984年联合国在《人与生物圈》计划报告中提出生态城市规划的5项原则：①生态保护战略，包括自然保护、动植物区系及资源保护和污染防治；②生态基础设施，即自然景观和腹地对城市的持久支持能力；③居民的生活标准；④历史文化的保护；⑤自然融洽城市，将自然融入城市。这5项原则从整体上概括了生态城市规划的主要原则，是概略性的原则。

根据我国的实际情况，我国学者在生态城市规划的实践中总结如下8项原则，这些原则对任何一个城市生态系统都很重要，把这些原则付诸于生态城市的规划、建设和管理的实践中是生态城市建设成败的关键。基本原则如下。

(1) 生态保护和生态平衡原则　保护自然资源，对自然环境侵扰最小；提倡节地、节水、节能和治理污染；使用可再生能源和提高能效；能量的输入输出达到平衡。

(2) 生态基础设施建设原则　发展高效的公共交通系统。

(3) 循环再生原则　依据最小需求原则消除或减少废物，对不可避免产生的废物进行循环再生利用，减少垃圾产量和能量高效利用。

(4) 将自然融入城市的原则　生态城市提供面向未来文明进程的人类生存地和新空间，城市中人、自然、物质、技术等组成要素按美学关系规划安排，将自然与城市融合。

(5) 居民的生活标准原则　强调最重要的是维护人类健康，有利于人类在自然环境中生活、工作、运动、娱乐以及供应有机的、新鲜的食品，推广可长期使用的建筑结构。

(6) 具有最大的多样性原则　包括生物多样性、景观多样性、土地利用和人类活动方式的多样性，拥有广阔的自然空间（公园、花园、文化、河流、郊野等）以及与人类同居共存的其他物种（动物、植物）。生物、环境、文化、资源与人类以最和谐的关系共生。

(7) 历史文化保护原则　生态城市是一个充满快乐和进步的地方，要提供全面的文化发展，保护现有的历史文化。

(8) 优化人口结构原则　控制人口增长，提高人口素质，使人口与资源之间达到最佳平衡。

（二）生态城市建设

1. 生态城市建设理念

生态城市建设是指遵循自然规律和社会经济发展现状，从区域实际出发，调动社会各方面力量，围绕生态环境面临的突出矛盾和问题，以保护和改善生态环境，实现环境资源合理开发利用和可持续发展的目标所进行的城市建设活动。

生态城市建设的指导思想可以概括为：以城市生态学和环境经济学为理论指导，以可持续发展为主题，以城市规划为蓝本，以环境保护为重点，以城市管理为手段，建立政府主导、市场推进、执法监督、公众参与的新机制，建设经济、社会、生态三者保持高度和谐的城市。

2. 生态城市建设原则

一些学者将生态城市建设归纳为以下 4 项基本原则。

(1) 限制城市人口　建设生态城市首先应确定城市的人口承载量。这里所说的承载量是指在提高居民生活质量、保障生态良性运行的前提下城市人口的最大容量。确定城市人口容量时，既要考虑人口规模的合理性，又要满足未来人口增长的可能性，合理性与可能性的交叉点即是最佳人口规模。在确定城市人口容量时，不仅要掌握静态人口的分布规律，还应进一步研究周期性往返于城乡和城市之间的"流动人口"以及城市商业区与居住区之间的"钟摆人口"的分布及涨落规律。

(2) 合理规划城市　城市规划要兼顾社会、经济和环境的整体效益，既要维持生态系统的稳定，又要保证经济及居民生活水平的提高。要保持城市重要功能区布局及结构的相对稳定，根据城市的承载力及经济实力合理调整城市空间布局及规模。在经济政策的制定及城市的规划上，应避免以损害环境利益为代价的经济短期增长模式及不合理的城区过度开发，实现城市废弃物的就地还原或回收，避免向乡村流转，减少城市对乡村的"生态剥削"以及由此导致的区域发展不平衡。要具体问题具体分析，城市新城区的规划应以创建整体生态化城市为准则，老城区则以综合治理、突出文化特色为准则，两者相互补充，实现生态整合。

(3) 调整产业结构　城市的产业结构决定城市的功能和性质，决定城市基本活动的方向、内容、形式和空间分布。要合理确定城市的产业结构，优化城市生态系统各要素之间的物质、能源、信息的输入与输出关系，实现人与自然、经济与环境的协调。应淘汰污染严重的生产工艺，采用环境友好技术。

(4) 提高资源利用效率　提高资源综合利用效率，加快资源开发及再生利用的研究与推广。在城市生态系统中建立高效和谐的物质、能量、信息流通网，实现物流的"闭路再循环"，重新确定"废物"价值，减少"废物"的产生。在工业发达国家"低物质化"，即降低工业生产过程中的物质和能源消耗已成为一种发展趋势，随着消费者对绿色产品需求的增加及环保意识的进一步提高，在企业界建立绿色核算体系、生态产品规格与标准等绿色管理制度已是大势所趋。

3. 生态城市建设的总体目标

生态城市建设的目标不应只是追求某一系统的单一效益，而是整体综合功能最佳，实现城市可持续发展。因此，应以以下 3 点为总体目标。

(1) 追求城市社会－经济－自然和谐协调发展　生态城市是应用生态工程、环境工程、系统工程等现代科学与技术手段，协调各系统关系，实现经济效益、环境效益和社会效益的统一。以建设"花园城市"为目标，简单地增加绿地，只是建设生态城市的一项内容，不等于就是生态城市。

(2) 追求城市自维持、自修复、自组织、自发展　生态城市建设是一个渐进的过程，从初级阶段到高级阶段会是一个较长的时期，在这个时期城市人类活动或外部因素作用常常会诱导城市达到或超过某个临界而发生突变，城市重新整合内部或外部的干扰因子，完成新的自组织活动，则可推动系统向高级阶段发展和演化，达到既定的目标。而生态城市建设的关键是必须做到城市内部资源的再生、循环利用。

(3) 追求节能、节水、节地和使用新能源　提倡利用太阳能、风能、潮汐能、核能等新型清洁能源；使用可再生材料；建造具有智能性的生态建筑；开发利用高效、节能、环保的灯具。城市垃圾的处理应尝试将新的生态技术运用到建筑设计与建造过程中。

三、中国特色的生态城市建设

我国自20世纪80年代开始展开对城市生态环境建设的探索。1986年，江西省宜春市开展了生态城市的试点建设，这是我国第一个开展生态城市建设的城市，经过八年的努力，宜春市完成了总体规划和剖析试点，目前已进入全面实施阶段。1987年10月在北京召开了“城市与城市生态研究及在城市规划和发展中的应用国际讨论会”，通过与国外城市生态建设先进理念和实践经验的交流，使我国城市生态建设实践的发展得到了有力的推动。

目前，全国已有150多个城市编制了生态城市的规划，并通过专家论证，正在规划实施阶段。还有许多城市正在编制生态市、生态县的规划，在此基础上已有9个省编制并通过国家生态省规划鉴定并报国务院备案，其中包括海南、吉林、黑龙江、福建、浙江、山东、江苏、安徽、河北等省。正在编制规划的有广西、四川、天津、辽宁等省市。

（一）生态城市的目标、战略构想

1. 生态城市的目标

（1）总体目标　作为可持续发展城市的载体。构建生态城市表现为发达的生态经济、优美的生态环境、和谐的生态家园、繁荣的生态文化、人与自然和谐相处的（社会）可持续发展城市。

（2）具体目标　定位要正确、结构要合理、功能要健全、系统要稳定、管理要高效、发展要持续。

2. 生态城市建设的战略构想

①以可持续发展和城市生态学为指导理论；②以“高效和谐、持续发展”为基本目标；③城市以生态调控能力、结构合理、功能有效的生态系统良性循环为建设中心；④以生态产业建设为经济生态系统建设的重点；⑤以人工生态系统与自然生态系统为统一体建设的根本；⑥以生态文化建设为社会生态系统建设的基础。

（二）生态城市的主要内容

1. 生态城市建设的基本要求

①安全、和谐的生态环境——生态城市的基本保障；②高效率的城市产业体系——生态城市的必要条件；③高素质的城市文化——生态城市的根本动力；④以人为本的城市景观——生态城市的形象标志。

建设工作必须以节水、节电、节地、废物减量、垃圾回收等指标为依据创造有利于人们适宜、健康、和谐的生活环境，以达绿化环境、净化空气、整治污染、保护生态、促进身心健康的目的。

2. 城市生态化内容

包括工业清洁化（清洁生产）、农业有机化（有机农业基地）、经济循环化（循环经济）、废物资质化（回收再利用）、资源再生化（多次利用）、城镇现代化（城乡统一体）、管理科学化（生态系统管理）、经营产业化（应用市场机制）。

3. 基本框架

从城市生态系统管理的角度，生态城市分为社会、经济、环境、管理四大系统，便于宏观调控和综合管理，见图2-1。

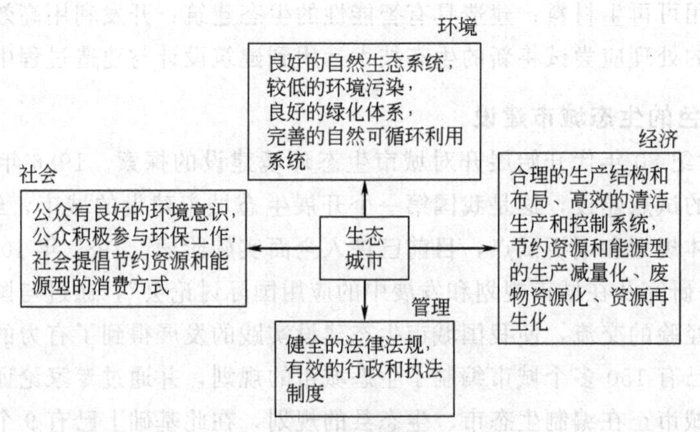

图 2-1 生态城市基本框架

4. 建立生态城市的支撑系统

（1）企业——实行清洁生产　从被动排污治理转变为源头控制污染与全过程控制污染相结合，改变高能耗、高物耗、高污染、低效益（三高一低）生产方式向着低能耗、低物耗、低污染、高效益的（三低一高）清洁生产方式改变。

（2）生态工业园区——企业与企业间的组合和联合　上游企业排放的污染物质，下游企业作为原料进入并形成产品，依此类推，形成和延伸产业链，实行减量化、再生化、无害化的 3R 原则。

（3）绿色小区和生态社区——生态城市的细胞工程　以提高对和谐自然和生态保护意识为目标，促进人与自然的和谐为目的，树立资源的价值观，积极保护与合理利用、科学管理的资源观，以及不破坏生态、不污染环境的生态观。

建设生态社区必须以节水节电、节地、废物减量、垃圾回收等指标为依据，创造有利于人们的适宜、健康、和谐的生活环境，以达到绿化环境、净化空气、整治污染、保护生态、促进身心健康的社会和谐的目的。

（三）指标体系

生态城市建设目标和建设内容的实施需要用指标和指标体系加以鉴定，因此评价生态城市建设成效的指标体系设计至关重要，它不仅是生态城市内涵的具体化，而且是生态城市规划和建设成效的度量，因而也是构造生态城市不可缺少的重要内容之一。

国内生态城市的指标体系虽研究不多，但也有几种不同的设计思路，其中以王如松研究员为代表的一方提出了从经济、社会、自然 3 个子系统的分析出发构成的指标体系；另一类是以宋永昌教授为代表的从城市生态系统的结构、功能和协调度 3 个方面探讨生态城市的概念，从而建立生态城市的指标体系；第三类是以孙铁珩院士为首的分为第一层总水平、第二层功能层、第三层识别层、第四层指数层对城市进行定标、量化、监控和度量的指标体系。

此外，有的学者还从生态意识、生态经济、生态景观、生态安全、生态卫生 5 个方面构造生态指标体系，与此雷同的还有目标层、系统层、领域层、度量层和指标层组成的指标体系。同时，对指标筛选数量存在两种观点，其一是少而精，其二是详细而全面。

金鉴明和田兴敏认为少而精往往不够反映全面，而详细全面在实施可操作方面会遇到困难，在指标选择上应更多地注意因子的代表性、综合性、合理性以及现实性。

国家环境保护部通过 3 年推行生态市建设的经验于 2003 年 2 月 27 日公布了《生态县、生态市、生态省建设指标（试行）》（表 2-1），2005 年在广泛征求意见的基础上对指标中的农民年人均纯收入和城镇居民年人均可支配收入两项指标进行了调整，这说明指标既要考虑相对稳定性，因规划的实施是长期过程（一般 15～20 年），又要考虑动态性。指标对时间、空间、系统结构的变化及实施可行性应具有一定灵活性，根据经济发达地区和欠发达地区的差异因地制宜地加以调整是十分必要的。

表 2-1 生态城市建设指标

	序号	名 称	单 位	指 标
经济发展	1	人均国内生产总值 经济发达地区 经济欠发达地区	元/人	 ≥33000 ≥25000
	2	年人均财政收入 经济发达地区 经济欠发达地区	元/人	 ≥5000 ≥3800
	3	农民年人均纯收入 经济发达地 经济欠发达地区	元/人	 ≥11000 ≥8000
	4	城镇居民年人均可支配收入 经济发达地区 经济欠发达地区	元/人	 ≥24000 ≥18000
	5	第三产业占 GDP 比例	%	≥45
	6	单位 GDP 能耗	吨标煤/万元	≤1.4
	7	单位 GDP 水耗	m^3/万元	≤150
	8	应当实施清洁生产企业的比例 规模化企业通过 ISO 14000 认证比率	%	100 ≥20
环境保护	9	森林覆盖率 山区 丘陵区 平原地区	%	 ≥70 ≥40 ≥15
	10	受保护地区占国土面积比例	%	≥17
	11	退化土地恢复率	%	≥90
	12	城市空气质量 南方地区 北方地区	好于或等于 2 级标准的天数/年	 ≥280 ≥330
	13	城市水功能区水质达标率 近岸海域水环境质量达标率	%	100，且城市无超 4 类水体
	14	主要污染物排放强度 二氧化硫 COD	kg/万元(GDP)	 <5.0 <5.0 不超过国家主要污染物排放总量控制指标
	15	集中式饮用水源水质达标率 城镇生活污水集中处理率 工业用水重复率	%	100 ≥70 ≥50

续表

	序号	名　称	单　位	指　标
环境保护	16	噪声达标区覆盖率	%	≥95
	17	城镇生活垃圾无害化处理率 工业固体废物处置利用率	%	100 ≥80 无危险废物排放
	18	城镇人均公共绿地面积	m²/人	≥11
	19	旅游区环境达标率	%	100
社会进步	20	城市生命线系统完好率	%	≥80
	21	城市化水平	%	≥55
	22	城市燃气普及率	%	≥92
	23	采暖地区集中供热普及率	%	≥65
	24	恩格尔系数	%	<40
	25	基尼系数		0.3～0.4之间
	26	高等教育入学率	%	≥30
	27	环境保护宣传教育普及率	%	>85
	28	公众对环境的满意率	%	>90

人们越来越意识到城市生态化发展及创建生态城市的重要性和迫切性，生态城市已不是纯自然的生态，而是自然、社会、经济复合共生的城市生态，值得注意的是中国生态环境条件千差万别，需因地制宜地创造各种生态城市规划类型和各种发展模式。要解决环境与发展之间的矛盾，克服城市病的挑战，使之自然、经济、社会生态化，其根本途径在于改变传统的工业发展模式和资源利用方式，采取清洁生产→生态工业→循环经济模式，实现低排放或零排放目标，这是城市生态化和城市可持续发展的必然选择。

总之21世纪也将是城市的世纪，面对城市化、人口、环境、资源的巨大压力和严峻挑战，只能走城乡生态化发展道路，构造生态城市是历史发展的必然趋势，也是城市的明天必然选择的道路。

（四）我国生态城市建设的对策

生态城市建设是人类文明进步的标志，是城市发展的必然方向。它不仅涉及城市物质环境的生态建设、生态恢复，还涉及价值观念、生活方式、政策法规等方面。我国是发展中国家，综合国力、科技水平、人口素质、意识观念与发达国家相比差距较大。针对环境差、底子薄、人口多的国情，提出以下生态城市建设的对策。

1. 转变思想，提高环保和生态意识

从不可持续发展思想向可持续发展思想转变。其内涵包括：从追求近期的直接经济效果转向追求长期的间接经济效果；从追求单一的经济高效率转向追求经济、生态合并的高效率。这是生态城市建设的思想基础，没有这个转变就不可能有忧患意识、危机感和责任感。

提高公众的生态意识，就是使人们认识到自己在自然中所处的位置和应负的环境责任，尊重历史文化，改变传统的消费方式，增强自我调节能力，维持城市生态系统的高质量运行。提高公众的生态意识除了用各种形式加强宣传和教育外，还应让市民亲身感受到环境和生态保护带来的好处，使市民形成“向自然资源索取是有代价的，污染是要付费的”的概念，营造社会公德大环境，规范那些不规范的环境行为。

2. 加快理论研究，制定生态城市指标体系

长期以来，城市建设的理论和政策都是重资源开发，以发展国民经济为主兼顾市民的基本生活要求。因此，必须针对我国国情建立一套适用于生态城市建设的科学理论和指标体系。

① 生态城市应采用整体的系统理论和方法全面系统地理解城市环境、经济、政治、社会和文化间的相互作用关系。以环境经济学和城市生态学指导生态城市建设，同时指导国民经济发展。这是一个机遇，中国应该走在世界前列。

② 生态城市建设的目标是多元化的，可分解为人口、经济、社会、环境、生态目标、结构优化目标以及效率公平目标，这些目标又应按生态城市建设的初级、过渡、高级阶段分解为阶段性的目标，形成评价指标体系，用它在建设的各个阶段来衡量城市生态化速度与变化态势、能力和协调度。设计的指标应灵敏度高、综合性强，既有持续性指标、协调性指标，又有监测预警指标，选择指标的原则应注意因子的综合性、代表性、层次性、合理性、现实性。在生态城市评价指标体系的指导下来编制城市规划条例、城市建设条例和城市管理条例。

3. 建立生态城市环境保护新机制

环境质量是生态城市建设的基础和条件。环境保护是城市生态建设、生态恢复和生态平衡维持的重要而直接的手段。建立政府主导、市场推进、执法监督、公众参与的环境保护新机制是生态城市建设的保障，城市政府的主要职责是规划好、建设好、管理好城市，应该集中力量做好城市的规划、建设和管理，加强各种公用设施的建设、进行环境的综合治理。从社会主体角度看，社会行为可分为政府行为、企业行为与公众行为，这三种行为决定着人类社会的发展状况，而不可持续发展或可持续发展都取决于这三种行为。在过去的发展模式中政府、企业、公众的行为都没有考虑到自然环境的有限性及其对经济活动的制约，没有把自然环境纳入到经济系统中，致使人类对生态环境的影响深度与广度不断增大。

4. 把握关键环节——生态城市建设规划

生态城市总体规划应全面的从城市的经济、社会、生态环境各方面进行综合研究，以人为本制定战略性的、能指导和控制生态城市建设与发展的蓝图与计划，它必须具备科学性、综合性、预见性和可操作性；生态城市总体规划应把生态建设、生态恢复、生态平衡作为强制性内容；生态城市建设规划一旦批准，必须具有法律的权威性，任何改变都必须严格地按照程序进行。为搞好生态城市规划应采取以下对策：一是改进城市规划管理机制，改变建设项目提出者、计划者、决定者、运作者同属一个体系的状况，使每个环节都能有效地得到控制。二是建立新的城市规划过程程序，做到真正意义上的综合全局的观点。三是强调专家论证的科学性和独立性，以避免"拍脑袋工程"、"政绩工程"和"长官意志"。四是建立公众参与的正常渠道，以提高公共决策的正确性，代表市民的最大利益和生态建设的社会公平。

生态城市规划除了常规内容外，还应重点考虑以下问题：

① 建设生态城市首先应确定城市人口承载力，人口承载力不是指城市最大容量，而是指在满足人们健康发育及生态良性循环的前提下人口的最大限量。既要考虑人口未来增长的可能性，又要考虑满足一定生活质量的人口规模合理性；既要考虑固定静态人口的分布规律，又要考虑周期性往返于城市-乡村-城市之间和城市商业区与居住区之间动态人口分布和涨落规律。

② 景观格局是景观元素空间布局，是城市生态系统的一个重要组成部分。城市景观规

划应遵循以下原则：a. 整体优化原则；b. 功能分区原则；c. 景观稳定性原则；d. 可持续发展原则；e. 活化边缘原则。

③ 城市的产业结构决定了城市的职能和性质以及城市的基本活动方向、内容、形式及空间分布。因地制宜地按照生态学中的“共生”原理，通过企业之间以及工业、居民与生态亚系统之间的物质、能源的输入和输出进行产业结构优化，实现物质、能量的综合平衡。

④ 提高资源合理利用效率，加快资源开发及再生利用的研究和推广，在城市区域内建立高效和谐的物流、能源供应网，实现物流的“闭路再循环”，重新确定“废物”的价值，减少污染产生。

5. 突出城市个性特点，树立城市生态风尚

每个城市都有自己特有的地理环境、历史文化和建设条件，要尊重、研究、发扬自身的特点，根据自己的特点因地制宜、扬长避短，从一个或几个侧面，抓住优势，体现个性，制定实际的、具有自己特色的生态城市建设方案，融“山水城市”、“园林城市”、“花园城市”、“田园城市”、“森林城市”、“卫生城市”、“健康城市”、“绿色城市”等于一体，既体现生态城市建设的优势，又给人们一个醒目的形象。

为有利于生态城市的建设及其成果的保护，管理者应建立制度，提倡良好的公众环境行为，形成生态城市的规矩和风尚。如：限制汽车数量增长、提倡公交车、使用环保车；提倡以自行车作为上、下班交通工具，或者以步代车；提倡使用布袋子、菜篮子、饭盒子，拒绝“白色污染”；提倡商店与厂家结合对商品实行全程绿色服务；提倡绿色生活、绿色消费、绿色家庭；有条件的城市应限制建筑高度，提倡使用洁净能源。

6. 重视城市间、区域间的合作

城市和区域是密不可分的，城市是区域的核心，区域是城市的基础，两者相互依存、互相促进。城市间、区域间不断地在进行着物质、能量、信息的交换，城市越发展，这种交换就越频繁，相互作用就越强。生态城市的建设特别要强调城市间、区域间的分工协作、协调发展，不仅要注重自身的繁荣，还要确保城市自身的活动不损害其他城市的利益。城市走生态化发展之路，为城市发展提出了明确的目标——建设生态城市。生态城市建设是人类文明进步的标志，是城市发展的方向。近年来，我国很多城市都提出了建设生态城市，而且在生态城市建设上做出了许多探索和努力。

（五）生态城市建设措施

生态城市建设不仅涉及城市物质环境的生态建设、生态恢复，还涉及价值观念、生活方式、政策法规等方面内容，因此在生态城市建设上也要运用法律、经济、技术、行政及教育等多方面的手段。生态城市建设的核心问题是遵循城市生态规律，正确处理经济发展与生态环境保护的关系。为了达到这个目的，可采取下列措施。

1. 加强宣传教育，提高公众的生态意识

建设生态城市，首先必须宣传、普及生态意识，倡导生态价值观，使公众特别是领导决策层的观念转变过来，树立人与人、人与自然和谐的生态价值观。自觉的生态意识是建设生态城市的关键。

2. 加强生态立法

建立适应生态城市建设的法规综合体系，使生态城市建设法治化、制度化，以保证生态城市建设的顺利实施。加大执法力度，控制环境污染，促进污染源治理，逐步改善环境质量。

3. 制定生态城市建设的政策和措施

在城市中设立综合决策、管理机构，组织、协调、监督生态城市发展战略的实施。建设生态城市是我国城市发展的重要目标和内容，要制定城市各领域、各行业生态化发展的战略、步骤、目标等，确定优先发展领域，制定一系列鼓励政策，加快生态城市的建设步伐。

4. 重视生态技术的开发与应用

必须增加科技投入，研制、开发生态技术、生态工艺，积极选择适宜技术，推广生态产业，保证发展过程低（无）污、低（无）废、低耗，提高资源循环利用率，逐步走上清洁生产、绿色消费之路，是建设生态城市的基础。

5. 重视城市间、区域间的合作

城市间、区域间乃至国家间必须加强合作，建立公平的伙伴关系，实现技术与资源共享，形成互惠共生的网络系统。城市在发展过程中应承担相应的生态义务和责任，确保生态系统的稳定与协调。

四、生态城市建设实践概况

当前，生态城市的建设和实践在国内外正在迅速发展，综观世界生态城市建设发展的历程，其建设模式大致可概括为以下几种：政府导向型模式、科技先导型模式、项目带动型模式、交通引导型模式、组织驱动型模式、城乡互动型模式。

国外较著名的生态城市建设有被誉为世界“生态城市”样板的美国伯克利（1992）和波特兰、印度斑加罗尔、巴西库里蒂巴和桑拖斯、澳大利亚阿德莱德（1994）、丹麦哥本哈根（1947）和卡伦堡、日本九州（1997）、新加坡的全岛（1967～1971）、德国弗莱堡等。

我国自20世纪80年代开始生态环境建设的探索。1984年江西省宜春市就率先进行了生态城市的规划与建设。经过八年的努力，宜春市完成了总体规划和剖析试点，目前已进入了全面实施阶段。后来相继有许多不同级别和规模的城市也纷纷进行了生态城市规划和建设。2003年国家环保部颁布了《生态县、生态市、生态省建设指标（试行）》标准，极大地推动了国内生态城市建设。目前，我国已有海南、吉林、黑龙江、福建、浙江、山东、江苏、安徽、河北、广西、四川、天津、辽宁等省提出了建设生态省的战略目标，编制规划通过国家生态省规划鉴定，并报国务院备案。近40个大中城市已提出或正在着手进行各自生态市（生态城市）的规划与建设，300多个村镇提出了建设生态村镇或生态示范区的计划。由此，国内生态城市建设初步形成以各级行政区域为主体的梯级体系，呈点线面相结合、齐头并进的建设格局。

第三章　人口与环境

第一节　人 口 变 迁

在人类影响环境的诸因素中，人口是主要的、最根本的因素。人口问题是一个复杂的社会问题，也是人类生态学的一个基本问题。人口问题与资源问题、环境问题与发展问题一样，是当前世界各国人民共同关注的热点问题。中国人口问题和环境问题也面临着重大挑战。控制人口数量，提高人口素质是中国必须长期坚持的一项基本任务，是实现可持续发展的基本条件。

一、世界人口的变迁

人类早期各个阶段的人口是很难估算精确的，直到1万年前发生农业革命之前，人类才有比较可靠的地方居住，靠狩猎和采集为生，那时全世界的总人口大约只有500万左右，在人类漫长的历史进程中，人口数量一直呈增长趋势。农业革命以前人类尚未处于地球生物的主宰地位，人口数量基本持平。农业革命使粮食生产趋于稳定，保证了食物的供给，使人口增长速度加快。但真正的高人口增长率是在工业革命以后，人类的生存条件大为改善，人类疾病得到有效控制，而生产的发展客观上又需要大量人口，使人口增长进一步加快。从表3-1可见，近几百年来，人口一直呈加速增长势头。据联合国人口活动基金会发表的《世界人口白皮书》，世界人口在1918～1927年期间达到20亿。后来，一直到1960年世界人口才超过30亿，14年后的1974年达到了40亿，又过了13年，突破了50亿大关，1999年突破60亿。

表3-1　1900～2100年世界人口发展趋势/百万人

区域		1900年	1950年	1985年	2000年	2025年	2100年
发展中国家	非洲	133	224	555	872	1617	2591
	亚洲	867	1292	2697	3419	4403	4919
	拉丁美洲	70	165	405	546	779	1238
	小计	1070	1681	3657	4837	6799	8748
工业化国家	欧洲 日本 大洋洲 前苏联	478	669	917	987	1062	1055
	北美	82	166	264	297	345	382
	小计	560	835	1181	1284	1407	1437
总计		1630	2516	4838	6121	8206	10185

在世界的不同地区，人口增长状况也不同，发展中国家的人口增长比发达国家要高很多。从表3-1可以看出，世界人口相对集中于发展中国家。按这样一种增长格局，环境本来

就比较脆弱，经济发展原来就比较落后的地区，人口增长越来越快，对环境的压力也就越来越大，而这些国家和地区的经济基础比较薄弱，没有力量进行环境的改善，进一步加剧了对环境的压力。所以，对环境构成威胁的主要来源是发展中国家过快的人口增长。环境对人口数量影响主要是环境中的社会因素对出生率和死亡率的影响。随着科技进步和人类活动能力增强，人口数量增长对环境影响越来越大，给资源和环境造成很大压力。

二、中国人口的变迁

回顾我国人口发展历史，随着朝代的更替，人口基本呈现波浪式增减变动，唯有从康熙19年（1680）到道光20年（1840），“康乾盛世”前后空前巨大的人口增长，形成中国人口发展史上前所未有的一次生育高潮，全国人口从1亿增加到4亿左右，奠定了中国人口众多的基础。中华人民共和国成立之后，发生在1953～1957年和1962～1973年的两次生育高潮，使全国总人口从1949年的5.42增加到1973年的8.92亿。面对人口快速增长对经济、科技、社会发展的制约和日益加重的负担，政府开始大力控制人口增长，切实加强计划生育工作。2006年后经过全国上下近30年的艰苦努力，人口增长终于得到有效的控制，出现1974以来的生育低潮，全国总（和）生育率已由1970年的5.8‰，下降到2006年的1.8‰左右；出生率和自然增长率分别由1970年的33.43‰和2.58%，下降到2006年的12.09‰和5.28‰。

依据联合国的资料，2000～2005年世界总（和）生育率为2.68，发达国家为1.50，发展中国家为2.92；出生率和自然增长率世界分别为21.2‰和1.23%，发达国家分别为10.4‰和0.16%，发展中国家分别为23.70‰和1.48%。我国处于发达国家与发展中国家之间，总（和）生育率已于20世纪90年代中期下降到2.1更替水平以下，同发达国家接近，已经步入低生育水平行列，为未来人口的零增长创造了条件。由于本报告的前面几部分已对我国人口的数量、质量、结构作了比较全面、系统的阐述，目前的现状与特征可概括为：

① 人口基数大，但增长势能有所减弱。预测表明，2033年总人口达到14.47亿即可实现零增长。

② 劳动年龄人口数量庞大，预计总量可增长到2015年前后，所占比例峰值2010年前即可到来。

③ 人口转变速度加快，年龄结构步入老年型后，2050年将达到峰值，居于世界较高水平。

④ 人口质量提高显著，总体水平仍然不够高。

⑤ 人口城镇化提速，流动人口大量增加，到2020年全面建设小康社会完成，中国城镇人口可达60%以上，超过世界平均水平。

⑥ 人口地区分布失衡，基本格局难以改变。

公元初至17世纪中期，中国人口在5000万～6000万左右，占世界人口的10%左右；1684年，中国人口突破了1亿；1760年，中国人口为2亿；从1760～1900年，经过140年时间，中国人口又增长了一倍；新中国成立以来的50多年时间里，人口增长了1.6倍。近年来，我国的人口控制取得了举世瞩目的伟大成就，生育水平从20世纪五六十年代平均每个妇女生育6个子女左右下降到九十年代初的平均2个左右。然而，我国人口控制工作在地区分布上很不平衡，不少农村地区生育水平仍然偏高。同时，我国人口素质偏低，妇幼健康与妇女地位的改善程度仍然不能令人满意。我国人口基本情况见表3-2，我国出生人口性别比时期变动情况见图 3-1。

表 3-2 我国人口基本情况/万人

指 标	1964 年	1982 年	1990 年	2008 年
总人口	69122	100391	113051	132802
男	35479	51528	58182	68357
女	33643	48863	54869	64445
0～6 岁	13542	13456	15548	12266
7～14 岁	14525	20269	15752	12900
劳动年龄人口	34149	55087	67903	91647
男 60 岁,女 55 岁以上人口	5407	9304	11684	15989
大学本科	287	604	614	3180
大学专科			962	6733
中专			1728	
高中	912	6653	7260	16719
初中	3235	17820	26339	50199
小学	19582	35534	42021	39707
不识字或识字很少	31526	28368	20485	18768

注：1. 资料来源于第四次全国人口普查人口基本情况。

2. 劳动年龄人口：男 16～59 岁，女 16～54 岁。

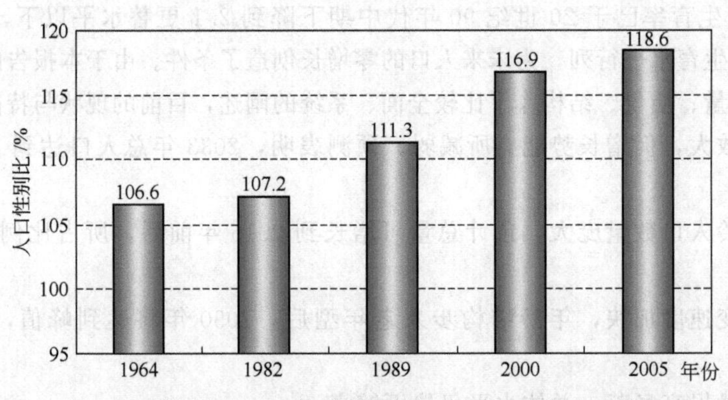

图 3-1 我国出生人口性别比（男性/女性）时期变动情况

我国虽然人口众多，但分布却很不平衡。据第五次人口普查资料，2000 年我国人口密度已达 131.85 人/km^2，是世界平均人口密度（38 人/km^2）的近 3.5 倍。从人口地域分布上看东部稠密，西部稀少。如果从黑龙江省的爱辉到云南省的腾冲划一条直线把我国分为两个部分，东南半部的国土面积约占全国的 42.9%，人口却占全国人口的 94.4%；西北半部的国土面积约 57.1%，人口仅占全国的人口的 5.6%。从东、中、西三大地带的人口分布来看，东部 11 个省、市的面积占全国面积的 10.43%，而人口占了 38.92%；中部 8 省的面积占全国面积的 17.28%，而人口占了 32.93%；西部 12 个省、市、区的面积占全国面积的 69.11%，而人口仅占了 28.15%。东部地区无论是人口总量，还是占全国人口的比重都一直呈上升趋势，而且在 20 世纪 90 年代以来上升幅度更加明显，10 年间东部地区共增加人口 6551 万，占全国总人口的比重上升了 1.26 个百分点。从人口密度来看，东部地区平均人口密度为463人/km^2。

人口年龄结构是指各年龄组人口占总人口的比重，表明不同年龄的人口在总人口中的分布状况和比例关系。通常把人口划分为三大年龄组以表示人口的年龄结构。0～14岁为儿童少年组，该组人口占总人口比重叫做少年人口系数；15～64岁为成年组，该组人口占总人口比重叫做成年人口系数；65岁及以上为老年组，该组人口占总人口比重叫做老年人口系数。0～14岁的少儿人口比重越高，人口就越年轻；15～64岁的劳动年龄人口比重越高，潜在的经济活动人口和负担年龄人口就越多；65岁及以上的老年人口比重越高，人口就越趋于老年型。

新中国成立以来我国人口的年龄结构发生了很大的变化，呈现出从年轻型到成年型再到老年型的快速转变。从20世纪80年代开始，少儿人口比重迅速下降而成年人口和老年人口比重快速上升，2007年0～14岁少年儿童占总人口的比重下降到19.4%，15～64岁劳动人口上升到72.5%，而65岁以上老年人口达到了8.1%。根据联合国的划分标准，65岁及以上人口在总人口中的比例达到7%即被认为已成为老年型人口或进入老龄社会。可见，我国已进入老龄化社会（表3-3）。

表3-3　我国历次人口普查年龄结构

年　份	0～14岁/%	15～64岁/%	65岁以上/%
1953年	36.28	59.31	4.41
1964年	40.70	55.74	3.56
1982年	33.59	61.50	4.91
1990年	27.69	66.74	5.57
2000年	22.89	70.15	6.96
2001年	19.40	72.50	8.10

我国人口老龄化有自身不同于其他人口的特点：

① 老年人口规模大，第五次普查的老年人口是8811万人，占世界老年人口的20%。

② 老年人口增长快，老龄化发展迅速，在2015年前后达到2亿人，2030开始进入高峰，最高时老年人将达4亿以上，占全国人口的1/4，占世界老年人的比例从21世纪初的1/5上升到1/4，年均增长速度达到5%以上。

③ 地区之间、城乡间地区差异大，从全国看，年龄结构数据已达到了老年型的标准，但根据31个省的年龄结构数据分析，全国有18个省份的人口年龄结构类型是属于成年型，只是由于河南、四川、山东等人口大省的年龄结构都达到了老年型，所以使全国人口年龄结构也达到了老年型。年龄结构在城乡之间也存在着明显的差异，65岁以上人口比重，城镇为6.30%，乡村为7.33%，乡村比城镇高1个百分点。重要原因是人口在城乡间的迁移流动，大批农村青壮年劳动力流入城镇，使农村的老年人口比重相对上升。

④ 人口老龄化与严格控制人口增长同步进行，老年人口迅速增加与少年儿童人口比重大幅下降同时进行，从而在人口年龄结构上呈现出两头小、中间大的梭形，0～14岁人口比重全国的平均水平是22.89%。

三、中国人口发展趋势

21世纪的头20年，是全面建设小康社会，社会经济获得快速发展，人民生活水平更加富裕的20年，同时也是人口继续增长，资源、环境面临巨大挑战的20年。

对未来人口变动和发展趋势做了高、中、低三种方案的预测，立足于人口、资源、环境的可持续发展，未来人口发展趋势最值得关注的是：

① 人口总量变动趋势，2020年将达14.29亿，2033年达到峰值14.47亿后可望实现零增长，2050年下降到13.83亿。

② 劳动年龄人口变动趋势，经过2010～2016年基本保持8.67亿峰值后，将持续下降到2020年的8.52亿，2050年的6.73亿。我国自20世纪80年代开始步入劳动年龄人口所占比例高、老少被抚养人口所占比例低的人口年龄结构变动的“黄金时代”即将过去，人口经济学称之的“人口红利”将宣告结束。

③ 老年人口变动趋势，60岁以上老年人口将从2002年的1.36亿增加到2020年的2.42亿，2050年的4.50亿，占总人口的比例也依次从10.5%提升到17.0%和32.5%，届时老龄化水平将居于世界较高水平和发展中国家最高水平。

④ 流动人口变动趋势，随着人口城镇化的加速进行，21世纪头10年将是流动人口增长的高峰期。待到2010年城镇人口比例上升到50%以上后，以农业剩余劳动力转移为主要特征的流动人口高潮将出现跌落的走势。

⑤ 出生性别比变动趋势，2000年第五次人口普查，全国出生性别比达119.92%，比历史最高水平1990年时上升8.5个百分点，比正常范围高出近14个百分点。目前临近120左右的出生性别比，在世界各国中属严重偏高国家，由此将引发婚姻挤压等社会问题。

与上述人口变动趋势相伴的是人口文化素质的相对滞后。尽管我国人口文化教育素质有了很大提高，但是总体水平还比较低，尤其是劳动年龄人口较低的文化教育素质，不仅严重地妨碍着劳动生产率的提高，也制约着科学技术的创新能力，影响到人力资本的有效积聚。

第二节　人口增长对环境的影响

一、人口增长对土地资源的压力

土地是人类获取资源、生产粮食的主要基地，也是人类生存的主要环境，人口激增使土地受到的压力愈来愈大。目前世界粮食增长率高于人口增长率，但许多发展中国家粮食供应日趋紧张。20世纪60年代世界上有56个国家人口增长率高于粮食增长率，到70年代这类国家已经增长到69个。在非洲，人口增长快于粮食增长。根据世界银行2006年报道，20世纪80年代，非洲仅有1/4的国家的粮食消费量有所增加，1971～2006年，多数国家人口增长率约为2.92%，而粮食的增长率只有0.2%。人口膨胀对耕地的需求，导致大量森林、草地被毁，人口的增长给全球土地利用与覆盖带来了很大的变化。

为了提高耕地单位面积产量，人们主要靠使用化肥和农药，但无节制地大量施用化肥、农药，造成土壤板结和污染、有机质含量下降、肥力衰退等。

二、人口增长对森林资源的影响

森林是宝贵的自然资源，它有多方面的功能，是人类生存和发展的重要屏障，森林覆盖率的高低在很大程度上对一个地区或一个国家的农业、牧业发展具有决定性的意义，同样它还决定着环境的质量，森林是构成自然生态良性循环的主体。

森林有涵养水源、防止水土流失、防风固沙、净化大气、调节气温、降低噪声、防护农田牧场、保护野生植物、休养保健等作用。但是，人口激增，为了开垦耕地和建设房屋、供给生活资料和商业所需的木材，再加上乱砍滥伐、森林火灾等，森林面积在急剧减少。

三、人口增长对物种的影响

野生生物为人们提供食物、生活和工业原料，人类食物的4/5就是靠24种动植物提供的。在衣着方面，近代工业生产合成纤维可代替部分野生植物纤维，但人们还是离不开棉布。中药中有人参、天麻、田七，野生的比栽培的效用高。许多培育新品种的源泉来自野生动植物，例如美国的大豆，经用中国野生大豆的种源嫁接后，使一度遭到大豆生产危机的美国一跃变为大豆输出大国，类似这样的例子举不胜举，野生生物基因库是人类共同的财富。

农业、林业、畜牧业、渔业的发展要求不断培育出更多富有营养、高产、有抗病虫害能力并能满足人类多方面需要的新品种，所以野生动植物在医疗、科研、经济方面都有极其重要的价值，它们还是生态系统的组成成分，对生态系统稳定性起着主导的作用。但是目前世界上生存的300万～1000万种生物已不断在灭绝之中，20世纪以来，已有110个种和亚种的动物以及139种禽类从地球上消失了。

另外，由于过度捕捞鱼类，造成了很多鱼类种群数量的下降和某些物种的灭绝，这也是人口和收入增长引起的需求拉动的一个结果。

我国地域辽阔，野生动植物种类丰富，全国有谷类400种，鸟类1100种、高等植物约3万种，随着人口增多、森林被破坏，野生动植物大大减少，至今珍稀动物四不像（麋鹿）、野马、高鼻羚羊、白臂叶猴、豚鹿等近10种动物已基本灭绝，长臂猿、坡鹿、老虎、大熊猫、白鳍豚、扬子鳄等20多种动物正趋于灭绝的境地。

四、人口增长对水资源的影响

世界人口急剧增加，人类活动日益频繁，规模日益扩大，加重了地球有限的淡水资源的潜在危机，特别是加重了国际流域淡水资源的潜在冲突，使共享淡水资源成为一种跨境战略性资源，在一些地区成为影响区域和平、稳定或制约区域可持续发展的关键因素。

世界水资源极为丰富，但淡水只占2.7%，淡水不但占的比例小，而且大部分存在于地球南北两极的冰川、冰盖中，能被人类利用的淡水只占地球总水量的不足1%，而且它们的分布极不均匀。随着人口不断增加和现代工业的发展，人类用水量越来越大。据联合国统计，全世界用水量平均每年递增4%，城市用水量增长更快。现在陆地一半以上地区缺水，已有几十个国家（多是发展中国家）发生水荒，灌溉和生活用水都发生了困难。据估计，1975～2000年间，世界提取水量至少增加200%～300%，增长最大的是灌溉，森林大面积砍伐，更加剧了水荒的发展。

1985年，全世界人均可利用淡水量为43000m³，而现在却低于9000m³，变化的原因不是水文循环，而仅仅是人口增加。随着人口的增加，城市污水和工业废水的排放量也大量增加，使许多城市地面水和地下水都受到污染，更加剧了水资源的不足。我国首都北京及北方几十座城市和大片土地都出现缺水问题，原因主要是工业、农业用水不当，这些都直接或间接与人口问题有关。

五、人口增长对城市环境的影响

城市是工业和人口最集中的地区，也是环境质量最差的地方。2000年，城市人口增加到了30多亿，即超过世界总人口的一半左右。我国城市人口比重还不大，但城镇人口绝对数量却很大。

城市人口急剧增加和高度集中给环境造成了很大压力，带来严重的环境问题。环境质量日趋恶化，大气污染，江河、湖泊、地下水质变坏，饮用水质不断下降，噪声污染，垃圾堆积，居住环境差，人口急剧增长，公共服务设施的压力越来越大。如2008年建成住宅25亿立方米，其中80%被新增人口所占据，仅20%用于改善原有的居住条件。绿化面积少，人口增加，建筑密度愈来愈大，树木草地面积很少，影响环境美化、绿化、净化，对人体健康不利，一般每人每天要吸进0.75kg氧气，呼出0.9kg二氧化碳。为调节空气，每个城市人口平均要有$10m^2$树木面积或者$50m^2$草坪面积，但是我国人口众多，郊区耕地少，不可能放弃种植粮食、蔬菜改为栽树、种草，但只要加强管理，道路两旁种树，立体绿化，绿化面积是可以增加的。

第三节 影响人口总量与分布的因素

一、地球的人口承载力

地球所能承受的人数用承载能力表示。地球对人口数量的承载能力是指在维持人们基本生活，并且不会使环境退化到未来某时期因缺乏食物和其他资源而突然出现人口减少的情况下，地球所能供养的人口数量。在这里，地球所能供养的人口数量，前提条件是维持人们的基本生活，保持自然资源的可持续利用，限制条件是保持生态环境的平衡和稳定，不致造成生态失衡和环境恶化。也就是说，地球上的人口数量不能无限扩大。

二、人口控制工程

环境问题产生的原因是多种多样的，但最主要、最基本的是人类的不适当活动，特别是人口激增给环境带来的影响所造成的。因此，控制人口对减轻资源的压力，对持续发展全球经济和保护环境都具有重大意义。控制人口可以减轻国家负担，增加积累，促进经济发展，保护环境。

1. 人口总量控制

20世纪的下半叶，在人口急剧增长之时，人们从理智中悟出了自我生产控制的道理，并用于实践。可以说这是人类的新觉醒，标志着人类自身再生产从无政府状态摆脱出来，迈出了从必然发展向自由发展的第一步，使得人类发展进入了新的阶段。发达国家人口出生率和自然增长率下降最为显著，1969年民主德国首先达到人口生死平衡，接着联邦德国、意大利、瑞士、挪威都相继步入人口不增长的行列。近40年西欧大部分国家都出现了人口零增长甚至负增长。而发展中国家，人口出生率也呈现下降趋势。但是，由于人口基数大，人口增长的势头还是给各国造成了不小的压力，同时也给社会经济发展带来了更大的困难。因此，控制人口总量主要是针对发展中国家而言。

2. 人口密度控制

人口密度是反映人口地理分布的一个基本指标，通常都是用“X人/平方公里”来表示，说明每平方公里容纳的人口数量，它可比某地理区域多少人更能精确地反映人口分布情况。人类的行为意识决定了其在地理空间中群聚性和地域选择性的分布特征。生态学家Allee（1951年）提出著名的阿利氏定律，即种群通过某种社会组织来调节适宜的群聚度，过疏与过密对种群都是有害的。Odum（1969年）认为，人类社会的“城市群聚”现象同样遵循阿利氏定律，人口聚集程度必须有利于人群的最适存活、增长和人类自主行为的扩展。在群聚过程中，人类为了生存和发展需要，通过迁移和选择而相对定居于某一生态地域空间繁衍生息——即人类的生存空间。人类对自然环境的不断认识、适应和开拓，使得生存空间在横向上可以广延到整个地球空间。但人类对物质财富的不断追求和生活环境持续改善的美好欲望，迫使生存空间范围急剧减小，平均每个人所占有的地理空间在客观上存在一个阈值，因此，特定时空域存在一个适度的人口规模。为了缓解人口与环境资源分布不平衡的状况，必须控制人口密度。

我国人口地区分布结构不合理，按人口密度划分，自西向东逐步加大，成“三大平台”分布。2006 年西南、西北 10 省区市人口密度 52.7 人/km^2，中部 9 省区为 162.7 人/km^2，东部沿海 12 省区市 393.1 人/km^2。人口绝对数量、土地面积所占比例，如图 3-2 所示，不过这种“三大平台”式分布，是地理、环境、自然资源和经济社会长期发展作用的结果。

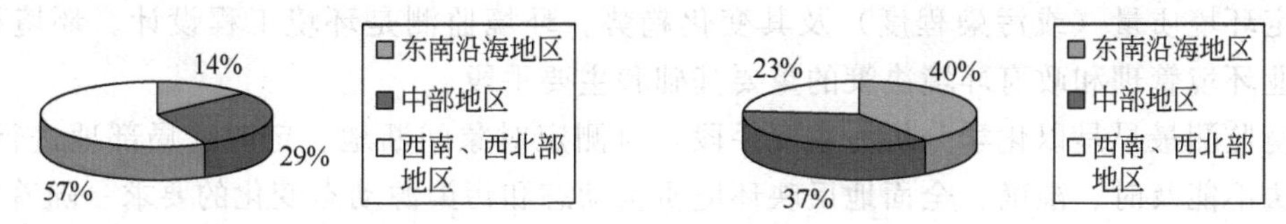

图 3-2 中国土地面积和人口数量所占比例

3. 人口质量控制

人口是一种具有多方面性质的社会统一体，人口素质指人口所具有的不同方面的性质。它包括两个方面：一是个体素质，即个人在工作、生活和社会交流中所具备的自身条件，这些条件的构成是多方面的，它可归结为身体素质、文化技术素质和思想道德素质；二是社会人口素质，不同个体的素质组合成社会、形成统一的社会人口素质，社会人口素质既依赖于每个社会成员个体素质的高低，也依赖不同水平素质个体人口的构成比例，以保证社会整体的最优功能。人的文化素质同环境保护的意识成正比，而教育是提高人口素质的一个重要途径。

人口素质通常又称人口质量，是人口在质的方面显现出来的状态，也是人本身具有的认识世界和改造世界（包括自然界与社会）的条件和能力，它主要由三个方面构成，即文化素质、身体素质、道德素质。一个国家和一个地区人口质量的高低，会直接或间接地影响到该国家、该地区社会进步和经济发展的水平和步伐。

新中国成立 50 多年来，随着人民物质文化生活的改善和教育体育卫生事业的发展，我国人口的文化素质、身体素质和道德素质都有了明显的提高，许多指标已达到或超过了世界平均水平。我国人口平均预期寿命已达 70 岁，比世界人口平均寿命高出 7 岁，比发展中国家人口平均寿命高出 11 岁，人口死亡率和婴儿死亡率已大大低于世界平均水平。但从长远目标来看，人口素质问题是一个更具有根本性、战略性的问题，应该引起全社会的关注。

第四章　环境监测与环境质量评价

第一节　环境监测

一、概述

（一）环境监测的概念

环境监测是一门研究、测定环境质量的学科，通过对影响环境质量因素的代表值的测定，确定环境质量（或污染程度）及其变化趋势。环境监测是环境工程设计、环境科学研究、企业环境管理和政府环境决策的重要基础和主要手段。

环境监测最早是以化学分析为主要手段，对测定对象间断地、定时、局部地进行分析，这种方法不能及时、准确、全面地反映环境质量动态和污染源动态变化的要求。随着科学技术的进步，环境监测技术迅速发展，自动检测仪器分析、计算机控制等现代化手段在环境监测中得到了广泛应用。环境监测从单一的环境分析发展到物理监测、生物监测、生态监测、遥感、微型监测，从间断性监测逐步过渡到自动连续监测。监测范围从一个局部（代表点或断面）发展到一个城市、一个区域、整个国家乃至全球，监测项目也日益增多。由此可见，环境监测技术是运用化学、物理、生物等现代化科学技术方法，间断地或连续地监视和检测代表环境质量及变化趋势的各种数据的全过程，包括各种测试技术、布点技术、采样技术、数理技术和综合评价技术等。

（二）环境监测的目的

环境监测的目的是准确、及时、全面地反映环境质量现状及发展趋势，为环境管理、污染源控制、环境规划等提供科学依据。具体可归纳为：

① 根据环境质量标准，评价环境质量。

② 根据污染分布情况，追踪寻找污染源，为实现监督管理、控制污染提供依据。

③ 收集本底数据，积累长期监测资料，为研究环境容量、实施总量控制、目标管理、预测环境质量提供数据。

④ 为保护人类健康和环境、合理使用自然资源、制定环境法规、标准、规划等服务。

（三）环境监测分类

1. 监视性监测

监视性监测又叫常规监测或者例行监测，包括环境质量检查和污染源监督检测。环境质量检查基本上是采用各种监测网（如水质监测网、大气监测网等）在设置的测点上长期收集数据，用以评价环境污染的现状、污染程度及变化的趋势，以及环境改善所取得的进展等，从而确定一个区域、国际或全球的环境质量状况。污染源监督检测是为掌握污染源，监视和检测主要污染源在时间和空间的变化所采取的定期、定点的常规性监督检测，包括主要生产、生活设施排放的“三废”监测，机动车辆尾气监测，噪声、热、电磁波、放射性污染的监测等。

2. 特定目的的监测

特定目的监测又叫应急监测或特例监测，它们多为意外的严重污染发出警报，以便在污染造成危害之前采取预防措施，确定各种紧急情况下的污染程度和波及的范围。如，核动力站事故发生时，放射性物质危害的空间；事故性石油溢流危及的范围等。

3. 研究性监测

研究性监测又叫科研监测，其主要职能是通过检测找出污染物在环境中的潜在转化规律，研制监测环境标准物质，专项调查监测某环境的原始背景值，或参加某个项目的环境评价等。当收集到的数据表明存在环境问题时，还必须研究确定污染物对人体、生物体等各种受体的危害程度。这类监测系统比较复杂，需要多学科的技术人员参加操作，并对监测结果作系统周密地分析，密切配合、相互协作才能完成。

（四）环境监测的特点

环境监测具有综合性、连续性、追踪性等特点。

1. 环境监测的综合性

环境监测的综合性表现在：①监测手段包括化学、物理、生物、物理化学、生物化学及生物物理等一切可以表征环境质量的方法；②监测对象包括空气、水体（江、河、湖、海及地下水）、土壤、固体废物、生物等客体，只有对这些客体进行综合分析，才能确切描述环境质量状况；③对监测数据进行统计处理、综合分析时，需涉及该地区的自然和社会各个方面情况，因此必须综合考虑才能正确阐明数据的内涵。

2. 环境监测的连续性

环境污染具有时空性等特点，只有坚持长期测定才能从大量的数据中揭示其变化规律，预测其变化趋势，数据越多连续性越好，预测的准确度就越高。因此，监测网络、监测点位的选择一定要有科学性，而且一旦监测点位的代表性得到确认，必须长期坚持监测。

3. 环境监测的追踪性

环境监测包括监测目的的确定、监测计划的制订、采样、样品运送和保存、实验室测定到数据整理等过程，是一个复杂而又有联系的系统，任何一步差错都将影响最终数据的质量。为使监测结果具有一定得准确性，并使数据具有可比性、代表性和完整性，需有一个质量追踪体系予以监督。为此，需要建立环境监测的质量保证体系。

二、环境监测的内容

通常环境监测的内容按监测的介质或环境要素分为：水质监测、大气污染监测、土壤监测、固体废弃物监测、生物与生态监测、噪声污染监测等。

（一）水质监测

水质监测可分为水环境现状监测和水污染源监测。代表水环境现状的水体包括地表水（江、河、湖、库、海）和地下水；水污染源包括生活污水、医院污水和各种工业废水，还包括农业退水、初级雨水和酸性矿井水等。监测的目的可概括为：

① 对进入江、河、湖泊、水库、海洋等地表水体及渗透到地下水中的污染物质进行经常性的检测，以掌握水质现状及其发展趋势。

② 对生产过程、生活设施及其他排放的各类废水进行监视性监测，为污染源管理和排污收费提供依据。

③ 对水环境污染事故进行应急监测，为分析判断事故原因、危害及采取对策提供依据。

④ 为国家政府部门制定环境保护法规、标准和规划，全面开展环境保护管理工作提供有关数据和资料。

⑤ 为开展水环境质量评价、预测预报及进行环境科学研究提供基础数据和手段。

（二）大气污染监测

大气污染监测是监测和检测空气中的污染物及其含量。由于各种污染物的物理、化学性质不同，产生的工艺过程和气象条件不同，污染物在大气中存在的状态也不尽相同。根据大气污染物存在的状态可将其分为分子状态污染物和粒子状态污染物。分子状态污染物的监测项目主要有 SO_2、NO_2、CO、O_3、总氧化剂、卤化氢以及碳氢化合物等。粒子状态污染物的监测项目有 TSP、自然降尘量及尘粒的化学组成，如重金属和多环芳烃等。此外，局部地区还可据具体情况增加某些特有的监测项目。空气污染的浓度与气象条件有密切关系，在监测空气污染的同时要测定风向、风速、气温、气压等气象参数。

（三）土壤、固体废弃物监测

土壤中优先监测物有以下两类：第一类包括汞、铅、镉、DDT 及其代谢产物与分解产物、多氯联苯（PCB）；第二类包括石油产品、DDT 以外的长效有机氯、四氯化碳醋酸衍生物、氯化脂肪族、砷、锌、硒、铬、镍、锰、钒、有机磷化合物及其他活性物质（抗菌素、激素、致畸性物质、催畸性物质和诱变物质）等。我国土壤常规监测项目有金属化合物铜、铬、铜、汞、铅、锌，非金属化合物砷、氰化物、硫化物，有机化合物苯并［a］芘、三氯乙醛、油类、挥发酚、DDT、六六六等。

固体废弃物主要来源于人类的生产与消费活动。根据来源不同，可将其分为矿业固体废物、工业固体废物、城市垃圾（包括下水污泥）、农业废物和放射性固体废物等。在固体废物中，对环境影响较大的是工业有害固体废物，应根据这些工业有害固体废物的特性如易燃性、放射性、浸出毒性、急性毒性以及其他毒性采取相应不同的监测方法。固体废物的监测包括采样计划的设计和实施、质量保证、分析方法等方面。分析方法包括金属分析方法、有机物分析方法、综合指标实验方法、物理特性测定方法、有害废物的特性试验方法、废物焚烧监测等。

（四）生物监测

1. 水生生物群落监测技术

水体污染的生物群落监测主要是根据富有生物在不同污染带中出现的物种频率或相对数量或通过数学计算所得出的简单指数值作为水污染程度指标的监测方法，包括污水生物体系法和生物指数法。污水生物体系法是根据污染河流中生物种类的多少及变化将河流划分为多污带、α-中污带、β-中污带和寡污带，每个带都有其各自的物理、化学和生物学特征；生物指数法是指运用生物种群或群落结构的变化将水体划分为不同的污染等级。

2. 植物空气污染监测技术

空气是生物赖以生存的条件，当空气受到污染时，某些植物就会有不同程度的反应。利用对空气的异常变化敏感和快速地产生明显反应的指示植物可以监测空气污染的种类和含量。指示植物对空气污染的异常反应可以通过以下几个指标来实现。

(1) 症状指示指标　症状指示指标主要是通过肉眼或其他宏观方式可观察到的形态变化，如指示植物的叶片表面出现的受害症状和由此建立的评价系统。

(2) 生长势和产量评价指标　生物生长发育状况是各种环境因素作用的综合，即使是一些非致死的慢性伤害作用，最终也将导致生物生产量的改变。植物的各类器官的生长状况观测值都可用来做指示指标，如植物的茎、叶、花、果实、种子发芽率、总收获量等。

(3) 生理生化指标　大气污染对植物光合作用有明显影响，在尚未发现可见症状的情况下，测量光合作用能得到植物体短暂的或可逆的变化。植物呼吸作用强度、气孔开放度、细胞膜的透性、酶学指标以及某些代谢产物等都能用来作监测指标。

3. 细菌检验监测技术

细菌能在各种不同的自然环境下生长，而且有繁殖速度快，对环境变化能快速发生反应等特点。一般水体在未污染的情况下细菌数量较少，如果发现细菌总数增多，即表示水体可能受到有机物的污染，细菌总数越多说明污染越严重，因此细菌总数是检验一般水体污染程度的标志。细菌总数是指1mL水样在营养琼脂培养基中于37℃经24h培养后所生长的细菌菌落的总数。

4. 生物毒性试验监测技术

生物毒性试验是人为地设置某种致毒方式使受试生物中毒，根据实验生物的中毒反应来确定毒物毒性的试验方法，包括急性毒性和慢性毒性试验。在污染的生物监测中采取毒性试验方法可反馈很多重要信息，如有害物质进入周围环境时其致毒性如何或能否发生改变、接受系统受影响的程度、何种有害物质的致毒性最大以及毒性最强、对生物的生活史的影响等。此外，毒性试验在调查污染物、评价环境污染程度、确定废水处理的要求和监测废水处理效果、确定污染物排放标准等方面均有重要作用。

(五) 噪声污染检测

人类是生活在一个声音的环境中，通过声音进行交谈、表达思想感情以及开展各种活动。但为人们生活和工作所不需要的噪声也会给人类带来危害、噪声对人类日常生活的影响是显而易见的，比如干扰人们思考、妨碍交谈、影响睡眠，甚至使人的听力、神经系统、心血管系统、消化系统等功能受损伤。噪声污染监测主要包括以下几个方面。

1. 城市区域环境噪声监测

城市区域环境噪声监测将要普查测量的城市区域划分成等距离的网络。如500m×500m或250m×250m，网格数目一般应多于100个，测点应在每个网格的中心（可在地图的位置上进行测量）。测量时一般应选在无雨、无雪时（特殊情况例外），声级计应加风罩以避免噪声干扰，4级以上大风天气应停止测量。

2. 道路交通噪声监测

测点应选择在两路口之间的交通干线的马路边人行道上。离马路沿20cm处，离路口距离应大于50m，这样的测点噪声可以代表两路口间的该路段噪声。应在白天正常工作时间内测量。

3. 工业企业外环境噪声测量

测量工业企业外环境噪声，应在工业企业边界线1m外进行。据初测结果声级每涨落3dB布一个测点。如边界模糊，以城建部门划定的建筑红线为准。如与居民住宅毗邻时，应取该室内中心点的测量数据为准，此时标准值应比室外标准值低10dB (A)。如边界没有围墙、房屋等建筑物时，应避免建筑物的屏障作用对测量的影响。测量应在工业企业的正常生产时间内进行，必要时适当增加测量次数。

4. 功能去噪声定期监测

当需要了解城市环境噪声随时间的变化时，应选择具有代表性的测点进行长期监测。测点的选择应根据可能的条件决定，一般不能少于6个点。这6个测点的位置应这样选择：0

类区、1类区、2类区、3类区各一点，4类区两点。测量时，读取的数据记入环境噪声测量数据表。读数时还应判断影响该测点的主要噪声来源（如交通噪声、生活噪声、工业噪声、施工噪声等），并记录周围的环境特征，如地形地貌、建筑布局、绿化状况等。测点落在交通干线旁，还应同时记录车流量。

第二节 环境质量评价

一、概述

（一）基本概念

1. 环境质量

环境质量是环境科学的一个重要和基本概念。正确理解环境质量一词的概念并赋予科学的定义，必须从分析环境的基本概念和特征入手。因为环境是一个系统，环境系统的内在特征表现为环境结构，环境系统的外在特征表现为环境状态。目前，我们有很多方法和手段能够对环境的状态进行定性和定量的描述。因此，对环境质量一词的定义应该是：环境质量是环境系统客观存在的一种本质属性，并能用定性和定量的方法加以描述的环境系统所处的状态。

2. 环境质量评价

所谓环境质量评价，是评价环境质量的价值，而不是评价环境质量的本身，是对环境质量与人类社会生存发展需要满足程度进行评定。环境质量评价的对象是环境质量与人类生存发展需要之间的关系，也可以说环境质量评价所探讨的是环境质量的社会意义。

（二）环境质量评价的分类

环境质量评价的类型很多。按时间尺度可分为环境质量的回顾评价、现状评价及影响评价。按空间尺度可分为城市环境质量评价、流域环境质量评价及游览区环境质量评价。若按环境要素划分，则有单要素环境质量评价（如大气环境质量评价、水环境质量评价等）和综合环境质量评价。近年来在环境影响评价方面发展了一个新的环境质量评价类型——环境风险评价，它是环境污染事故发生的概率评价。本节将介绍其中的几种类型。

二、环境质量回顾评价

根据某环境区域的历年积累的环境资料进行环境质量发展演变状况的评价方法，称为环境质量回顾评价。它是环境质量现状评价和环境影响评价的基础。在大量搜集历史资料的同时，可做必要的采样分析和环境模拟，反演过去的环境状况，寻找污染的原因，确定污染程度和范围、污染物浓度变化规律，做出环境治理效果的评估，从而为环境质量预测打下基础。

三、环境质量现状评价

（一）评价程序

环境质量现状评价是根据近期的环境监测资料，依据一定的标准和方法，对一个区域内人类活动所造成的环境质量变化进行评价，以此来了解该地区当前环境污染程度和范围，为区域环境污染综合防治提供综合依据。其评价程序如图 4-1 所示。

环境质量现状评价包括环境污染评价、生态评价、美学评价和社会环境质量评价。

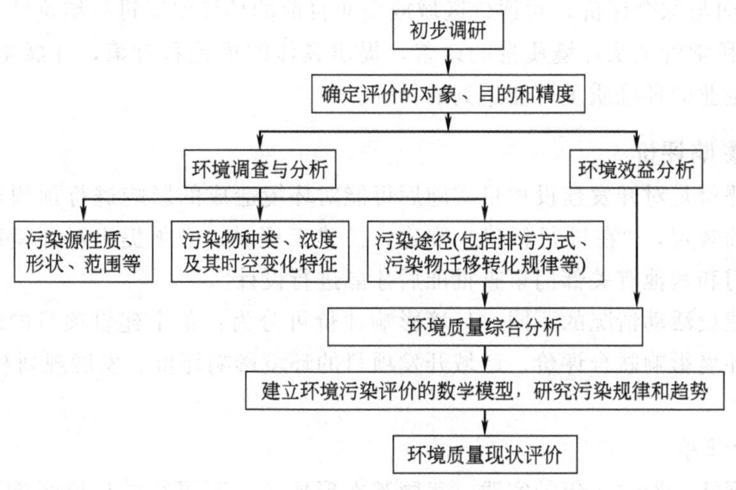

图 4-1　环境质量现状评价程序框图

（二）评价模型

目前常见的环境质量现状评价模型有两类，一类是环境质量指数模型，另一类是环境质量分级聚类模型。

环境质量指数模型是以各种环境质量指数来表征的。环境质量指数是各种污染物的浓度检测值与它们各自的环境质量标准的比值。不过，综合运算方法不同，就有不同的环境质量指数，如叠加型指数、均值型指数、加权均值型指数、均方根型指数。环境质量标准指数分为环境总质量指数、单要素环境质量指数和单因子环境质量指数三种类型。其中，环境总质量指数是指描述一个环境区域的自然环境质量与社会环境质量的综合指数。由于社会因素复杂，难以准确地或定量化地确定，因而实际应用不多，但其中描述自然环境质量的综合指数却被广泛应用。单要素环境质量指数是指描述某一环境要素（如大气、水、土壤、微生物等）的环境质量的综合指数（也称类指数）。单因子环境质量指数是指描述某个环境质量参数（即某种污染物，如烟尘、SO_2、COD、某种重金属等）优劣的指数（也称分指数）。以此类推，多因子环境质量指数是指描述某几个环境质量参数优劣的指数（也成为复指数），均为单因子或多因子环境质量指数的表达式。

分级聚类模型是用聚类分析原理将表征环境质量的各种数值综合归类，以确定环境质量的等级。模糊数学的出现丰富了传统聚类分析的内容，于是出现了分级模糊聚类模型。因此环境质量现状评价模型发展出分析及评价模型、传统的分级聚类模型、分级模糊聚类模型等。

（三）环境状况报告书的编制

对环境质量现状评价的过程及成果，最终要形成一份完整系统的文本，即环境状况报告书，以便作为政府部门或企业进行规划布局或结构调整、污染治理或技术改造等工作的参考资料及依据。内容大致包括：

① 评价区域或企业概况，如地理交通位置、所处地形地貌特征、气候条件、人员及生活状况等。

② 确定评价区域或企业应达到的环境状况目标及相应的环境保护措施。

③ 通过普查、样品分析，系统阐述评价区域或企业的环境质量状况，包括水、气、声、固废等环境治理状况及排污现状、厂容厂貌及绿化状况等。

④ 通过单向与综合评价，对评价区域或企业目前的环境状况进行结论性评述与分析。

⑤ 对环境科学管理及环境质量的改善，提出具体的措施和对策，并展望今后一段时间内评价区域或企业的环境质量可能达到的目标。

四、环境影响评价

环境影响评价是对开发建设项目实施后可能对环境造成的影响进行预测与评估。《环境保护法》中明确规定，“在进行新建、改建、扩建工程时，必须提出对环境影响的报告书，经环境保护部门和其他有关部门审查批准后才能进行设计”。

根据开发建设活动情况的不同，环境影响评价可分为：单个建设项目的环境影响评价、多个建设项目环境影响联合评价、区域开发项目的环境影响评价、发展规划和政策的环境影响评价等。

（一）评价程序

根据我国国情，通过多年的实践，我国基本形成了一套可行的环境影响评价技术路线，大体包括以下三个阶段（图 4-2）。

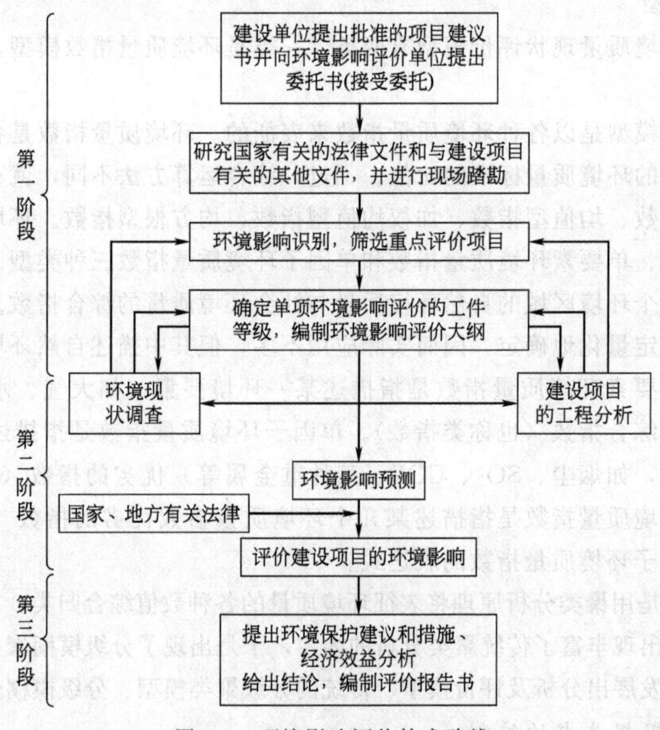

图 4-2　环境影响评价技术路线

第一阶段为准备阶段，包括接受委托书，研究有关文件，现场踏勘和环境现状调查，进行初步的工程分析，筛选出重点评价项目，确定各单项环境影响评价的工作等级，编制环境影响评价大纲。

第二阶段为正式评价工作阶段，主要是做进一步的工程分析和环境现状调查，并进行环境影响预测和评价建设项目的环境影响。

第三阶段为评价报告书编制阶段，主要是汇总和分析第二阶段工作所得的各种资料、数据，提出防治环境污染的措施，进行环境影响的损益分析，给出结论，完成环境影响报告书的编制。

（二）评价内容

环境影响评价的内容十分广泛，评价的对象不同，具体内容也有差异，关键性的内容包括建设项目的工程分析、环境现状调查和预测建设项目的环境影响。

1. 建设项目的工程分析

根据建设项目的规划、可行性研究和设计等技术文件、资料，通过分析和研究，对污染物的排放、工艺过程、资料和能源的储运、生产运行、厂地开发利用等进行定性或定量分析，找出建设项目与环境影响评价的关系，给出定量分析结果。

工程分析方法有类比分析法、物料平衡计算法和查阅参考资料分析法等。类比分析法通常在时间允许、评价工作等级较高又有可供参考的相同或相似的现有工程状况下采用，优点是所得结果较准确，但要求时间长，工作量大。物料平衡计算法以理论计算为依据，方法简单，但有一定的局限性。查阅参考资料的方法通常在无法采用以上两种方法、评价时间短和评价工作等级较低时采用，所得数据准确性差。

2. 环境现状调查

主要是对自然环境和社会现状的调查、评价与研究。自然环境现状调查包括评价区域自然条件（如地理位置、地质条件、地形地貌、气象、地表水及地下水、土壤、植被、动物和自然保护区等）、评价区域环境质量现状（各种环境要素和噪声等）、评价区域与建设项目有关的环境过程和环境变化规律。根据不同建设项目对环境的不同影响，可以有不同的评价研究内容，如评价区水体污染与净化规律、大气污染规律、水土流失规律、环境地球化学演化规律等。社会环境现状调查主要是评价社会条件概况及社会环境质量现状，其中社会条件包括人口与构成、工业与能源、农业与土地利用、交通运输、经济状况、区域发展历史、文化与“珍贵”景观、人群健康等。

3. 环境影响预测

对建设项目的环境影响预测，应根据评价工作等级、工程与环境特性和当地环境保护的要求，确定预测的范围、时段、内容和方法。预测时应针对建设项目所引起大的主要环境问题和主要的环境因素进行。一般分为两个部分，一是预测建设项目对自然环境的影响，二是预测对社会环境的影响。

建设项目对自然环境的影响预测，是通过系统分析，预测建设项目对区域环境系统的影响，提出补偿措施，使其对当地的生态影响最小，以利于建立环境质量优良的新的环境系统。建设项目对社会环境的影响，主要是分析它可能对当地社会环境质量的影响（包括对生活环境质量、社会历史环境质量、交通系统环境质量、服务环境质量等）和区域经济开发带来的影响，以及对生产力发展的近期和长期的影响。建设项目的实施，应该有利于建设地区形成一个新的人类社会生态系统。

（三）环境影响报告书的编制

环境影响评价报告书是环境影响评价工作的基本成果，由建设项目承担单位按国家有关规定提交到相应的环境保护主管部门审批。国家规定的大中型基本建设项目环境影响报告书的内容如下。

总论：阐述建设项目的环境影响评价目的、报告书编制依据、采用的评价标准及污染控制目标和环境保护目标。

建设项目概况：建设项目名称、建设地点、建设性质、经营范围、生产规模、职工人数、生活区布局、经济指标、土地利用及发展规划等。

工程分析：生产工艺流程、主要原辅材料、燃料和水的消耗量与来源、污染物（气、水、渣、放射性废物等）的种类、排放方式及治理方案等。

环境现状调查：建设项目周围的环境质量状况和周围地区地形地貌和地质状况；江、河、湖、海及水文、气象、矿藏、森林、草原、水产与自然资源状况；周围的自然保护区、风景游览区、名胜古迹、温泉疗养区及主要政治文化设施状况；周围地区及生活居住区人口密度、大气及水的环境质量状况等。

环境影响预测与评价：对项目建成后对厂区及周围地区的环境影响及其危害的严重程度等做出预测与评价，内容涉及大气环境影响预测与评价、水（包括地表水与地下水）环境影响预测与评价、噪声环境影响预测与评价、土壤及农作物环境影响分析、对人群健康影响分析、电磁与振动对环境的影响分析以及对地质、水文、气象等方面可能产生的影响。

环境保护措施及有关建议：通过调查与分析，向建设单位提出治理污染、保护环境、有害物处理及综合利用措施的建议以及对环境管理和检测机构的建议。

环境影响经济损益简析：从社会、经济和环境效益统一的角度论述建设项目的可行性及环境保护投资的效益。

结论：简要、明确、客观的阐述评价工作的主要结论，包括评价区的环境质量现状、建设项目的主要污染源、污染物及其污染范围，所采取的环境保护措施技术上是否可行，经济上是否合理。从三个效益统一的角度，综合提出建设项目的选址、规模、布局是否合理，可行性和存在的问题以及解决的对策。

五、环境风险评价

环境风险评价涉及自然科学和社会科学的许多领域，内容十分广泛。这里仅介绍一些基本术语和常识，以帮助读者建立环境风险有关方面的概念。

(1) 风险　风险就是发生不幸事件的概率，它广泛存在于人们的生活、生产等活动的环境中，如 1986 年 4 月 26 日前苏联发生的切尔诺贝利事故。

(2) 环境风险　环境风险是指人类活动引起的，或由人类活动与自然界自身运动过程共同作用造成的，通过环境介质传播的，能对人类生存环境产生破坏、损失乃至毁灭性作用等不利后果的事件的发生概率，它具有不确定性和危害性。按其产生的原因，环境风险有化学风险（由有毒有害化学物品的排放、泄露、燃烧等引起的）、物理风险（由机械设备或机械结构的故障等引起的）、自然灾害引起的风险（由地震、火山、洪水、台风等引起的物理、化学风险）等类型。根据危害事件的承受对象差异，环境风险可划分为人群风险、设施风险和生态风险。

(3) 环境风险识别　环境风险识别是运用因果分析的原则，采用筛选、监控、诊断等方法，从纷繁复杂的环境系统中找出具有风险的因素的过程，主要回答的问题是存在哪些环境风险，其中重大风险有哪些，引发原因是什么等。识别方法有专家调查法（如智力激励法、特尔斐法等）、背景分析法、故障树分析法等。

(4) 环境风险度量　环境风险度量就是对环境风险进行定量的量测，包括对事件出现的概率大小和后果严重程度的估计。

(5) 环境风险对策与管理　根据风险分析与评估的结果，结合风险事故的承受者的承受能力，确定风险是否可以被接受，并根据具体情况采取减小风险的措施和行动。

(6) 环境风险评价　是指对某工程项目的兴建、运转或是区域开发行为所引发的或面临的灾害（包括自然灾害）对人体健康、社会经济发展、生态系统等所造成的风险可能带来的损失进行评估，并以此进行管理和决策的过程。环境风险评价包括 3 个步骤：环境风险识别、环境风险估计（即环境风险度量）、环境风险对策与管理。通过环境风险评价，最终要达到最大限度地控制风险的目的，减少风险的措施有减轻环境风险、转移环境风险、替代环境风险和避免环境风险等。

第五章　环境经济与管理

第一节　概　　述

一、传统经济学面临挑战

20 世纪五六十年代环境污染日益严重，污染所带来的损失不断加剧，许多经济学家逐渐意识到传统经济学存在着两大缺陷。一是不考虑“外部不经济性”。在生产成本中，没有把废物的处置费用计算在内，无偿使用环境资源获取高额利润，将一笔隐蔽而沉重的费用转嫁给社会，其后果或是增加了公共费用的开支，或是破坏了舒适的环境。二是衡量经济增长的经济学标准——国民生产总值（GNP），不能真实反映经济社会发展。虽然反映经济增长的“经济发展速率”增加较快，但人们却失去了良好的环境质量，医药费、污染防治费增加，GNP 也增加，资源枯竭，因此，人们对国民生产总值产生了怀疑。随着污染损失的加剧，人们越来越关心环境污染形成的经济原因，如环境污染造成损失的估价与计算，运用费用效益分析优化污染治理措施、方案等。正是在这种情况下，于 20 世纪 60 年代末 70 年代初逐渐形成了公害经济学或污染经济学，这是环境经济学的初始阶段。与此同时，有一些学者，特别是生物学家们的研究提出，环境问题的本质是自然生态系统受到干扰或破坏，认为经济发展不仅要防止环境污染和造成公害，更重要的是应该不违反自然系统的生态规律，不使环境自然净化能力和自然资源的再生能力受到破坏，以致使生产不能持续地发展。因而他们提出了生态经济学的概念，它的任务是研究社会经济发展和自然生态系统的相互关系。

此外，还有些经济学家着重研究人类对于自然资源合理开发利用的问题，他们认为资源的浪费不仅污染人类生活的环境，而且阻碍社会经济的持续发展，于是提出了资源经济学的概念，专门开展自然资源综合利用和更新增值的研究，其中特别强调时间在资源利用上的重要意义。只要在下一段时期中，资源利用所得到的效益小于取得资源所需付的费用时，尽管在数量上这种资源远未枯竭，但在经济学上就认为该资源已枯竭了。也可以说，资源的保存或合理利用，意味着资源利用的经济性，资源利用如果不经济，就说明资源已经耗尽。20 世纪 70 年代中期以后，人们把环境经济学的核心确定为研究经济和环境的关系，探索二者合理的物质变换，使之协调发展。

资源经济学、生态经济学与环境经济学有着密切联系，但又有明显的区别，各自是独立的一门学科。具体地说，它们的研究重点和区别表现在以下四个方面：①资源经济学主要研究可再生和不可再生资源的跨代分配、政策抉择和市场机制，社会制度结构对资源配置、资源分配的影响和克服这些影响的政策方案，以及计划方案的社会资源和效益分析；②生态经济学是一门理论经济学，主要研究由生态系统和经济系统复合产生的生态经济系统结构及其变化规律，重点研究生态系统对经济系统的作用和影响；③环境经济学与它们的明显区别就是其理论基础和解决环境外部不经济性的手段应用，它是一门应用（或部门）经济学；④学科的发展成熟程度不同，较为成熟和应用性较强的是环境经济学和资源经济学。

二、环境管理的产生

面临环境问题的严重挑战，世界上一些发达国家依靠高投入和高科技，通过集中治理环境污染，使本国的大气和水体的环境质量有了明显改善。但随着现代经济与科学技术的发展，又不断地出现新的环境问题。诸如，新的人工合成化合物不断出现，富营养化问题严重，酸雨危害范围日益扩大，自然生态破坏日趋严重等。为了解决这些问题，采取的主要对策是严格环保立法、强化环境管理、依靠科技进步、重视资源的综合利用、增加环保投资、开展区域环境综合防治等。我国曾一度仿效发达国家集中治理环境污染的做法，但收效有限。我国经济落后，科学技术不够发达，不可能像发达国家那样依靠高投入和高科技来集中解决环境问题，同时在环境管理上也落后于一些发达国家，很多环境污染和生态破坏都是由于管理不善造成的，只要加强环境管理，不需要花费很多钱就可以解决大量的环境问题。在1984年第二次全国环境保护会议上就提出了强化环境管理的方针，这是环境保护工作的一个战略性转变。事实已经证明，以强化管理为中心的环境管理政策，在我国各项环境保护工作中发挥了重大作用，在很大程度上弥补了资金和科技力量不足的缺憾，减缓了环境污染和生态恶化的趋势。

环境管理是人类的一种行为，一种社会行为。从表面上看，似乎可以理解为管理环境的行为，然而它实际上是人类管理自己作用于环境的行为的一种行为。人类、人类社会就是在人与自然环境这种相互作用、协同变化的过程中演进的。应该说，在人类社会演进的过程中，人类从来没有停止对自己行为的管理，特别是没有停止对自己作用于自然环境行为的“管理”，只不过是自觉程度或者说是理性程度的高低不同而已。

第二节　环境经济

环境经济是以环境与经济之间的相互关系为特定研究对象的经济分支，其主要根由是因为环境是人类生产劳动的对象和条件、人类社会在经济活动中产生的废弃物排放场所和自然净化场所、人类生活质量提高的物质条件，所以环境具有多种经济功能，从而客观上决定了环境经济的产生。

环境经济学是研究环境经济的科学，它的理论基础是福利经济学，其研究方法采用实证经济学和规范经济学相结合的方法，即宏观方面侧重于规范经济学，而微观方面则侧重于实证经济学研究。从西方环境经济学研究过程来看，早期研究侧重于理论，如外部性理论、公共物品经济学等，而近期研究则转向环境经济分析技术以及环境管理经济手段的研究和政策建议，如在环境经济系统规划中引入投入产出法，把费用效益分析方法应用于一般的环境决策问题，以及如何在现代环境管理中应用市场经济手段等。

一、环境经济的任务与作用

1. 环境经济的任务

研究合理调节人与自然之间的物质变换，使社会经济活动符合自然生态平衡和物质循环规律，即协调经济与环境之间的平衡，包括通过调节人类的生产行为与利益结构来实现对日益短缺的环境资源的有效配置等，以求得最大的经济效益、环境效益和社会效益。

2. 环境经济的作用

由于过去对环境资源的无偿使用，造成环境资源的滥用和浪费，环境严重污染和生态环境的破坏。为改变这种状况，必须采取有效措施以改善和保护生活环境和生态环境，确保社会再生产的正常进行和社会的可持续发展，为此通过环境经济以实现对环境资源的有效配置。

① 将人类对环境的冲击（污染与破坏）限制在地球向人类提供的资源和同化污染的能力范围以内。

② 维护全球的生物资源和物种的多样性。

③ 不可更新的资源耗损速率应低于寻求代用资源的速率。

④ 建立合理的环境资源财产权制度，实现资源利用和环境保护两者的费用-效益的公平负担与分配。

⑤ 鼓励开发和提高资源利用效率技术。

⑥ 利用经济杠杆保护与正确利用资源。

⑦ 提高环境保护的效益-成本的比率。

二、环境经济的理论基础

（一）环境资源观

所谓"环境资源观"是指环境是资源。环境就是资源这一理论概念是人类对环境本质的进一步认识和揭示得来的。长期以来，人们认为环境是大自然赐给人类的财富，不是资源。也有人认为，环境中的一部分要素是资源，如矿产是资源、水是资源、煤是资源等，而像大气、环境容量、景观则不是资源。持这种观点的人认为：像矿产、煤等环境要素，可作为生产资料直接进入生产过程，它们是资源。而大气、环境容量等环境要素不直接进入生产过程，所以它们不是资源，这种观点是片面的，实际上像大气、环境容量也是资源，它对人类活动产生的废弃物具有净化作用，可看成是原有生产工艺的延长，因而也是资源。环境是资源，这是对环境本质的概括，现在所有流派的环境经济理论都建立在这一基础之上。环境是资源可从以下几方面加以说明：①它提供人类生产活动的原材料，包括可再生和不可再生资源。如土地、水、森林、矿藏等都是经济发展的物质基础。②它提供人类及其他生命体的生存场所，即人类赖以生存和繁衍的栖息地。③它对人类活动排放的污染物具有扩散、贮存、同化的作用，即环境对污染物具有净化作用。④它提供景观服务。优美的大自然是旅游胜地，为人类的精神生活和社会福利提供物质资源。

（二）环境资源价值观

按照传统的理论，说一个物品要具有价值，必须经过人们的劳动过滤，不经过劳动过滤的自然资源，如空气、河流、天然森林、矿藏等只具备使用价值，而没有商品价值。但当今世界，生产力飞速发展，人口迅速增加，城镇工业急剧集中，人类广泛的生产活动所产生的废弃物，无不影响环境、威胁环境，甚至超过了环境的容量。为了防止污染环境和破坏环境，使人类的生存少受威胁，人类社会就应该投入大量的劳动，对环境资源和自然资源进行勘探、开采、保护和增值，从而在环境资源中凝结了人类的劳动，使环境资源具有价值。承认环境资源有价值，具有重大的意义。

第一，为环境资源的有偿利用提供了理论依据。长期以来，人们往往以为自然资源是自然的馈赠，而不承认环境资源的价值，因而无代价地索取使用，这样造成了自然资源的大量浪费和严重破坏，对人类和国民经济都非常不利，所以为了有效地保护环境，改变环境资源无偿利用的不合理局面，对环境资源实行有偿使用，以促使人们节约利用环境资源，自觉地保护环境资源。

第二，承认环境资源有价值，才可能将环境资源纳入市场经济的轨道，用价值规律指导环境资源的开发与保护，使环境质量不断改善。

第三，为环境资源的合理计价奠定了理论基础。将环境资源纳入市场经济的轨道，首先必然遇到的问题是环境资源的价格如何确定。承认它有价值，我们就可按其价值的大小合理制定其价格，当然这其中还有许多问题需进一步研究。

（三）环境资源的商品性

环境资源具有使用价值和价值，但对于它是不是商品，也有不同的看法。按照传统的观念，在社会主义制度下，土地、矿藏、水源、森林、荒地、滩涂等自然环境资源属国家和集体所有，不得买卖，不得出租，因此它不成为商品，可以对其实行无偿占用。但实践证明，环境资源的无偿占用，不利于对它的开发和合理利用，为此，一些学者和专家提出了环境资源的商品性和商品化问题。建立社会主义市场经济体系，客观上要求环境资源也具有商品性，其理由是：①环境资源也像生产其他商品一样，需要投入勘探、开采、保护、再生、繁殖等劳动，要消耗劳动和物化劳动，是社会的劳动产品；②环境资源具有稀缺性，除了一部分取之不尽外，土地、矿藏、生物等环境资源在其数量上都是有限的。③环境资源的级差性，同一种环境资源的使用价值也不尽相同，如铁矿石，有高品级的，也有低品级的，这就会给使用者带来级差效益；④环境资源的两级分离性，在我国，环境资源属国家或集体所有，是公共财产，但其经营权和占用权可以分离或转让，这种分离和转让使经营者获得收益，应该有一部分返回资源所有者，形成按生产要素分享所得，这是又一种“等价交换”。承认环境资源的商品性，对保护环境和自然资源具有重要意义，主要体现在以下三方面：①有利于环境资源的优化利用；②有利于环境资源的保护与再生增值；③它开辟了环境保护的资金渠道。

（四）外部不经济性理论

1. 概念

外部不经济性是经济外部性的一种。经济外部性是指一物品或活动施加给社会的某些成本或效益，而这些成本和效益不能在决定该物品或活动的市场价值中得到反映。庇固在其所著的福利经济学中指出：“经济外部性的存在，是因为当A对B提供劳务时，往往使其他人获得利益或受到损害，可是A并未从受益人那里取得报酬，也不必向受损者支付任何补偿。”经济外部性可分为两种情况，即外部经济性和外部不经济性。

所谓外部经济性是指某活动对周围事物造成良好影响，并使周围的人获益，但行为人并未从周围取得额外的收益。例如，植树造林，可改善当地生态环境，使农作物等受益。再如，某饭店附近有一旅店，旅店开业后，由于旅客的增加，使得饭店生意兴隆，旅店开业对饭店就有外部经济性。外部不经济性则是指某项事物或活动对周围环境造成不良影响，而行为人并未为此而付出任何补偿费。例如，一条河流，下游有一饮料厂，饮料厂以河水为原料进行生产，后来，在河流的上游兴建了一家造纸厂，造纸厂排放的废水使河流水质受到污染，下游的饮料厂因河水污染而必须额外增加一笔水处理费用，同时，饮料的质量也可能下降，即上游建造纸厂对下游的饮料厂存在着外部不经济性。在现实生活中，经济外部性大量存在，其中主要是外部不经济性，而外部经济性则较少。

环境污染就是一种典型的外部不经济性活动。其外部不经济性表现在：居民生活质量下降、疾病发病率上升、农产品产量下降、品质下降、设备折旧加快、旅游收入减少、房地产价值下跌等。

2. 外部不经济性分析

从表面上看，外部不经济性是某一物品或活动对周围事物产生的不良影响，若从经济学角度进行深入分析，可以发现，外部不经济性的实质是私人成本社会化了。以环境污染为例，生产过程中不可避免地会产生废弃物，废弃物产生后，有两种处理办法：①对废物进行治理，无害后排入环境；②直接排入环境之中。受利润动机的支配，生产者进行生产，目的是获得最多的盈利，为了达到这一目的，生产者一般不会选择对废弃物进行治理这种办法，因为对废物进行治理需要花费大量的人力、物力，从而增加支出，这一支出将成为其成本的一部分（简称私人成本）。由于成本增加，生产者的盈利必然下降，这是生产者不愿看到的，于是生产者舍弃治理，而选择把污染物直接排入环境中，这样就可以节省一笔开支（私人成本）。但是，由于污染物排入环境后造成环境污染，从而使该环境内的其他人受到损害，或者说是对社会造成了经济损失（社会成本）。这样，由于生产者把污染物直接排入环境中，“节省”了治理污染的私人成本，而使受害者（或社会）为此付出了社会成本，即私人成本社会化。需要指出的是，这种私人成本和社会成本是不等值的，事实上环境污染造成的社会成本一般要远大于私人成本。

3. 解决环境外部不经济性的办法

由以上外部不经济性分析可以得出，环境问题的外部不经济性是由于私人成本社会化了，即生产者把自己的一部分成本强加于受害者（社会）的身上。那么应该采用什么手段来使两者之间平衡，从而达到环境污染的最优水平呢？常用的有两种手段——市场干预和国家干预。

(1) 市场干预。市场干预是在产权明确的基础上，同时交易成本为零，通过市场交易来消除外部不经济性。例如，假如污染者有权排污，则他们从自身利益出发势必把生产规模和污染物的排放量扩大到最大水平，以便最大限度地获取私人纯收益，而此时受害者支付的边际外部成本高于污染者的边际私人纯收益。在这种情况下，受害者为了减少损失，就会与污染者谈判，要求其减少污染物排放，污染者减少排放而遭到的损失由受害者补偿。反之，例如污染者排放权取决于受害者，则污染者为了自身利益，不得不补偿受害者所遭受的损失。但是，这两种情况下的补偿必须在两方面都能承受的情况下进行，否则都会为了各自的利益而坚持排污或不许排污。

从上例可知，市场干预最重要的是明确产权。如果有关各方的产权没有能够很好地界定，那么，外部性问题就无法解决。因为，在产权不明的情况下，有关各方都承认自己有权做对自己有利的事，因而不肯为自认为不属于对方的财产损失支付补偿。所以，产权不明将导致旷日持久的争端和资源配置的低效率。

(2) 国家干预 市场干预的使用是有一定条件的，在实际生活中，也存在着一定的局限性。首先环境与生态资源属于公共财产，根本不可能做到明确产权；其次，即使可能做到明确产权，因环境污染和生态破坏往往具有长期性，这样会损害到后代人的利益；再者，在环境和生态问题上，明确产权只意味着将某些权利给予某一方，因而就存在着拥有产权一方的某些经济当事人通过发出威胁来获利的可能性。因此，从以上三方面可以看出，市场干预无法使环境污染最优化，只有通过国家干预，才是保护环境和生态的最优选择。通过国家干预，使公共财产得到保护成为可能，另外，也只有通过国家干预，才能保护后代人的利益。

当然，并非任何条件下国家干预要优于市场干预，因为国家干预也需成本。因此在解决环境外部性问题时，一般把市场调节作为第一调节，国家干预作为第二调节，只有在第一调节不能达到预定目标的场合下，才需要第二调节。

三、经济发展与环境保护

1. 经济与环境的辩证关系

(1) 环境是经济发展的物质基础　首先，人类的经济活动，包括生产、分配、流通、消费，通过一系列的劳动加工，从自然界中获取自然资源，使之转化为生产资料和消费资料，经过分配、流通以满足人类社会生存和发展的需要。再生产主要有简单再生产和扩大再生产两种。扩大再生产较之简单再生产要求较多地把环境资源转化为生产资料和生活资料。要能够较多地转化，无非有两种办法：一种是增加被转化的环境资源总量，从环境中获取更多的自然资源；另一种是在不增加环境资源的消耗量的前提下，提高单位环境资源的转化率，减少废弃物的排放。前者属于外延扩大再生产，后者属于内含扩大再生产。不论是扩大再生产还是简单再生产，都是把环境资源作为再生产的物质基础，没有环境资源，无论哪一种再生产都将无法进行。保护好环境资源就可以为经济发展提供物质条件，而遭受污染与破坏的环境资源必定会影响到经济的持续发展。

其次，经济活动过程中的生产消费活动和生活消费活动，总会有一定数量的废弃物排入环境，而环境具有扩散、贮存、同化废弃物的机能，利用环境这种机能可以减少人工处理设施的投资与费用。如果保持环境这种机能，就能为人类经济活动免费提供净化废弃物的资源。如果破坏了环境的这种机能，就要危害人类的健康，从而要付出昂贵的处理废弃物和恢复环境机能的费用，影响到经济的可持续发展。

因此，不论生产活动从自然环境获取资源，进行经济再生产，还是生产消费活动和生活消费活动向环境排放废物，都说明经济发展要以环境资源为条件，环境资源是经济发展的物质基础。

(2) 经济发展对环境的主导作用　在原始社会，人类以“牧童式”的方式生活，以采集和狩猎为主，自然界有丰富的资源，人类可以享用，因此，他们对周围的环境资源索取的要求不高，对周围环境的破坏不大。当人类逐渐学会经营畜牧业及种植业后，生产方式由游牧生活过渡到耕种土地，实行定居生活时，人类通过各种劳动增加了生物资源，这种农业生产活动，实际上是在自然生态循环的基础上加入了人为的因素，使之在一定时期内转化成较多的产品。如果农业的再生产遵循环境规律和生态规律，人们不仅可以向自然界获取大量的物质财富，而且能够使自然资源再生产实现永续的良性循环，保证农业生产的不断发展，但是由于人们违反了环境规律和生态规律，遭到了自然界的报复。恩格斯在《自然辩证法》中，曾列举了许多滥伐森林、破坏土地资源，从而引起大自然报复的事例。

工业生产的发展，标志着社会生产力的进步。采掘工业直接面对自然资源，原料工业是分解和富集自然资源，加工工业是按社会需要改变自然资源用途，这些都离不开自然资源，所以，工业生产也是以环境提供的自然资源为基础的。但是，随着工业生产规模的不断扩大，人们向环境索取的自然资源愈来愈多，使某些自然资源（如石化燃料、金属与非金属矿物）的开采储量愈来愈少，出现了枯竭的趋势。还有，人们索取的自然资源如生物、水源、土壤等超过了其再生增殖能力，使自然资源遭到破坏，出现了由开发活动引起的环境破坏问题。同时，工业生产规模的扩大，向自然环境排放的废弃物愈来愈多，超过了环境的容量，出现了目前的第二类环境问题，即生产消费活动和生活消费活动引起的环境污染问题。要解决这两类环境问题，一是合理开发环境资源，提高利用率，最大限度地将其转化为产品；二是将废弃物再生资源化，这样既可以增加自然资源，又可减少因排放废弃物而造成对环境的污染和破坏。

由此可见，不论是农业生产活动，还是工业生产活动，经济发展对环境变化都起着主导作用。

(3) 环境和经济的相互促进和相互制约　环境对经济的促进作用主要表现在：环境系统的良性循环可以使环境资源的再生增殖能力大于经济增长对自然资源的需要，如为农、林、牧、副业生产发展提供良好的生态环境；可以促进企事业单位采用无污染、少污染的技术，减少污染物的排放；可以广泛开展废弃物的综合利用，提高资源的利用率，发展自然资源再循环利用技术，避免过多的废弃物对环境的破坏。

环境对经济的制约作用主要表现在环境受到污染和破坏后，不仅使社会受到巨大的经济损失，而且环境资源的枯竭会限制经济的发展。例如，我国许多地区由于过度开采地下水资源以及水资源被污染、水资源日趋减少，不得不限制工业生产用水量，使生产发展受到了影响。所以为了缓解环境对经济的制约，不是限制经济的发展，而是限制在经济发展中不合理地利用环境资源的活动，使之符合自然生态规律。

经济对环境的促进作用表现为人们通过对环境资源的开发利用，将自然环境改变为人工环境，以便按照人类发展的要求建设成最优化的生活环境和产业环境。经济发展了，才可以拿出更多的资金用于保护和改善环境，为解决环境问题提供必要的技术装备。经济发展也可以促进人们提高对环境质量的要求，它是环境保护事业发展的一个内在动力。

经济对环境的制约作用主要表现在环境的保护和改善需要一定的投资。环境的改善程度总是同经济发展水平相统一，并受经济发展水平的制约。例如在城市建设中，采用集中供热、煤气化和建设城市污水处理厂可以大大改善城市大气环境和水域环境，但这需要大量的投资和运转费用。因此，我们只能根据现有的经济条件逐步加以解决。

2. 经济发展和环境保护的相互协调

环境保护与经济发展协调的标志是，既要取得最佳的综合社会经济效益，实现环境效益、经济效益和社会效益的统一，又要不断地改善广大人民的生活和劳动环境的质量。怎样才能使环境保护与经济发展相协调呢？首先，经济发展既要满足人类物质财富的增长，又不能超过环境可能提供的资源和承纳污染物容量的限度，决不能以牺牲环境为代价去实现经济发展的目标；其次，是环境保护的目标和要求，既要考虑到人体健康和其他生物生存的基本需要，又要考虑到经济技术发展水平，环境保护的水平和目标只有在经济发展的基础上不断提高；再次，环境保护与经济发展协调关系，主要是通过全面规划、综合平衡，把全局利益和局部利益、长期利益和近期利益、未来利益和眼前利益正确地结合起来。

环境保护和经济发展协调的方法是要做到“三论”：一是“结合”论，即把环境保护同经济发展有机地结合起来。要求环境保护同经济发展有机地结合起来，具体讲是，要求环境保护计划与经济发展计划相结合，环境规划与城市规划、农业规划相结合，工业污染防治与技术改造相结合。二是“同步”论，即环境保护事业与经济发展同步规划、同步实施、同步发展。三是“服务”论，即环境保护既要为优化人民生活环境和维护环境资源的永续利用服务，又要为经济发展服务。

在实际生活中，这三种协调方法要相互综合运用，有机联系。

第三节 环境管理

一、环境管理的含义及内容

1. 环境管理的含义

环境管理（environmental management）既是环境科学的一个重要分支学科，也是一个工作领域，是环境保护工作的重要组成部分，它在环境保护的实践中产生，又在实践中不断发展起来。1974 年，联合国环境规划署和联合国贸易与发展会议在墨西哥召开“资源利用、环境与发展战略方针”专题研讨会，会上达成共识：全人类的一切基本需要应当得到满足；要进行发展以满足基本需要，但不能超出生物圈的容许权限；协调这两个目标的方法即环境管理。这是首次正式提出环境管理的概念。

然而，多年来关于环境管理的概念与内涵，国内外一直有着不同的解释。20 世纪 70～80 年代，人们把环境管理狭义地理解为环境保护部门采取各种有效措施和手段控制污染的行为。这种狭义的理解仅仅停留在环境管理的微观层次上，把环境保护部门视为环境管理的主体，把污染源作为环境管理的对象，并没有从人的管理入手，没有从国家经济、社会发展战略的高度来思考。进入 90 年代以后，随着环境问题的发展以及人类对环境问题认识的不断提高，人们发现，基于对环境管理的传统理解已经越来越突出地限制于环境管理理论与实践的发展。人们普遍认识到，要从根本上解决环境问题，必须从经济、社会发展的战略高度采取对策和控制措施，因而形成了广义的环境管理，即：“通过全面规划，协调发展与环境的关系；运用经济、法律、技术、行政、教育等手段，限制人类损害环境质量的活动；达到既要发展经济满足人类的基本需要，又不超出环境的容许极限。”全面理解环境管理概念，应该把握以下几个基本问题。

① 环境管理的核心是实施经济社会与环境的协调发展。

② 环境管理需要用各种手段限制人类损害环境质量的行为。

③ 环境管理要适应科学技术、社会经济的发展，及时调整管理对策和方法，经济活动不超过环境的承载力。

环境问题的产生有两个层次上的原因：一是思想观念上的；二是社会行为层次上的。因此也可以认为，环境管理就是通过对人们自身思想观念和行为进行调整，以求达到人类社会发展与自然环境承载能力相协调。

2. 环境管理的基本内容

环境管理涉及内容广泛，其基本内容通常从两方面划分。

(1) 根据管理的范围划分

① 区域环境管理。指某一地区的环境管理，如城市环境管理、海域环境管理、河口地区环境管理、水系环境管理等。

② 部门环境管理。包括工业环境管理，农业环境管理、交通运输环境管理、能源环境管理、商业和医疗等部门的环境管理。

③ 资源环境管理。包括资源的保护和资源的最佳利用，如土地利用规划、水资源管理、矿产资源管理、生物资源管理等。

(2) 根据管理的性质划分

① 环境质量管理。包括环境标准的制定，环境质量及污染源的监控，环境质量变化过

程、现状和发展趋势的分析评价，以及编写环境质量报告书等。

② 环境技术管理。包括两方面的内容，一是制定恰当的技术标准、技术规范和技术政策；二是限制在生产过程中采用损害环境质量的生产工艺，限制某些产品的使用，限制资源不合理的开发使用。通过这些措施，使生产单位采用对环境危害最小的技术，促进清洁生产的推广。

③ 环境计划管理。包括国家的环境规划、区域或水系的环境规划、能源基地的环境规划、城市环境规划等。

上述对环境管理内容的划分，只是为方便研究，事实上它们是相互交叉的。如城市环境管理是区域环境管理的组成部分，但城市环境管理中又包括环境质量管理、环境技术管理及环境计划管理。

二、环境管理的特点

(1) 综合性　环境管理的综合性是由环境问题的综合性、管理手段的综合性、管理领域的综合性和应用知识的综合性等特点所决定的，环境管理的对象是一个由许多相互依存、相互制约的因素组成的大系统，这个系统中任何一个子系统发生了变化或者与其他子系统不协调，都有可能影响到整个系统的不协调，乃至失去平衡。同时，解决环境问题也必须综合运用技术、经济、行政、法律、宣传教育等手段才能奏效。因此，环境管理必须从环境与发展综合决策入手，与经济管理、社会管理有机地结合起来，建立地方政府负总责、环保部门统一监督管理、各部门分工负责的管理体制，走区域环境综合治理的道路。

(2) 区域性　环境管理的区域性是由环境问题的区域性、经济发展的区域性、资源分布的区域性、科技发展的区域性和产业结构的区域性等特点所决定的。世界各国、各地的自然背景、人类活动的方式以及经济发展水平等差异甚大，因而，环境问题存在明显的地域性。中国地域广阔，各地情况差异就很大，从地理位置上看是“西高东低”，但从经济发展水平和人们的环境意识上看却不是这样。因此，环境管理必须从实际情况出发，根据不同的地域特征，制定有针对性的环境保护目标和环境管理的对策与措施，既要强调全国的统一化管理，又要考虑区域发展的不平衡性。

(3) 社会性　环境管理的社会性主要表现在人们的环境意识及环境有关的社会行为对环境的影响。大到区域性自然环境生态系统的退化与破坏、水污染与水资源的枯竭，小到生活垃圾的随意堆放，几乎都与人们的环境意识和环境行为有关。环境保护是全社会的责任和义务，涉及每个人的切身利益，开展环境管理除了专业力量和专门机构外，还需要社会公众的广泛参与。这意味着，一方面要加强环境保护的宣传教育，提高公众的环境意识和参与能力；另一方面要建立健全环境保护的社会公众参与和监督机制，这是强化环境管理的两个重要条件。

三、环境管理的基本职能

环境管理的基本职能有三条，这就是规划、协调和监督。

(一) 规划

环境规划是指对一定时期内环境保护目标和措施所做出的规定。编制环境规划是环境管理的一项职能。已经批准的环境规划，又是环境管理的重要依据。实行环境管理，也就是通过实施环境规划，使经济发展和环境保护相协调，达到既要发展经济，满足人类不断增长的基本要求，又要限制人类损害环境质量的行为，使环境质量得到保护。

（二）协调

环保事业涉及各行各业，搞好环境保护必须依靠各地区、各部门，这就是环境管理的广泛性和群众性。环境又是一个整体，各项环保工作都存在着有机联系，在一个地域内，各行各业的环保工作又必须在统一的方针、政策、法规、标准和规划的指导下进行，这就是环境管理的区域性和综合性。基于环境管理的这些特点，要求有一个部门进行统一组织协调，把各地区、各部门、各单位都推动起来，按照统一的目标要求，做好各自范围内的环境保护工作。可见，组织协调是环境管理的一项重要职能，特别是对解决一些跨地区、跨部门的环境问题，搞好协调就更为重要。

但是，要真正把环境规划付诸实施，组织协调只是一个方面，更为重要的是实行切实有效的监督。

（三）监督

环境监督是指对环境质量的监测和对一切影响环境质量行为的监察。在这里强调的主要是后者，即对危害环境行为的监察和对环境行为的督促。对环境质量的监测主要由各级环境监测机关实施。保护环境是一项艰巨而复杂的任务，没有强有力的监督，即使有了法律和规划，进行了协调也是难以实现的，特别是在我国国民的环境意识还不强的情况下，实行监督就尤为重要。

环境监督的目的是为了维护和保障公民的环境权，即保护公民在良好适宜的环境里生存与发展的权利。维护环境权的实质是维护人民群众的切身利益，包括子孙后代的长远利益，这种利益是通过符合一定标准的环境质量来体现的。所以，环境监督的基本任务是通过监督来维护和改善环境质量。

环境监督的内容包括：①监督环境政策、法律、规定和标准的实施；②监督环保规划、计划的实行；③监督各有关部门所承担的环保工作的执行情况。目前由环保部门行使的环境监督权主要有建设项目环境管理和区域与单位排污监察权。前者主要包括：①环境影响报告书（表）审批权；②“三同时”制度监察权；③项目验收投产审查权；④排污许可申报审批权；⑤征收排污费权；⑥向政府提出限期治理或其他处置权；⑦对其他有关事宜、案件进行审查并提出处理意见权。鉴于在相当长的一个时期内，我国将面临环境问题多、环保任务重、经济力量又有限、环境管理又很不适应的实际情况，环境监督应集中力量紧紧围绕着改善环境质量这个中心，针对主要环境问题进行。目前，监督的重点是认真实行建设项目的环境影响报告书制度、“三同时”制度、排污许可申报制度和排污收费制度。

四、中国环境管理制度

1. 环境影响评价制度

环境影响评价制度是指把环境影响评价工作以法律、法规或行政规章的形式确定下来而必须遵守的制度，是一项体现“预防为主”的管理思想和极为重要的制度。它要求在工程、项目、计划和政策等活动的拟定和实施中，除了传统的经济和技术等因素外，还需要考虑环境影响，并把这种考虑体现到决策中去。

中国是世界上最早实施建设项目环境影响评价制度的国家之一。1979 年颁布的《中华人民共和国环境保护法（试行）》确定了该制度的法律地位，经过 20 多年的实践，这一制度不断完善，已经成为一项较为健全的法律。

2. “三同时”管理制度

一切新建、扩建和改建企业，防治污染项目必须和主体工程同时设计、同时施工、同时投产使用。

3. 排污收费制度

这是 20 世纪 70 年代引进的一项贯彻“谁污染、谁治理”的管理思想，以经济手段保护环境的管理制度。这一制度规定，一切向环境排放污染物的单位和个体生产经营者应当依照国家的规定和标准交纳一定的费用。它与环境影响评价和“三同时”管理制度共同组成了中国的“老三项”环境管理制度，曾被誉为“中国环境管理的三大法宝”。

4. 环境保护目标责任制度

环境保护目标责任制是一项依据国家法律规定，具体落实各级地方政府对本辖区环境质量负责的行政管理制度。环境保护目标责任制是一项综合性的管理制度，通过目标责任书确定了一个区域、一个部门环境保护主要责任者和责任范围，运用定量化、制度化的管理方法，把贯彻执行环境保护这一基本国策作为各级政府和决策者的政绩考核内容，纳入到各级地方政府的任期目标之中。

5. 城市环境综合整治定量考核制度

所谓城市环境综合整治，就是把城市环境作为一个系统整体，以城市生态学为指导，对城市的环境问题采取多层次、多渠道、综合的对策和措施，对城市环境进行综合规划、综合治理、综合控制，以实现城市的可持续发展。这项制度是城市政府统一领导负总责，有关部门各尽其职、分工负责，环保部门统一监督的管理制度。

6. 排污申报登记与排污许可证制度

排污申报登记指凡是排放污染物的单位，须按规定向环境保护管理部门申报登记所拥有的污染物排放设施、污染物处理设施和正常作业条件下排放污染物的种类、数量和浓度。排污许可证制度以污染物总量控制为基础，对排放污染物的种类、数量、性质、去向和排放方式等所做的具体规定，是一项具有法律含义的行政管理制度。

7. 限期治理污染制度

限期治理污染是强化环境管理的一项重要制度。所谓污染限期治理是指对特定区域内的重点环境问题采取的限定治理时间、治理内容和治理效果的强制性措施。污染限期治理项目的确定要考虑需要和可能两个因素。所谓需要就是对区域环境质量有重大影响、社会公众反映强烈的污染问题作为确定限期治理项目的首选条件，因此说具有指令性和强制性特征。所谓可能就是要考虑限期治理的资金和技术的可能性，具备资金和技术条件的实行限期治理，不具备资金和技术条件的实行关停。

8. 环境预审制度

环境预审制度是指根据国家的环境保护产业政策、行业政策、技术政策、规划布局和建设项目的生产工艺，在项目立项阶段进行审批的一项政策法规性管理制度。环境预审的作用有两点：一是对违反国家环保产业政策、行业政策、技术政策，不符合环境规划和清洁生产要求的拟建项目在立项阶段予以否定；二是对符合国家环保产业政策、行业政策、技术政策，符合环境规划和清洁生产要求的项目批准立项，同时提出是否进行环境影响评价的进一步要求。

9. 现场检查制度

现场检查制度是指环境保护部门或者其他依法行使环境监督管理的部门，进入管辖范围的排污单位现场对其排污情况和污染治理情况进行检查的法律制度。它可促使排污单位采取措施积极防治污染和消除污染事故隐患，及时发现和处理环境保护问题，同时也可督促排污单位遵守环境保护法律法规，自觉履行环境保护义务。

10. 污染强制淘汰制度

污染强制淘汰制度是指国家以调整产业结构、促进经济增长方式转变、防止环境污染为目的，定期公布严重污染环境的工艺、设备、产品或者项目名录，并通过行政和法律的强制措施，限期禁止其生产、销售、进口、使用或者转让的一种管理制度。

第二篇　资源与能源篇

第六章　自然资源

第一节　概　　述

自然资源是人类生存和发展必不可少的物质基础和条件。人类在地球上采掘各种自然资源作为生活和生产资料，用于维持人类的衣食住行，人类得以世世代代繁衍，人类的文明得到传承。但是自从工业文明以来，由于生产力的发展以及人类渴望繁荣富足生活的愿望空前膨胀，人类对于自然资源的采掘和破坏日益加剧，产生了严重的资源和环境问题。人类正受到资源短缺或者耗竭的严重挑战：土地资源不断减少和退化、森林面积不断缩小、生物多样性减少、某些矿产资源濒临枯竭等。在这样的情况下，人类必须深入开展对于自然资源的研究，例如考察各种自然资源的储量、研究资源环境与人类的关系、探索自然资源可持续利用的新技术以及管理方法等，通过以上的研究才能解决资源问题，使其成为人类生存和发展的支撑，从而实现人类的可持续发展。

一、自然资源的概念

资源是指“有用”、“有价值”的东西。经济学认为资源包括三种：自然资源、资本资源和人力资源。其中自然资源是相对于其他两种非自然属性的资源而言的，是指存在于自然界的、天赋的、自存的、先人类而存在以及能为人类利用的环境因素，是人类生产资料和生活资料的来源，如土地资源、气候资源、水资源、矿产资源、海洋资源以及生物资源等。

人们从不同角度对自然资源进行了描述。《辞海》一书关于自然资源的定义是“一般天然存在的自然物（不包括人类加工制造的原材料），是生产的原料来源和布局场所。随着社会生产力的提高和科学技术的发展，人类开发利用自然资源的广度和深度也在不断增加”。《大英百科全书》的自然资源定义是：“人类可以利用的自然生成物，以及形成这些成分的源泉的环境功能。前者如土地、水、大气、岩石、矿物、生物及其群集的森林、草场、矿藏、陆地、海洋等；后者如太阳能、环境的地球物理机能（气象、海洋现象、水文地理现象）、环境的生态学机能（植物的光合作用、生物的食物链、微生物的腐蚀分解作用等）、地球化学循环机能（地热现象、化石燃料、非金属矿物的生成作用等）”。较早给自然资源下较完备定义的地理学家金梅曼提出，无论是整个环境还是其某些部分，只要它们能（或被认为能）满足人类的需要，就是自然资源。1972 年，联合国环境规划署的相关文献中指出，“自然资源是指在一定时间条件下，能够产生经济价值、提高当前和未来福利的自然环境因素的总称”。

二、自然资源的特点

从自然资源的自然属性和经济属性两方面来考虑，自然资源具有整体性、有限性、区域性、演变性和多用性等诸多特点。

(一) 整体性

整体性是指自然资源是一个相互联系、相互作用、相互依存的整体，各种资源在生物圈中以及各单项资源内部都存在着密切联系，构成完整的资源生态系统。例如，气候资源、水资源、生物资源与土地资源之间都是密不可分的，特别是土地资源，它是由多种资源组合起来的自然综合体。正是由于各种资源之间的相互关联性，因此改变一种资源或资源系统中的一种成分，都会引起周围环境和其他资源的连锁反应以致整体结构的变化。比如森林资源的过度砍伐，不仅影响森林中的林木、灌木和草类，还使森林中的动物资源锐减、土地退化，土地退化又进一步促使植被退化甚至沙漠化，从而又使动物和微生物大量减少。相反，如果在沙漠地区通过种草种树慢慢恢复茂密的植被，水土将得到保持，动物和微生物将集结繁衍，土壤肥力将会逐步提高，从而促进植被进一步优化及各种生物进入良性循环。

另外，自然资源与资源开发利用有关的社会经济条件也形成一个相互联系、相互制约的整体。资源与技术、经济以致与国家政策之间都是紧密联系的。自然资源，实际上是一个由资源-生态-社会经济组合而成的复合体系。自然资源的价值，不仅取决于自然资源本身自然属性，还取决于技术和管理水平，良好的生产技术和管理水平可以更好地提高和扩大资源的价值。

由于自然资源具有整体性的特点，因此对自然资源的开发利用必须持整体的观点，应统筹规划、合理安排，以保持生态系统的平衡。否则将顾此失彼，不仅使生态与环境遭到破坏，经济也难以得到发展。

(二) 有限性

自然资源的有限性主要包括三个方面的含义。

① 在一定时间和空间内，自然资源可供人类开发和利用的数量是可计量的，是有限的。例如，达到地球大气上界的太阳辐射量为8.24J/(cm^2·min)，长江多年平均年径流量为1万亿立方米左右等。另外，矿产资源等不可再生资源也是有限的，即使对于森林、野生动植物这些可再生资源，由于在一定时间和空间范围内再生能力是有限的，因而可供人类开发利用的数量也必然是有限的。

② 一定技术水平下，人类利用资源的能力、范围和种类是有限的。比如矿产资源开采，由于人类采选矿的能力还相对低下，因而某些品味极低的矿产资源难以开采，致使目前可供人类开采使用的矿产资源存量不足。

③ 自然资源虽有多功能性，但在多数情况下，仍有它的局限性，在某种情况下只能利用其中一个方面，在另一种情况下只能利用其另一方面。如森林资源在生态环境中十分脆弱，水旱灾害和水土流失十分严重的地区，就应当把它作为生态屏障来看待，并加以保护和发展，而把林材的经济利用放到次要地位。

在人类历史的初始阶段，由于人口数量小且生产力发展水平不高，自然资源的有限性表现得并不明显。但是进入20世纪以后，随着人口的剧增自然资源的有限性就日益明显地表现出来，并对人类的生存和繁荣带来一定的威胁。例如，草场超载放牧造成草场产草量下降、草质变坏等退化现象，给牧业生产带来损失；地下水的过度超采引起地下水位下降，甚至出现地面沉降；为了养活世界上的50亿人口，人类不仅要消耗现有的生物资源，同时还要消耗过去地质年代生态系统储存的能量，后者甚至占人类消耗的能量的90%以上等。

由于自然资源的有限性，因而人类首先要节制自身对于资源的需求，然后在开发利用自然资源时，使其开发利用数量保持在一个适度的水平上，以保证其有足够的余地再生补充，从而使之得到永续利用。

(三) 区域性

自然资源的区域性是指任何一种自然资源都有一定的地域分布，不同区域中的自然资源，其结构、数量、质量、特性等都有很大差异。以森林资源为例，根据世界粮农组织2005年的统计数据，世界森林面积为39.5亿公顷，其中欧洲森林资源面积为100139万公顷，占世界森林面积的25.3%，拉美和加勒比海地区森林资源面积为85992万公顷，占世界森林面积的21.8%，亚太地区森林资源面积为73424万公顷，占世界森林面积的18.6%，非洲森林资源面积为63541万公顷，占世界森林面积的16.1%。再以石油资源为例，2007年全球石油探明储量为12379亿桶，其中中东地区占61.0%、欧洲及欧亚大陆占11.6%、非洲地区占9.5%、北美地区占5.6%、亚太地区占3.3%。

自然资源区域性的差异又制约着经济的布局、规模和发展。例如，矿产资源状况（矿产种类、数量、质量、结构等）对采矿业、冶炼业、机械制造业、石油化工业等都会有显著影响，而生物资源状况（种类、品种、数量、质量）对种植业、养殖业和轻、纺工业等有很大制约作用。

在自然资源开发过程中，应该按照自然资源区域性的特点和当地的经济条件，对资源的分布、数量、质量等情况进行全面调查和评价，因地制宜地安排各业生产，扬长避短，有效发挥区域自然资源优势。

(四) 演变性

自然资源的演变性是指资源生态系统像世界上任何事物一样存在着永恒的矛盾，由于自然界本身的演变规律和人类对资源的干预，引起资源种类、数量、质量、分布的演变。如人口增长和人类生活水平不断提高，引起资源消耗量的增长，由于人类活动的影响，作为资源载体的环境质量下降，造成资源再生能力的降低和部分消失，从而使资源数量和质量下降。又如人类社会进步，科学技术水平不断提高、原有类型资源数量和品种增加，同时人类发现新类型、新物种、新领域资源，资源利用新途径的出现，使资源种类增加，数量上升，质量提高。自然资源演变的方向和结果有两种可能：一种是朝着人类需要的方向发展，结果是好的；另一种则相反，其关键是取决于人类利用的方式和强度。例如土地资源，如果能够用养结合，就可能持续增产，而利用不当则适得其反。光能利用率最高可达5%～6%甚至更高，少的则不到0.5%。

自然资源的演变性特点告诉人们应当对自然资源加以开发利用，不加利用使其永远保持原有状态，是不可能也是不可取的。另外，在自然资源的开发利用过程中，应尽可能使其向有利于人类需要的方向演变，因此人们必须按生态、经济规律加以干预。

(五) 多用性

自然资源的多用性是指大部分资源都具有多种功能和多种用途。例如一条河流对于能源部门来说，它能提供便宜的电力；对于农业部门来说，它可能是一条经济的灌溉系统；对于交通部门来说，又可能是一条方便的运输干线；而对于旅游者来说还具有重要的风景作用。森林可以作为一种自然资源，它的用途也是多种多样的，比如森林既可以提供木材和各种林产品，又作为自然生态环境的一部分，具有涵养水源、调节气候、保护野生动植物等功能，还能为旅游提供必要的场地。

由于自然资源具有多用性，就要求人们在利用自然资源时必须从经济效益、生态效益、社会效益等各方面进行综合研究，从而制定出最优方案实施开发利用，做到一物多用、物尽其用、地尽其利。

三、自然资源的分类

分类是一种重要的科学认识方法和研究方法，为了深入认识自然资源，也应当对它加以分类。目前尚无统一的自然资源分类系统，可从各种角度、根据多种目的来分类。

（一）按照自然资源的地理特征分类

根据自然资源的形成条件、组合情况、分布规律以及与其他要素的关系等地理特征将自然资源分为矿产资源（地壳）、气候资源（大气圈）、水资源（水圈）、土地资源（地表）、生物资源（生物圈）五大类。

这样的分类方法基本将各种环境要素对应为各种自然资源，同时又与人类所需要的基本生活和生存资料相对应，有利于人类对各类资源分别加以研究、利用和保护。这种分类方法是环境科学研究中适宜采用的分类方法。

（二）按照自然资源再生性质分类

根据自我再生的性质，自然资源可分为可更新资源与不可更新资源两大类，而不可更新资源又可以分为能重复利用的和不能重复利用的两种。

（三）按照自然资源数量变化分类

（1）耗竭性自然资源　它以一定量蕴藏在一定的地点，并且随着人们的使用逐渐减少，直至最后消耗殆尽。矿产资源是经过极其漫长的地质时期形成的，对于人类来说其储量是固定的，一旦过度消耗就无法补充，因而属于一种典型的耗竭性自然资源。

（2）稳定性自然资源　它具有固定性和数量稳定性的特征，如土地资源。

（3）流动性自然资源　也称再生性资源。这种资源总是以一定的速率不断再生，同时又以一定的速率不断消失，如阳光、水（水域资源除外）、森林等。流动性自然资源又可以分为两小类：一是恒定的流动性自然资源，它们在某一时点的资源总量总是保持不变，如阳光资源和水能资源等；二是变动的流动性自然资源，它们在某一时点的资源总量会由于人们的开发使用而发生变化，如森林资源和水体资源等。

四、自然资源与环境和人类的关系

（一）自然资源与环境的关系

1. 自然资源与环境

自然环境是人类赖以生存、发展生产所必需的自然条件和自然资源的总称。自然环境既为人类提供了生存环境，也为人类生存提供了必要的资源。自然资源是自然环境的重要组成部分。如森林，既具有能完成森林生态系统中能量和物质的代谢功能，提供一定的生物产量和产物，可以随时间的变迁而演替，又对它的毗邻环境具有涵养水源、保持水土、净化空气、消除噪声、调节气候、保护农田草原、改善环境质量等生态效能。

自然资源与自然环境之间又有着密切的联系，不可分割。从具体的对象和范围来看，它们往往是同一种客体。自然环境指人类周围所有的客观自然存在物，而自然资源则是从人类需要的角度来认识和理解这些要素存在的价值。因此有人把自然资源和自然环境比喻为一个自然实体的两个不同侧面，或者说自然资源是自然环境透过社会经济这个棱镜的反映。

对任何自然资源的开发利用，必然要影响环境；反过来，自然环境的变化也必然会影响自然资源。因此，人类在利用自然资源的过程中，不能脱离由自然资源与自然环境组成的自然综合体，而是应该将自然资源的开发利用与环境保护相结合，否则，自然综合体将失调或者瓦解，进而危及人类自身的生存、生产和生活。

2. 自然资源耗竭与环境污染的关系

人类利用先进的科学文化技术攫取自然资源，生产各种产品满足自身需要。这种行为的结果一方面使得人类的生活极大改善、文明极大地向前发展，另一方面又不可避免地造成了环境污染。

人们消费可以直接利用的那部分资源，如水资源、土地资源等。对不可直接利用的那部分资源，则是通过开发、运输、加工后最终用于消费。无论是直接消费的资源，还是间接消费的资源，都能给人类带来福利和效益，同时排放残余物。物质和能源消耗量越多，废物产生量就越大。进入经济体系中的物质，仅有10%～15%以建筑物、工厂、装置、器具等形式积累起来，其余都变成了废物。以美国为例，投入使用的食品罐头盒、饮料瓶等，平均几个星期就变成了废物，家用电器和小汽车平均7～10年变成废物，建筑物使用期限最长，但经过数十年至数百年后也将变成废物。这些被排放的残余物，一部分经过人们的再加工被人类消费，另一部分则排放到生态环境系统中，当被排放的残余物的数量超过生态环境系统的环境容量时，就产生了生态环境问题。

此外，由于人们开发自然资源大多是进行单项开发与利用，往往忽视自然资源构成要素之间的关系，结果导致一种资源的开发利用影响了另外一种资源的开发利用，甚至影响到整个自然资源系统的开发利用。例如，露天矿的开采会毁坏大量的耕地、林地，破坏生物的生存环境、污染水体等。

在自然资源与自然环境是统一体的前提下，开发任何一项自然资源，必须注意保护人类赖以生存、生活、生产的自然环境。对待自然环境的任何组成成分犹如利用自然资源一样，也必须按照利用资源时所应注意的特性来对待自然环境。随着后工业化社会进程的日益加快，生态系统的无序正在加大。按照自然资源与人口-资源-社会经济系统的联系以及自然资源与生态环境的相互依赖关系，自然资源与环境污染之间的关系可以从生产环节与消费环节来分析。

由于自然资源的整体性，在资源开发过程中生态系统的无序和混乱度加大似乎难以避免。但是目前人类社会眼中的污染状况却并不是难以避免的，而是由于人类的贪欲和缺乏对自然资源和生态系统特点的了解所造成的。在生产方面，人类过于追求经济社会的高速发展，对资源的消耗量递增，加快了从资源到废物的转化进程。生产方式粗放，加剧了资源消耗与废物的排放。以我国为例，从单位GDP产出能耗表征的能源利用效率来看，我国与发达国家差距非常之大，以日本为1、法国为1.5、德国为1.5、英国为2.17、美国为2.67，而我国高达11.5，我国的耗能设备能源利用效率比发达国家普遍低30%～40%。另外，在消费方面，一次性物品风靡于人类生活中，一次性物品的出现既是物质富足、方便快捷的象征，也充当着把资源变成垃圾的“加速器”。仅北京市，每年扔掉的塑料袋约23亿个，达1.87万吨，一次性塑料餐具2.2亿个，达1320吨，造成了严重的白色污染。

人类的发展过程是以生产和消费过程为基础的。在此过程中，人类应使自然资源的消耗量不致于影响自然资源的再生和供给能力，并使排放的废弃物不超过自然资源的净化能力。只有满足了以上双重条件，人类的生产、消费过程才能够得到延续。

(二) 自然资源与人类的关系

人类与自然资源是相互依存的。人类的生存和发展离不开自然资源，而自然资源的认定则有赖于人类对它的用途和价值的认识，并且自然资源的利用水平也正好反映了人类的生存和发展的水平。

毋庸置疑，人类的生存和发展依赖于自然环境以及自然资源。虽然人类在漫长的发展中形成了优异的智力和各种能力而区别于动物，从而能使自己在各种极其不同的气候、地形和生物地理条件下，通过使用火、住房、衣着以及制造工具、生产食物等方面的技术得以维系生存，并且还能在生存中发展各种技术，创造灿烂的文化，进而发展人类自己，但是，不得不承认人类所有的发展仍然不能摆脱环境和自然资源的制约。人类呼吸清新的空气，饮用清洁的水，利用土壤种植各种作物供人类食用，即使是最先进的各种机器设备也是利用各种矿产资源加工形成的。自然资源在人类的生活中无处不在，是人类发展的决定性因素，离开了自然资源，人类的生存和发展就无从谈起。

虽然作为自然资源的自然物本身客观存在，但是这种自然物只有因为人类的需要和利用才具有价值，才能够称为自然资源。仍然以远古时代为例，当时遍布的各种能源资源和矿产资源是现今的人类迫切渴求拥有的，但是对于当时的人类来说则毫无用处。这种现象说明，脱离了人类的使用而将自然物性能完好地保存于原有的环境中是没有意义的。另外在某种意义上说，资源取决于技术，正如技术取决于资源一样。例如，在20世纪之前，铝土矿还只是一种岩石，而现在我们已知道作为金属，铝资源的拥有量在世界上仅次于铁。再比如，有机化学的发展使得一度丰富而又廉价的石油资源变为合成纤维、合成橡胶和塑料，从而使得社会对天然的橡胶和纤维或其他更昂贵的原料的需求量减少。另一方面，采掘及冶炼等其他技术的进步有可能使低品位的矿石得以开发利用等。

五、资源承载力

资源承载力是指一个国家或一个地区资源的数量和质量对该空间内人口的基本生存和发展的支撑能力。资源承载力起始于土地资源的研究，在这些研究中把土地看作是各种自然资源的总称，因而也称为土地承载力。目前资源承载力的研究已经遍及各种资源研究领域，比如水资源承载力的研究、森林资源承载力研究等。研究资源承载力能够促进人类合理地制定经济发展规划与资源战略。

资源承载力受到许多因素的影响。首先，研究区域各类资源的种类、绝对数量、品位、可取性等是影响资源承载力的首要因素。其次，技术水平、管理方式和能力也影响资源承载力，在高的技术水平和良好的管理方式下，资源承载力也比较高。此外，资源承载力还与人类的消费水平以及贸易因素或资源的流动性有关，区域之间的资源流动和贸易往来却可大大提高某区域的人口承受力，例如，资源贫乏的日本可以立于世界经济强国之林，我国东部沿海地区一些人口稠密的省市能够成为经济增长的龙头。

第二节　自然资源的利用与保护

人类对自然资源的利用随着每一种自然物质被开发之日起就已经如火如荼地开展，但是对于自然资源的保护则是在进入工业文明时代人类尝到环境污染、生态恶化、部分自然资源退化与耗竭的苦果之后才开始的。就是由于这种原因，自然资源的受保护程度远落后于人类的利用程度。因而，尽管人们的环境保护意识不断增强、环保投入也不断增加，世界自然资源与生态系统承受的压力仍然持续剧增。人类活动已经影响到自然界的每个角落。例如，有1/3～1/2的地球表层土地被应用于农业、城市发展和其他各类商业活动；一半以上的可用地表水和大量的地下水资源已被人类使用；大约1/4的鸟类物种濒临灭绝。以这样的态势发展下去，自然资源退化和耗竭伴随严重环境污染的双重压力很可能发生，而技术的进步又不足以弥补以上两项对于人类的威胁，从而人类可能遭受毁灭性的打击。因此，人类应该充分认识到自然资源的宝贵，合理利用与保护自然资源。

一、矿产资源的利用与保护

（一）矿产资源概况

矿产资源是自然资源的重要组成部分，是人类社会经济发展的重要物质基础之一。随着生产力的不断发展和社会的不断进步，人类开发矿产资源的种类和数量、利用的深度和广度都在不断扩大。当前，世界上约95%的能源、80%以上的工业原料来自矿产资源。世界工业的高速度发展和经济的空前繁荣，在很大程度上是由矿产资源支撑，并以矿产资源的大量消耗作为代价的。人类已经警醒地认识到，存量有限、不可再生的矿产资源的大量耗竭，正严重威胁着人类社会，特别是一些矿产资源不足的国家的进步和发展。矿产资源的不可再生性和存量的有限性以及它对人类生产和生活的重要性，决定了它是国民财富中最重要、最宝贵的组成部分。

（二）中国的矿产资源

中国幅员广大，地质条件多样，矿产资源丰富，矿产171种。截至2007年初，已探明储量的有159种，其中能源矿产10种，金属矿产54种，非金属矿产92种，水气矿产3种。其中钨、锑、稀土、钼、钒和钛等的探明储量居世界首位。煤、铁、铅、锌、铜、银、汞、锡、镍、磷灰石、石棉等的储量均居世界前列。中国矿产资源分布的主要特点如下。

1. 资源总量丰富，但人均占有量少

根据《各国矿产储量潜在总值》的估算，我国矿产资源储量潜在总值为16.56万亿美元，居世界第三位，但人均矿产储量潜在总值为1.51万美元，只有世界平均水平的58%，排世界第53位，而且人均资源数量和资源生态质量仍在继续下降和恶化。如：35种重要矿产资源人均占有量只有世界人均占有量的60%，其中石油、铁矿、铝土矿分别只有世界人均占有量的11%、44%、10%。

2. 优势矿产资源多半用量不大，大宗矿产又多半储量不足

从已探明的矿种来看，储量具有优势的矿产，除了煤以外，绝大部分是用量不大的矿产，如稀土、钨、锑、钼、汞等；消耗量大的矿产，如铁、铜、铝、石油、天然气、钾盐等，储量（或可供利用的储量）大都不足。

3. 主要矿产贫矿多，难选矿多，综合矿多

截至2007年，已查明铁矿资源储量607亿吨，但其中绝大部分矿石品位较低。据2005年储量库统计，中国炼钢用铁矿石占累计查明铁矿石总量的0.46%，炼铁用铁矿石占1.91%，二者合计占2.37%；需选富铁矿石占5.39%；需选贫铁矿石占92.25%。这些贫矿的边界品位为20%～25%，平均品位在33%左右。截至2006年底，我国铜矿查明资源储量7048万吨，其中，斑岩铜矿床平均品位一般为0.5%左右，其他类型铜矿床平均品位较高，但也只有1%左右，而智利四大斑岩铜矿平均品位达到1.68%，民主刚果海相沉积（变质）岩型铜矿床平均品位达到3.96%，赞比亚海相沉积（变质）岩型铜矿床平均品位达3.06%。另外，我国矿产资源伴生、共生矿多，如有色金属矿床中有3/4属于伴生、共生矿，在国内现有的900多个铜矿产地中，单一铜较少，70%以上是综合矿床，增加了采矿、

选矿和冶炼的难度，在现有技术条件下，难以做到各种元素都充分回收。

4. 地区分布不均衡，相对集中

铁矿储量主要集中在鞍本、冀东及攀西地区，占总储量的50%，而西北很少；煤矿储量80%集中在山西、内蒙古、陕西、新疆、贵州等省（区），而东南沿海各省则很少。这种分布不均匀的状况，使一些矿产具有相当集中，虽有利于大规模开采，但也给运输带来了很大压力。

5. 大、中型矿床少，超大型的更少，中、小型矿床多

截至2003年，我国已探明的2万多个矿床，多为中小型矿床，大型矿床只有800多个，具有明显的大型矿床少、中小型矿床多的特点。我国可露天开采的煤炭储量仅占总储量的7%，而美国和澳大利亚则分别为60%和70%。

（三）中国矿产资源的利用与保护

1. 中国矿产资源利用现状

新中国成立以后，我国的矿业开发活动获得了迅速发展，已经建立起较完备的矿业体系，成为国民经济的支柱和基础产业。矿产资源的开发利用，已经达到较大规模。2008年，我国原煤产量27.93亿吨、原油1.90亿吨、天然气760.90亿立方米、铁矿石8.24亿吨、粗钢5.01亿吨、黄金282.01吨、十种有色金属2520万吨，矿产品进出口贸易总额6588亿美元。但是，我国矿产资源的开发利用长期以来走的是一条粗放经营的道路，矿产资源的开发利用虽然取得了巨大成就，但是还存在着许多急待解决的突出问题，主要表现在下列几方面。

（1）采选回收率低，资源浪费严重　由于我国管理方式和生产方式的落后，导致我国资源的采选总回收水平很低，矿产资源的回采率约为30%左右，低于世界平均水平20%，但单位产值能耗为发达国家的3～4倍，资源浪费严重。以钨矿为例，2000年全国钨矿企业平均采选综合回收率只有50.7%。

（2）综合利用水平低　我国矿床（尤其是有色金属矿床）中，大多数具有多种有益组分，但我们的综合利用水平却很低。从采矿看，多是单一开采，大量共生或伴生矿的有益组分被废弃；从选矿看，综合利用率同样偏低。根据2007年全国能源和重要矿产资源潜力分析结果，我国共伴生矿产资源综合利用率为35%左右，比国外先进水平低20个百分点。大型矿山中，几乎没有开展综合利用的矿山占43%。

（3）资源的二次利用率低　我国矿产资源二次资源的利用率，总体上仅相当于世界水平的1/4～1/3。对采矿、选矿、冶炼后的废石、废渣、废液、废气和尾矿中的有用矿物进行再次开发利用重视不够，变废为宝的工作做得不多。

（4）矿产资源的消耗高　我国人均矿产品的消费总量虽然不高，但是国民收入增长所需能源、钢铁的消费量约为发达国家的3～4倍，存在严重浪费现象。

（5）采矿秩序混乱　有些地区对矿山实行无计划超量开采，到处乱采滥挖，采大弃小，采富弃贫，采易弃难，矿山被搞得百孔千疮、支离破碎，矿产资源遭到严重破坏。许多国营大矿被无数民采矿点包围，与大矿争夺资源，进行掠夺式开采，所丢弃尾矿的品位常常比工业品位还高。

2. 中国矿产资源的保护

针对我国矿产资源开发利用中存在的问题，从实际出发，在矿产资源开发利用中应该遵循以下几项策略与措施。

① 实行开源与节流并举的方针，走“资源节约型”经济发展的道路。为了缓解日趋严峻的矿产资源形势，促进矿物能源和矿物原材料的总供给与总需求能保持基本平衡，实现可持续发展利用，应实行“两手抓”的方针，即一手抓开源、一手抓节流。

② 加强矿产资源的管理，包括健全矿产资源保护的法律、法规及其规章制度。依法保护矿上环境，执行“谁开发谁保护、谁闭坑谁复垦、谁破坏谁治理”的原则。

③ 开展矿产资源综合利用的研究，提高矿产各组分的回收率，更新矿山设备，以尽量减少尾矿，最大限度地利用矿产资源。

二、土地资源的利用与保护

（一）土地资源概况

土地是地球表面一定范围，由土壤、岩石、气候、地貌、水文等各要素相互联系、相互作用的自然综合体，包括人类过去和现在长期活动的影响。在人类生产活动中土地既是劳动对象，又是生产资料，人类所需要的大部分农产品是从土地上生产出来的。在这个意义上，土地又不是单纯的自然综合体，它经过人类的开发利用，成为一种资源。一般所说的土地资源就是指目前或可顶见的未来能够产生价值的土地。从土地资源的概念我们可以得知，土地资源其内涵首先是具有自然属性和经济属性，并具有一定的社会属性。另一方面，土地资源又由不同的自然属性和经济属性组合成为不同的综合属性，并形成了不同的综合属性区域，或者说，它们构成了具有各自环境的地区或地带，如耕地、森林、山地、沼泽等。

（二）我国的土地资源

据1987年全国土地概查汇总数字，我国土地总面积为952.31万平方公里，统计数字为960万平方公里。我国地形复杂多样，山地占33%，高原占26%，盆地占19%，丘陵占10%，平原占12%。我国的土地资源具有如下特点。

1. 绝对数量大，人均占有少

我国国土面积960万平方公里，海域面积473万平方公里。国土面积居世界第3位，但按人均占土地资源论，在面积位居世界前12位的国家中，中国居第11位。按利用类型区分的我国各类土地资源也都具有绝对数量大、人均占有量少的特点。

2. 类型复杂多样，耕地比重小

我国地形、气候十分复杂，土地类型复杂多样，为农、林、牧、副、渔多种经营和全面发展提供了有利条件。但也要看到，有些土地类型难以开发利用。例如，我国沙质荒漠、戈壁占国土总面积的12%以上，改造、利用的难度很大。而对中国农业生产至关重要的耕地，所占的比重仅13%多些。按国家土地管理局统计数，全国现有耕地面积12513万公顷，人均占有耕地仅0.11公顷左右。世界上第二人口大国的印度，耕地面积占土地面积的55.6%，人均耕地0.21公顷；美国土地总面积936.3万平方公里，耕地占20%，人均耕地0.77公顷。相比之下，我国耕地不足的问题十分突出，耕地的人口承载力已趋近临界状态。

3. 利用情况复杂，生产力地区差异明显

土地资源的开发利用是一个长期的历史过程。由于我国自然条件的复杂性和各地历史发展过程的特殊性，我国土地资源利用的情况极为复杂。例如，在广阔的东北平原上，汉民族多利用耕地种植高粱、玉米等杂粮，而朝鲜族则多种植水稻；山东的农民种植花生经验丰富，产量较高；河南、湖北的农民则种植芝麻且收益较好。在相近的自然条件下，太湖流域、珠江三角洲、四川盆地的部分地区就形成了全国性的桑蚕饲养中心等。

不同的利用方式，土地资源开发的程度也会有所不同，土地的生产力水平会有明显差别。例如，在同样的亚热带山区，经营茶园、果园、经济林木会有较高的经济效益和社会效益，而任凭林木自然生长，无计划地加以砍伐，不仅经济效益较低，而且还会使土地资源遭受破坏。

4. 分布不均，保护和开发问题突出

这里所说的分布不均，主要指两个方面：第一，具体土地资源类型分布不均。我国90%以上的耕地分布在东、南部湿润和半湿润地区；林地主要集中分布于东北和西南地区，约占全国一半以上，广大农区和牧区，特别是西北和华北地区，少林甚至无林；草地则集中分布在西、北部干旱、半干旱地区，其草地面积占全国的86%以上；内陆水域有92%分布在安徽-兰州-滕冲一线的东南部。由于农业土地资源分布不平衡，形成了东、南部与西、北部在土地利用方向上的显著差别。东、南部土地生产力高，绝大部分土地已不同程度开发，但由于人口集中，建设占地多，人多地少矛盾突出。西、北部地区人少地广，但土地面积大，开发难度高，干旱高寒土地生产力低。第二，人均占有土地资源分布不均。

（三）土地资源的利用与保护

1. 世界土地资源利用现状与问题

在最近半个世纪以来，世界人口翻了一番，全球土壤资源也受到了空前强大的压力。世界土地资源出现了土地退化广泛、水土流失严重以及土壤荒漠化等问题。1945～1990年的土壤退化使全球粮食生产降低了17%左右，而一些亚洲和中东国家得生产力下降可能超过20%。全世界水土流失面积达2500万平方千米，占全球陆地面积的10.8%，每年流失的土壤高达257亿吨，而且水土流失大多发生在重要的农业地区。在非洲，仅仅土壤流失造成的生产损失估计在8%以上。尽管1994年100多个国家签署了《国际防治荒漠化公约》，但土地退化问题非但没有缓解，反而日益严重。根据2008年联合国粮农组织的研究报告，世界许多地方的土地退化正在加剧，20%以上的耕地面积、30%的森林和10%的草原发生了退化，估计有15亿人即世界近1/4的人口受到土地退化的影响。

2. 中国土地资源的利用现状

目前，我国大陆土地为948.68万平方公里，其中已利用的636.55万平方公里，占67.1%；未利用的312.13万平方公里，占32.9%。根据2007年国土资源统计公报，在已利用的土地中，耕地总面积为121.73万平方公里，占可利用土地总面积的12.81%；园地总面积为11.81万平方公里，占可利用土地总面积的1.24%；林地面积为236.11万平方公里，占可利用土地总面积的26.84%；牧草地面积为261.86万平方公里，占可利用土地总面积的27.54%；居民点、工矿用地面积为26.64万平方公里，占可利用土地总面积的2.8%，交通运输用地面积为2.44万平方公里，占可利用土地总面积的0.26%；未利用土地面积占土地总面积的27.45%。我国的土地资源利用中存在以下问题。

（1）土地利用率和生产力水平低　从目前土地总的利用情况看，用于农林牧的土地低于世界平均水平，耕地垦殖率少于世界平均数，更少于亚洲平均数。

（2）土地利用结构有待调整　存在农作物结构不合理、城市人均用地不平衡等情况。

（3）土地利用不合理，土地质量退化、损毁严重　如盲目毁林、毁草，陡坡开荒，使植被遭到破坏，水土流失加剧；耕地质量不断退化；人为的滥樵、滥垦、滥牧、破坏天然植被，造成土地风蚀沙化；毁林滥垦、过量采伐、重采轻造，导致林地面积减少、木材蓄积量降低等。

我国水土流失和土地沙化严重，使部分土地向不可利用土地转化。新中国成立初期我国水土流失面积约150万平方公里，占国土面积的1/6，主要分布在黄土高原、南方丘陵山区和东北黑土地区，以西北黄土高原区最为严重。几十年来，我国水土保持工作取得了一定的成绩，相继治理了46万平方公里。但是由于人口迅速增加，对土地的开发日趋扩大，边治理、边破坏和破坏大于治理的现象时有发生，以致有些地区水土流失又有新的发展。据统计近年来水土流失总面积一直在130万平方公里左右徘徊。水土流失和土地沙化，使可利用的土地遭到破坏，甚至完全丧失生产能力，更加剧了我国土地资源不足的矛盾。

3. 中国土地资源的保护

必须根据我国土地资源特点以及开发利用中出现的问题，制定积极的政策和办法，对我国的土地资源进行有效的保护。主要的措施有以下几个方面。

(1) 强化土地管理　通过健全法制、建立科学的管理体制入手，切实加强土地管理。

(2) 切实保护耕地　目前，我国的人均耕地面积仅 $0.11hm^2$，不及世界人均耕地的1/2，而且后备耕地资源又极为贫乏，要解决人民的吃饭问题，只能依靠我国自己。因此，必须严格控制城市用地和切实保护耕地。

(3) 积极防治水土流失和土地沙化　我国的水土流失治理无论从科学技术还是实践行动方面都有长足的进步。但是，目前的水土流失面积不仅没有减少，反而更加扩大，特别是长江流域及其以南地区，可能成为新的、更为严重的水土流失区，必须引起高度重视。

(4) 认真防治土地污染　严格控制和积极治理工业及城市的“三废”，解决污染源的问题；严格按照国家规定的标准，实行科学的污水灌溉；合理使用化肥和农药，推广高效、低毒、低残留量农药，推广生物防治和综合防治病虫害的措施，提倡使用农家肥和科学施肥。

三、水资源的利用与保护

(一) 水资源概况

水资源是指地球表层可供人类利用的水，包括水量（水质）、水域和水能资源，一般指每年可更新的水量资源。通常所说的水资源主要是指逐年可以得到更新的可以利用的淡水量，它是一种动态资源。

水是自然界的重要组成物质，是环境中最活跃的要素。它不停地运动着，积极参与自然环境中一系列物理的、化学的和生物的作用过程，在改造自然的同时，也不断地改造自身的物理化学与生物学特性。由此表现出水作为地球上重要的自然资源所独有的性质特征。

(1) 资源的循环性　水资源与其他固体资源的本质区别在于其所具有的流动性，它是在循环中形成的一种动态资源，具有循环性。

(2) 储量的有限性　水资源处在不断的消耗和补充过程中，具有恢复性强的特征。但实际上全球淡水资源的储量是十分有限的，全球的淡水资源仅占全球总水量的2.5%，大部分储存在极地冰帽和冰川中，真正能够被人类直接利用的淡水资源仅占全球总水量0.8%。水资源在自然界中具有一定的时间和空间分布，时空分布的不均匀性是水资源的又一特性。

(3) 利用的多样性　水资源是被人类在生产和生活活动中广泛利用的资源，不仅广泛应用于农业、工业和生活，还用于发电、水运、水产、旅游和环境改造等。

(二) 世界的水资源

地球表面面积为 $5.1\times10^8 km^2$，水圈内全部水体总储量达 $13.86\times10^8 km^2$，海洋面积为 $3.61\times10^8 km^2$，陆地面积为 $1.49\times10^8 km^2$，占地球总表面积的29.2%，水量仅为 $0.48\times10^8 km^2$，

占地球水储量的3.5%，其中淡水量仅为$0.35\times10^8km^2$，淡水中的$0.24\times10^8km^2$分布于冰川、多年积雪、两极和多年冰土中，在现有的经济技术条件下很难被人类所利用，人类所能够利用的只有$0.1\times10^8km^2$。世界上水资源最丰富的大洲是南美洲，其中尤以赤道地区水资源最为丰富。水资源较为缺乏的地区是中亚南部、阿富汗、阿拉伯和撒哈拉。从总的水储量和循环量来看，地球上的水资源是丰富的，如能妥善保护与利用，则可以供200亿人的使用。

（三）中国的水资源

全国水资源总量为28124亿立方米，中国人均径流量为$2200m^3$。各大河的流域中，以珠江流域人均水资源最多，人均径流量约$4000m^3$。长江流域稍高于全国平均数，约为2300～$2500m^3$。海滦河流域是全国水资源最紧张的地区，人均径流量不足$250m^3$。河川径流总量居世界第六位，仅次于巴西、俄罗斯、加拿大、美国和印尼。中国水能资源蕴藏量达6.8亿千瓦，居世界第一位，全国水能蕴藏量在1万千瓦以上的河流有3019条。70%分布在西南四省、市和西藏自治区，其中以长江水系为最多，其次为雅鲁藏布江水系，黄河水系和珠江水系也有较大的水能蕴藏量。我国江河湖泊众多，流域面积在$1000km^2$以上的河流约有1500多条，面积在$1km^2$以上的湖泊有2300多个，总面积$71787km^2$，占全国总面积的0.8%左右。我国冰川资源丰富，是冰川资源最为丰富的国家之一，共有冰川43000余条，总面积$589700km^2$，占亚洲冰川总量的一半以上。我国的水资源具有以下特点。

1. 全国的水资源总量不少，但人均占有量和亩均占有量低

我国水资源总量居世界第六位，但由于我国人口众多、耕地面积也较多，人均占有量仅为世界人均占有量的1/4，是加拿大的1/50，巴西的1/15。日本河川径流量仅为我国的1/5，但人均占有量却将近我国的2倍。

2. 水资源量的年内分配集中，年际变化大

我国受季风的影响，大部分地区的降水在年内和年际之间有很大的变化。全年降水主要集中在下半年，而且降水量越少的地区和季节，降水量年际变化也越大。水资源的年内分配集中和年际变化大的特点，直接影响着对水资源的开发利用。

3. 水资源地区分布不均

中国水资源的分布情况是南多北少，而耕地的分布却是南少北多，水、土资源的组合与经济建设和发展不相适应。长江及其以南地区的总面积和耕地分别占全国总数的36%左右，人口占54.4%，水资源量占81%；淮河及其以北地区的总面积和耕地各占全国总数的64%左右，人口占45.6%，而水资源仅占19%。水、土资源配合欠佳的状况，进一步加剧了中国北方地区缺水的程度。

4. 大强度降雨引起的水土流失，加剧了河道的淤积，严重威胁防洪安全

全国平均每年进入河道的泥沙在35亿吨左右，其中的60%是分布在输沙模数大于$1000t/km^2$的62.5万平方公里的范围内。

（四）水资源的利用与保护

1. 全球水资源利用状况

1980年的统计结果表明，全球水资源的利用量总体上为$0.324\times10^4km^3$，其中69%用于农业，23%用于工业，8%为居民用水。在近几十年里，用水量每年递增4%～8%，发展中国家增加幅度最大，而工业化国家的用水状况趋于稳定。2006年中国总用水量5795亿立方米，其中生活用水占12.0%，工业用水占23.2%，农业用水占63.2%，生态与环境补水

（仅包括人为措施供给的城镇环境用水和部分河湖、湿地补水）占1.6%。根据联合国教科文组织2009年的《世界水资源开发报告》，在过去50年里，全球淡水抽取量增加了3倍，地下水用量占总用水量的20%，并且还在迅速增长，干旱地区尤其如此，20世纪地下水的利用量增长了5倍。从全球范围看，水的供应是充足的，但水资源的分布在不同国家之间以及在同一国家内部都是很不均匀的。在某些地区，由于水的抽取量极大而资源有限，造成地表水面大幅度缩小而地下水也在以快于降雨补充的速度被大量抽取。由于自然条件、用水量猛增、水污染严重等多种原因，全球水资源面临严峻的问题。

（1）水量短缺严重，供需矛盾尖锐　随着社会需水量的大幅度增加，水资源供需矛盾日益突出，水资源量短缺现象非常严重。联合国在对世界范围内的水资源状况进行分析研究后发出警告："世界缺水将严重制约下个世纪经济发展，可能导致国家间冲突"。事实上，联合国预计如果目前的增长势头持续下去，工业用水预计2025年将会翻番，将有2/3的人口面临严重缺水的局面。如果今后十几年中在水的分配和使用方法上仍没有明显改进，全球水资源形势将极大地恶化。

（2）水源污染严重、"水质型缺水"突出　随着经济、技术和城市化的发展，排放到环境中的污水量日益增多。据统计，目前全世界每年约有420多立方千米污水排入江河湖海，污染了5500km^3的淡水，约占全球径流总量的14%以上。

2. 中国水资源利用现状

自新中国成立以来，水资源的开发利用进入了一个新的发展时期，在全国进行了大规模的水利工程建设，取得了巨大的成就，已累计建成了大中小型各类水库8万多座。总的灌溉面积已发展到7.2亿亩，生产着约占全国2/3的粮食和经济作物；各类水利设施为工农业和生活年供水5000亿立方米左右，其中农业用水占80%以上，工业、生活及环境用水约占20%；累计治理水土流失面积50余万平方公里，占全国水土流失总面积的1/3。但是由于我国水资源分布不均、用水不合理等原因，我国水资源出现了严峻的问题。

（1）多余洪水利用不够，对防洪是个潜在威胁　我国长江、黄河、海河、淮河、辽河、松花江、珠江七大江河的中下游地区面积约100万平方公里，这里集中了北京、天津、上海和全国2/3的省会等重要城市，有京广、京沪、京哈三大铁路干线穿过，居住着全国半数以上的人口，工农业产值占全国总产值的2/3，是我国政治文化的中心地区。但因地势低，地区高程一般都在当地江河洪水位之下，江河堤防防洪标准又很低，受洪涝威胁很大，是国民经济发展和社会安定的心腹之患。

（2）北方地区和沿海城市缺水问题尖锐　300个城市面临着水的短缺，100个城市面临严重缺水。每年城市缺水造成工业产值的损失达1200亿元（112亿美元）。北方地区，每年1亿亩以上的农田因缺水而影响产量。由于水资源短缺，不少城市加紧开采地下水以满足水需求，其结果是，过度开采地下水成为严重的问题，南京、太原、石家庄和西安等一系列城市都如此。在沿海城市如大连、青岛、烟台，最严重的问题是地下水枯竭，这些地方海水倒灌正在加剧。

（3）水资源综合利用不充分，降低了效益　中国河流多，水路长，有水运资源优势但没有很好地发挥。通航河道上有一批闸坝工程没有通航设施，阻断了航道，限制了运输能力；在江河湖泊间建闸筑坝，隔断了鱼类的洄游通道，江、湖水产自然资源不能相互补充；大面积的围湖造田缩小了鱼类栖息、生长的水面，破坏了水产资源，降低了淡水产量。

（4）水能资源居世界之首，但开发利用率极低　中国可能开发的水能资源居世界各国的第一位，但开发利用程度很低，与国家能源十分短缺的现实很不相称。东北和华东地区开发利用率比较高，也只有20%左右，水能资源最丰富的西南地区，开发利用程度最低，全国平均开发利用程度还不到10%。

(5) 水污染严重 2006年，全国地表水总体水质属中度污染。在国家环境监测网点实际监测的745个地表水监测断面中（其中，河流断面593个，湖库点位152个），Ⅰ～Ⅲ类、Ⅳ与Ⅴ类、劣Ⅴ类水质的断面比例分别为40%、32%和28%。据估计，我国城市的地下水一半已经被污染。每年水污染对人体健康的损害价值约417.3亿元。

3. 中国水资源的保护

(1) 改变传统观念，科学认识水资源 必须充分认识到我国水资源的有限性，尤其是人均拥有量远低于世界平均水平这一客观事实；认识到水资源不单单是一个自然资源问题，更是一个社会经济问题；同时更需认识到我国目前正处在人口和经济都在高速增长的时期，需水量必然大幅度提高这一趋势。大处着眼，小处着手，各行各业人人都树立保护水资源意识、节约用水意识、水资源可持续利用意识，建立一个节水型社会。

(2) 合理用水、节约用水，提高水的利用效率 降低工业用水，提高水的重复利用率；实行科学灌溉，减少农业用水；节约生活用水。

(3) 合理配置水资源，跨流域调水 水资源分布的不均匀性决定了跨流域调水是解决我国水资源问题的必要途径。目前，已先后完成了引黄济青、引滦入津、引滦入唐等工程，建造水库调蓄径流，合理利用地下水。

(4) 防治水污染。

四、森林资源的利用与保护

(一) 森林资源概况

森林资源是以乔木为主体，包括灌木、草被、动物、菌类等的生物群体，与土、气、水互相作用，构成独特的自然综合体，是地球上重要的自然生态系统。森林资源在保持水土、涵养水源、改善土壤、调节气候、防风固沙、保障和促进农业、牧业发展方面，以及在制造氧气、吸收二氧化碳、净化空气、减少污染、降低噪声、卫生保健、美化环境、增进人们身心健康等方面，都发挥着重大作用。因此，森林和人类的生养栖息有着极为密切的关系，是人类生存的必要条件。

据估计，在历史时期世界森林和林地面积可能达76亿公顷，覆盖率达60%以上，目前全球森林覆盖率仅为26.0%。根据世界资源研究所、联合国环境规划署、联合国开发署和世界银行统计，1996年全球森林总面积为37.91亿公顷，自1950年以来，全世界森林已损失了一半。

(二) 中国的森林资源

我国古代原是森林资源丰富的国家，由于人口的增殖，开垦农田、牧场，历史上战争频繁，森林的自然灾害，林木的滥采乱伐等原因，森林资源遭到严重的破坏，森林日益减少，荒山荒地越来越多，水旱风沙灾害和水土流失越来越严重。到中华人民共和国成立时，森林资源已经很少。目前，全国现有森林面积1.97亿公顷。我国现有的森林，主要分布在东北、西南地区，其次是华东、中南地区。森林植物带，由北向南，分别为寒温带针叶林、温带针叶林与落叶阔叶混交林、暖温带落叶阔叶林、亚热带常绿与阔叶混交林、亚热带常绿阔叶林、热带季雨林和热带雨林。全国木本植物有8000多种，其中乔木2800多种，大多为优良用材和特用经济树种。我国森林资源主要具有以下特点。

1. 森林资源少

我国的森林资源，从总量讲数量还不少，而按人口平均拥有量和与世界多数国家相比，资源是贫乏的，是少林国家。根据世界粮农组织统计结果，2005 年全世界森林面积为 39.5 亿公顷，而我国森林面积 1.97 亿公顷，人均 0.15 公顷，仅占世界人均的 1/4。

2. 森林分布不均

我国现有的森林，分布很不均匀，集中于东北、西南、南方的部分地区，其他地区则很少。

3. 森林资源结构不合理

我国森林资源结构的不合理，存在于几个方面：在林种结构上，因过去对经营森林的目的偏重于用材，所以林种中的用材林所占比例过多，防护林、薪炭林的比例过少，这样不利于发挥森林的多种效益。在林龄结构上，由于长期大量采伐成熟林，而对后续的中龄林和幼龄林培育跟不上，林龄结构失调。

4. 林地生产力低，经营管理粗放

我国的森林资源，从总体上看，经营管理较粗放。造林对整地、种苗的选择注意不够，造林后或天然中幼林不能及时抚育和管理粗放，大面积的森林病虫害没有得到防治，森林火灾较多，采伐不坚持标准，乱砍滥伐，不及时更新造林等，造成我国林地的生产力和许多国家相比是低下的。

（三） 森林资源的利用与保护

1. 森林资源的利用现状

联合国粮农组织（FAO）发布的关于全球森林状况的全面评估报告指出。全球的森林面积继续迅速减少。1990～2000 年的十年间，世界森林面积减少了近 8868 万公顷，而 2000～2005 年，森林面积减少了近 3659 万公顷。

根据从 1999 年开始到 2003 年结束的第六次全国森林资源清查结果，全国森林面积达到 17491 万公顷，森林覆盖率为 18.21%，活立木蓄积量达到 136.18 亿立方米，森林蓄积 124.56 亿立方米。中国森林面积占世界的 4.5%，列第 5 位，森林蓄积占世界的 3.2%，列第 6 位。截至 2005 年，我国森林面积又增至 19729 万公顷。虽然我国森林面积、蓄积不断增加，结构逐步改善，但从总体上看仍然存在经营管理粗放、林地生产力低下、森林病虫害、火灾防治手段差、森林质量下降等问题。

2. 中国森林资源的保护

(1) 提高认识，强化管理　当前，我国的森林已出现严重危机，由于森林破坏所造成的生态危机已严重危及工农业生产的发展和人民生活水平的提高，要保证我国经济社会的持续发展，就必须将保护森林资源作为重要任务，务必使全社会对保护森林、发展林业的重大战略意义和紧迫性有足够的认识，并自觉地参与具体行动。同时，还必须进一步完善有关法规，健全管理机构，严格执法，将森林资源的保护与建设真正纳入法制的轨道。

(2) 大力植树造林　大力植树造林，是改善我国森林资源状况的重要措施，也是保持水土、改善生态环境的关键举措。

(3) 加强投入，提高森林生产力　我国的林木生产目前基本上仍处于粗放经营状态。这种状况与资金投入不足、科技投入不足密切相关。在林业生产和利用上必须加大资金与科技的投入力度，实施资源化战略，以获得质的飞跃。

(4) 深化改革，调整政策 要尽快扭转我国森林资源现状，还要有全民众的积极参与。要积极适应社会市场经济发展的新形势，适时地调整生产关系。

五、生物资源的利用与保护

(一) 生物资源概况

生物资源是指生物界中对人类具有一定价值的动物、植物和微生物有机体以及由它们组成的生物群落。据估计地球上的生物约500万～1000万种。目前人类已经认识（即已经鉴定定名）的生物约210万种。生物资源属于可更新资源的范畴，它们在自然或人工的维护下可以更新、繁衍和增殖。反之，在环境条件恶化和人为破坏下也可以解体和衰亡。目前，随着人口的剧增和现代化大工业的发展，对生物资源超负荷的开发、利用和破坏，使得自然界的生物资源越来越短缺，这已成为一个全球性的问题。生物资源具有以下特点。

① 生物资源的再生性。生物资源与非生物资源的根本区别就在于生物资源可以不断自然更新和人为繁殖扩大。人类利用生物资源必须保护它们这种不断更新的生产能力，以达到长期利用的目的。

② 生物资源的系统性。生物资源以生态系统的形式存在，更确切地说以生物群落的形式存在。生物是不能单独生存的，总是形成个体、种群、群落这样三个层次的系统，也就是说生物资源具有结构上的等级性。

③ 生物资源的地域性。生物生长与活动的环境在地域上的差异，决定了生物资源分布的地域性，生物资源的地域性是人类开发自然资源的重要因素。

(二) 我国的生物资源

我国幅员广阔，地形复杂，气候多样，生长着丰富的植物资源。在东部季风区的热带雨林里，有中、南亚热带常绿阔叶林，北亚热带落叶阔叶林、常绿阔叶混交林，温带落叶阔叶林，寒温带针叶林，以及亚高山针叶林、温带森林草原等植被类型。在西北部和青藏高原地区，有干草原、半荒漠草原灌丛、干荒漠草原灌丛、高原寒漠、高山草原草甸灌丛等植被类型。我国植物种类众多，有种子植物300个科、2980个属、24600个种，其中被子植物2946属（占世界被子植物总属的23.6%），比较古老的植物，约占世界总属的62%。有些植物，如水杉、银杏等，世界上其他地区已经绝灭，都是残存于中国的“活化石”，种子植物和寒、温、热三带的植物，种类比全欧洲多得多。此外，还有丰富多彩的栽培植物。从用途来说，有用材林木1000多种，药用植物4000多种，果品植物300多种，纤维植物500多种，淀粉植物300多种，油脂植物600多种，蔬菜植物也不下80种，成为世界上植物资源最丰富的国家之一。

我国也是世界上动物资源最为丰富的国家之一。据统计，全国陆栖脊椎动物约有2070种，占世界陆栖脊椎动物的9.8%，其中鸟类1170多种、兽类400多种、两栖类184种，分别占世界同类动物的13.5%、11.3%和7.3%。在西起喜马拉雅山-横断山北部-秦岭山脉-伏牛山-淮河与长江一线以北地区，以温带、寒温带动物群为主，线以南地区以热带性动物为主，属东洋界。其实，由于东部地区地势平坦，西部横断山脉南北走向，两界动物相互渗透混杂的现象比较明显。

(三) 生物多样性的保护

1. 生物多样性

保护生物资源的最重要一个方面就是生物多样性的保护。生物多样性是指一定范围内多种多样活的有机体有规律地结合所构成稳定的生态综合体，这种多样性包括动物、植物、微生物的物种多样性，物种的遗传与变异的多样性及生态系统的多样性，其中，物种的多样性是生物多样性的关键，它既体现了生物之间及环境之间的复杂关系，又体现了生物资源的丰富性。我们目前已经知道大约有200万种生物，这些形形色色的生物物种就构成了生物物种的多样性；生物多样性是生物及其与环境形成的生态复合体以及与此相关的各种生态过程的总和，由遗传（基因）多样性、物种多样性和生态系统多样性等部分组成。遗传（基因）多样性是指生物体内决定性状的遗传因子及其组合的多样性；物种多样性是生物多样性在物种上的表现形式，可分为区域物种多样性和群落物种（生态）多样性；生态系统多样性是指生物圈内生境、生物群落和生态过程的多样性。遗传（基因）多样性和物种多样性是生物多样性研究的基础，生态系统多样性是生物多样性研究的重点。我国生物多样性面临的主要问题如下。

(1) 生态系统遭到破坏　中国的原始森林长期受到乱砍滥伐、毁林开荒及森林火灾与病虫害破坏，原始林每年减少0.5万平方公里；草原由于超载过牧、毁草开荒及鼠害等影响，退化面积为87万平方公里；土地受水力侵蚀、风力侵蚀面积已达367万平方公里。

(2) 物种受威胁和灭绝严重　中国动植物种类中已有15%～20%受到威胁，高于世界10%～15%的水平；在《濒危野生动植物种国际贸易公约》附录Ⅰ所列640个种中，中国占156个。

(3) 遗传种质资源受威胁、缩小或消失　外来品种的引进和单纯追求高产，也使许多古老、土著品种遭受排挤而逐步减少甚至灭绝。

2. 生物多样性的保护

我国生物多样性的保护工作主要通过以下方式开展。

① 通过建立和完善生物多样性保护的法律体系、制定生物多样性保护的战略和计划、制定“中国实施《生物多样性公约》国家行动方案”、制定中国生物多样性保护的规范和标准等方式加强生物多样性保护的管理工作。

② 通过建立和完善中国生物多样性保护的监测网络、建立中国生物多样性保护的国家信息系统等方式开展生物多样性保护的监测和信息系统建设。

③ 加入世界上有关生物多样性保护的几个主要公约、与国际组织合作等方式积极开展生物多样性保护的国际与区域合作。

④ 进行生物多样性保护与可持续利用的科学研究活动。如开展生物区系的调查和研究；查明我国生物区系的组成和地理分布及其演变规律，进一步摸清物种资源的基本状况；调查我国珍稀濒危物种的现状、生境、分布、数量及其变化趋势和濒危原因，并进行系统研究；生物物种就地保护技术、迁地保护技术；评价生物技术对生物多样性保护的正负作用或风险等。

⑤ 开展多种形式的生物多样性保护与利用方面的示范工程建设。

⑥ 利用广播、影视、报刊等宣传媒介，进行普法和科普教育，提高全民生物多样性保护意识。

六、海洋资源的利用与保护

（一）海洋资源的概况

海洋资源是指海洋生物、能源、矿产及化学等资源的总称。海洋生物资源以鱼虾为主，在环境保护和提供人类食物方面，具有极其重要的作用。海洋能源包括海底石油、天然气、潮汐能、波浪能以及海流发电、海水温差发电等，远景发展尚包括海水中铀和重水的能源开发。海洋矿产资源包括海底的锰结核及海岸带的重砂矿中的钛、锆等。海洋化学资源包括从海水中提取淡水和各种化学元素以及盐等。

海洋占地球表面积的70.8%，这样海洋资源作为人类生命系统的巨大支柱，对于人类的生存和发展，有着极其重要的价值和作用。海洋资源的开发较之陆地复杂，技术要求高，投资亦较大，但有些资源的数量却较之陆地多几十倍甚至几千倍。因此，在人类资源的消耗量愈来愈大，而许多陆地资源的储量日益减少的情况下，不少专家认为，人类未来的希望在海洋，开发海洋资源具有很高的经济价值和战略意义。由于以上原因，拥有海洋的国家无不把海洋利益的占有和海洋的开发列为国家发展战略的基本内容，并且十分重视海洋资源的管理。

（二）中国的海洋资源

我国有18000余公里的大陆海岸线，属于我国管辖的海域面积约300万平方公里，接近陆地领土面积的1/3，其中与领土有同等法律地位的领海面积为38万平方公里。在我国的海域中，面积在500m^{2}以上的岛屿7372个，大陆架面积居世界第五位。在这广阔的领域内，拥有丰富的滩涂、旅游资源、海洋生物、石油天然气、矿物资源、海水化学资源、海洋可再生能源，是我国一个潜力巨大、亟待进一步开发的领域。我国油气资源沉积盆地约70万平方公里，石油资源量估计为240亿吨左右，天然气资源量估计为14万亿立方米，还有大量的天然气水合物资源，即最有希望在21世纪成为油气替代能源的“可燃冰”。我国管辖海域内有海洋渔场280万平方公里，20m以内浅海面积2.4亿亩，海水可养殖面积260万公顷，已经养殖的面积71万公顷。浅海滩涂可养殖面积242万公顷，已经养殖的面积55万公顷。我国已经在国际海底区域获得7.5万平方公里多金属结核矿区，多金属结核储量5亿多吨。

（三）中国海洋资源的利用与保护

1. 中国海洋资源的利用

近几十年来，我国海洋资源开发利用取得显著成绩，已建立的各类海洋产业，在国民经济中占有一定的比重。目前，我国海洋资源开发利用程度虽然仍处于较低水平，但是近海生物资源开发强度较大，在一定程度上破坏了资源的再生过程，出现资源衰减趋势；有些地区对海岸带的开发利用不当，造成资源破坏，也给环境生态带来不利影响。我国海洋资源利用过程中出现了以下问题。

① 全国海域资源开发未建立在科学的功能区划分基础上，使部分海域利用不尽合理，降低了海域的功能价值和综合效益。海洋的各个部分，由于所处的具体的地理位置、自然条件、资源与环境状况的不同，势必具有不同的自然属性，对人类社会所表现的功能也是不一样的。对海洋的开发，原则上应该选择它的优势方面，选择适合利用的对象，才能取得最佳的实践结果，否则就达不到预期目的，而且会引发一系列的不良后果。

② 海洋生物资源开发强度过大，损害了资源的再生产过程，致使渔业资源呈衰减趋势。中国海域，特别是近海和重要的高生产力海域，由于资源开发和空间利用的过度和失当，造成了生态环境的恶化，生物资源衰退。生物资源结构严重失调，经济种类种群补充不足，资源量衰减。优势渔业资源更替频繁。随着资源衰退，主要经济鱼种的减少，造成的另一种后果就是捕捞目标的缩小。可捕种类由较多的种类缩小到较少的种类，从而进一步提高了捕捞

强度，现在的情况是，只要有一定数量的经济种，就会遭到集中的围捕。我国不少海洋珍稀物种，如须鲸类、海豹、海龟、玳瑁、文昌鱼等已经处于濒危状态。

③ 海岸带区空间资源开发与利用，背离自然动态规律，造成一系列灾害性破坏给自然资源与环境带来不利影响。

④ 资源开发缺乏长远安排，只顾眼前利益，短期行为比较普遍，资源浪费比较严重。在资源开发中只顾眼前利益，不注意全局利益的行为比较普遍，表现最突出的是海洋捕捞。

⑤ 海洋资源的调查、勘探和研究与海洋开发利用之间尚有一定差距，跟不上开发事业发展的需要。

2. 中国海洋资源的保护

管理和开发海洋，是我国社会主义现代化建设进程中一项非常重大的任务。中国海洋资源的保护主要应该遵循以下几点。

① 增强海洋意识，转变海洋观念。大力开展宣传、教育，使每一个人都了解、关心我国还拥有一片广阔的蓝色的海洋“国土”，制定并实施国家的海洋推进战略。

② 扩大、深化中国海洋资源调查、勘探和评价，开展海洋功能区划，以区划实施开发和保护。

③ 加强海洋法制建设，维护海洋资源开发秩序，维护国家海洋资源权益。建立我国海洋资源法律体系，加强海洋资源立法调研、立法预测工作，加速海洋资源立法，加强海洋法律法规的实施。

④ 节制海洋资源开发利用强度，大力保护海洋资源与环境。控制近海渔业捕捞强度，大力保护海洋资源和环境。

⑤ 预防、减轻海洋灾害。开展全国海洋人为灾害调研和评价，制定防止和减轻海洋灾害的政策和规划，进行灾害治理。

七、气候资源的利用与保护

（一）气候资源的概况

气候资源是一个新的科学概念，约形成于20世纪70年代。它是指有利于人类经济活动的气候条件，是自然资源的一部分，包括太阳辐射、热量、水分、空气、风能等，是一种取之不尽又不可替代的资源。主要是指农业气候资源和气候能源。气候资源与其他资源不同，不能进入市场交易。在各种自然资源中，气候资源最容易发生变化，且变化最为剧烈。有利的气候条件是自然生产力，是资源；不利的气候条件则破坏生产力，是灾害。利用恰当，气候资源可取之不尽，但在时空分布上具有不均匀性和不可取代性，故对一地的气候资源要从实际出发，正确评价，才能得到合理的开发利用。

气候资源对人类生活影响巨大，人们生活在大气层的底部，大气中的四季嬗变、风霜雨雪都对人体产生各种影响，以至引起疾病。现在许多城市的气象部门开展了人体舒适度、中暑指数等医学气象预报。另外，恰当利用气候条件也能防病治病，如气候疗养、日光浴、空气浴、冷水浴等防病治病的方式已被越来越多的人接受。人类经过较好的日照，不仅可以杀毒灭菌、减少疾病，还可以帮助对钙等微量元素的吸收，提高体质。此外，人们合理地利用气候资源开展体育运动，在适宜的气候条件下举办大型体育运动会。

（二）中国的气候资源与利用

我国的气候资源具有以下特点。

（1）纬度地带性强，南北变化大　我国南起北纬4°15′的曾母暗沙、北至北纬53°31′的黑龙江漠河附近江心，南北跨纬度49°16′，相距约5500km。

（2）经度地带性强，东西变化大　我国东西跨经度62°。距海最远达5000余公里，由东向西地势均呈升高趋势。

（3）垂直地带性强，高度变化大　我国是一个多山的国家，在960万平方公里的国土面积上，山地丘陵占43%，高原占26%。地形复杂、地势高差悬殊，世界最高峰——珠穆朗玛峰海拔8848m，而吐鲁番盆地的艾丁湖低于海平面155m。

（4）时间分布不均，年内、年际变化大　为了充分而合理地利用气候资源，必须根据各地区气候资源的特点和变化趋势，避免和克服不利气候条件。因地制宜，适当集中地进行农业气候区划，合理调整大农业结构，建立各类生产基地，确定适宜的种植制度，调整作物布局以及各级农业气候区农林牧业发展方向和农业技术措施等。

第七章　能源与环境

第一节　概　述

一、能源分类

能源是指能为人类提供可利用能量的各种资源。能源是发展农业、工业、国防、科学技术和提高人民生活水平的重要物质基础。能源利用的广度和深度是衡量一个国家的生产力水平的主要标志之一。随着经济的发展，能源的供应和燃料消耗量会愈来愈多，必然会对环境质量产生极大的影响。

能源资源是指已探明或估计的自然赋存的富集能源。已探明或估计可经济开采的能源资源称为能源储量。各种可利用的能源资源包括煤炭、石油、天然气、水能、风能、核能、太阳能、地热能、海洋能、生物质能等。

能源按其来源可分为四类：第一类是来自地球以外与太阳能有关的能源；第二类是与地球内部的热能有关的能源；第三类是与核反应有关的能源；第四类是与地球-月球-太阳相互联系有关的能源。按能源的生成方式，一般可分为一次能源和二次能源。一次能源是直接利用的自然界的能源；二次能源是将自然界提供的直接能源加工以后所得到的能源。一次能源中又分为可再生能源和非再生能源。可再生能源是指不需要经过人工方法再生就能够重复取得的能源。非再生能源有两重含义：一重含义是指消耗后短期内不能再生的能源，如煤、石油和天然气等；另一重含义是除非用人工方法再生，否则消耗后就不能再生的能源，如原子能。

能源的具体分类详见图 7-1。

- 能源
  - 一次能源
    - 常规能源
      - 可再生能源：水力
      - 不可再生能源：煤、石油、天然气、核裂变燃料
    - 新能源
      - 可再生能源：太阳能、生物能、风能、潮汐能、低热能
      - 不可再生能源：核聚变能
  - 二次能源：火电、焦炭、煤气、沼气、蒸汽、热水、汽油、柴油、重油等，石油制品，水电

图 7-1　能源分类

二、我国能源资源特点

能源资源是能源发展的基础。新中国成立以来，不断加大能源资源勘查力度，组织开展了多次资源评价。中国能源资源有以下特点。

(1) 能源资源总量比较丰富　中国拥有较为丰富的化石能源资源，其中，煤炭占主导地位。2006 年，煤炭保有资源量 10345 亿吨，剩余探明可采储量约占世界的 13%，列世界第三位。已探明的石油、天然气资源储量相对不足，油页岩、煤层气等非常规化石能源储量潜力较大。中国拥有较为丰富的可再生能源资源，水力资源理论蕴藏量折合年发电量为 6.19

万亿千瓦时，经济可开发年发电量约1.76万亿千瓦时，相当于世界水力资源量的12%，列世界首位。

（2）人均能源资源拥有量较低　中国人口众多，人均能源资源拥有量在世界上处于较低水平。煤炭和水力资源人均拥有量相当于世界平均水平的50%，石油、天然气人均资源量仅为世界平均水平的1/15左右。耕地资源不足世界人均水平的30%，制约了生物质能源的开发。

（3）能源资源赋存分布不均衡　中国能源资源分布广泛但不均衡。煤炭资源主要赋存在华北、西北地区，水力资源主要分布在西南地区，石油、天然气资源主要赋存在东、中、西部地区和海域。中国主要的能源消费地区集中在东南沿海经济发达地区，资源赋存与能源消费地域存在明显差别。大规模、长距离的北煤南运、北油南运、西气东输、西电东送，是中国能源流向的显著特征和能源运输的基本格局。

（4）能源资源开发难度较大　与世界相比，中国煤炭资源地质开采条件较差，大部分储量需要井下开采，极少量可供露天开采。石油天然气资源地质条件复杂，埋藏深，勘探开发技术要求较高。未开发的水力资源多集中在西南部的高山深谷，远离负荷中心，开发难度和成本较大。非常规能源资源勘探程度低，经济性较差，缺乏竞争力。

第二节　世界能源消费现状和趋势

一、世界能源消费现状

（一）受经济发展和人口增长的影响，世界一次能源消费量不断增加

随着世界经济规模的不断增大，世界能源消费量持续增长。1990年世界国内生产总值为26.5万亿美元（按1995年不变价格计算），2000年达到34.3万亿美元，年均增长2.7%。根据《2007年BP能源统计》，1973年世界一次能源消费量仅为57.3亿吨油当量，2007年已达到11.10亿吨油当量。过去30年来，世界能源消费量年均增长率为1.8%左右。

（二）世界能源消费呈现不同的增长模式，发达国家增长速率明显低于发展中国家

过去30年来，北美、中南美洲、欧洲、中东、非洲及亚太六大地区的能源消费总量均有所增加，但是经济、科技与社会比较发达的北美洲和欧洲两大地区的增长速度非常缓慢，其消费量占世界总消费量的比例也逐年下降，北美由1973年的35.1%下降到2007年的25.6%，欧洲地区则由1973年的42.8%下降到2007年的26.9%。OECD（经济合作与发展组织）成员国能源消费占世界的比例由1973年的68.0%下降到2007年的50.2%。其主要原因，一是发达国家的经济发展已进入到后工业化阶段，经济向低能耗、高产出的产业结构发展，高能耗的制造业逐步转向发展中国家；二是发达国家高度重视节能与提高能源使用效率。

（三）世界能源消费结构趋向优质化，但地区差异仍然很大

自19世纪70年代的产业革命以来，化石燃料的消费量急剧增长。初期主要是以煤炭为主，进入20世纪以后，特别是第二次世界大战以来，石油和天然气的生产与消费持续上升，石油于20世纪60年代首次超过煤炭，跃居一次能源的主导地位。虽然20世纪70年代世界经历了两次石油危机，但世界石油消费量却没有丝毫减少的趋势。此后，石油、煤炭所占比例缓慢下降，天然气的比例上升。同时，核能、风能、水力、地热等其他形式的新能源逐渐被开发和利用，形成了目前以化石燃料为主和可再生能源、新能源并存的能源结构格局。到

2007年年底，化石能源仍是世界的主要能源，在世界一次能源供应中约占89.8%，其中，石油占35.6%、煤炭占28.6%、天然气占25.6%。非化石能源和可再生能源虽然增长很快，但仍保持较低的比例，约为12.3%。

由于中东地区油气资源最为丰富、开采成本极低，故中东能源消费的97%左右为石油和天然气，该比例明显高于世界平均水平，居世界之首。在亚太地区，中国、印度等国家煤炭资源丰富，煤炭在能源消费结构中所占比例相对较高，其中我国能源结构中煤炭所占比例高达68%左右，故在亚太地区的能源结构中，石油和天然气的比例偏低（约为47%），明显低于世界平均水平。除亚太地区以外，其他地区石油、天然气所占比例均高于60%。

（四）世界能源资源仍比较丰富，但能源贸易及运输压力增大

根据《2008年BP世界能源统计》，截止到2007年底，全世界剩余石油探明可采储量为12379亿桶，其中，中东地区占61%，北美洲占5.6%，中，南美洲占9%，欧洲占11.6%，非洲占9.5%，亚太地区占3.3%。2007年全球石油消费增长1.1%，而全球石油产量下降了0.2%。

作为全球能源市场日趋重要的一个组成部分，目前我国的能源消费已占世界能源消费总量的13.6%，世界能源消费将越来越向中国和亚太地区聚集。据预测，目前我国主要能源煤炭、石油和天然气的储采比分别为约80、15和近50，大致为全球平均水平的50%、40%和70%左右，均高于全球化石能源枯竭速度。未来5～10年，我国煤炭国内生产量基本能够满足国内消费量，原油和天然气的生产则不能满足需求，特别是原油的缺口最大。注重能源资源的节约，提高能源利用效率，加快可再生能源的开发利用，对于中国来说既重要又迫切。

二、世界可再生能源发展趋势

世界大部分国家能源供应不足，各国努力寻求稳定充足的能源供应，都对发展能源的战略决策给予了极大的重视，其中可再生能源的开发与利用尤为引人注目。化石能源的利用会产生温室效应、污染环境等，这一系列问题都使可再生能源在全球范围内升温。从目前世界各国既定能源战略来看，大规模地开发利用可再生能源，已成为未来各国能源战略的重要组成部分。

自20世纪90年代以来可再生能源发展很快，世界上许多国家都把可再生能源作为能源政策的基础。从世界可再生能源的利用与发展趋势看，风能、太阳能和生物质能发展最快，产业前景最好，其开发利用增长率远高于常规能源。风力发电技术成本最接近于常规能源，因而也成为产业化发展最快的清洁能源技术，风电是世界上增长最快的能源，年增长率达27%。

国际能源署的研究资料表明，在大力鼓励可再生能源进入能源市场的条件下，到2020年新的可再生能源（不包括传统生物质能和水电）将占全球能源消费的20%，可再生能源在能源消费中总的比例将达30%，无论从能源安全还是环境要求来看，可再生能源将成为新能源的战略选择。

三、世界部分国家可再生能源发展目标

2004年，美国、德国、英国和法国可再生能源发电占总发电量的比重分别为1%、8%、4.3%和6.8%；到2010年将分别达到7.5%、20.5%、10%和22%；到2020年将都提高到20%以上；到2050年，德国和法国可再生能源发电将达到50%。韩国可再生能源消费比重

将由2004年的2.1%提高到2010年的5%。日本和中国的可再生能源消费比重将由2004年的3%和7.5%提高到2010年的10%左右，2020年分别达到20%和15%。

四、世界部分国家可再生能源利用进展

美国正在加大可再生能源研发和利用力度，2005年美国能源部能源研发总投资7.66亿美元，其中可再生能源研发投资占了42%。美国制定了庞大的太阳能发电计划，克林顿政府出台的"百万屋顶计划"将在1997年到2010年，安装总容量达4.6亿兆瓦的光伏发电系统。

德国新的《可再生能源法》，为投资可再生能源提供了可靠的法律保障。德国制定了《未来投资计划》以促进可再生能源的开发，迄今投入研发经费17.4亿欧元。2004年，德国可再生能源发电量占总发电量的8%，年销售额达100亿欧元。风力发电占可再生能源发电量的54%，太阳能供热器总面积突破600万平方米。

法国推出了生物能源发展计划，2007年之前将生物燃料的产量提高3倍，使其成为欧洲生物燃料生产第一大国。具体内容是建设4个生物能源工厂，年均生产能力达到20万吨，生物燃料的总产量将从目前的45万吨上升到125万吨，用于生产生物燃料的作物面积也将达到100万公顷。由于生物燃料目前成本比汽油和柴油贵2倍，法国已出台一系列优惠措施，鼓励生物燃料的生产和消费。

英国把研究海洋风能、潮汐能、波浪能等作为开发新能源的突破口，设立了5000万英镑的专项资金，重点开发海洋能源。不久前，在苏格兰奥克尼群岛的世界首座海洋能量试验场正式启动。英国第一座大型风电场一直在不断发展，目前风电装机总量已达650兆瓦，可满足44万多个家庭的电力需求，近期还将建设10座类似规模的风电场。

日本官方报告，将从2010年正式启动生物能源计划，并与美国和欧盟共同开发可再生能源，建设500个示范区，预计将投资2600亿日元，而与之有关的产品和技术将成为日本新工业战略的重要组成部分。

第三节 我国能源生产消费状况及趋势

一、我国能源生产和消费现状

（一）能源生产状况

我国能源资源丰富，地区分布较广。表7-1中给出了我国能源资源的地区分布及其构成。2007年世界一次能源消费构成见图7-2、表7-2。

表7-1 我国能源资源的地区分布及其构成（%）

地区	能源资源占全国的比重				能源构成			
	能源合计	煤炭	水力	石油、天然气	煤炭	水力	石油、天然气、油页岩	能源丰度(tce/人)
华北	43.9	64.0	1.8	14.4	98.2	1.3	0.5	2680
东北	3.8	3.1	1.8	48.3	54.6	14.2	31.2	293
华东	6.0	6.5	4.4	18.2	72.9	22.5	4.6	141
中南	5.6	3.7	9.5	2.5	44.5	51.8	3.7	142
西南	28.6	10.7	70	2.5	25.2	74.7	0.12	1218
西北	12.1	12.0	12.5	14	66.7	31.3	2.0	1216

资料来源：《大气保护与能源利用》，中国环境科学出版社，1992版。

表 7-2 世界及主要国家一次能源消费量及构成（2007）

国 家	能源消费总量/亿吨油当量	占消费量的比重/%				
		煤炭	石油	天然气	核电	水电
美国	23.61	24.3	39.9	25.2	8.1	2.4
加拿大	3.21	9.4	31.8	26.3	6.6	25.9
北美小计	28.39	21.6	40.0	25.7	7.6	5.2
巴西	2.17	6.3	44.5	9.1	1.3	38.8
委内瑞拉	0.71	0.1	37.5	35.8	0.0	26.6
中、南美小计	5.53	4.1	45.6	21.9	0.8	27.7
法国	2.55	4.7	35.8	14.8	39.1	5.6
德国	3.11	27.7	36.2	24.0	10.2	2.0
意大利	1.80	9.7	46.4	39.0	0.0	4.9
英国	2.16	18.2	36.2	38.1	6.5	1.0
俄罗斯	6.92	13.7	18.2	57.1	5.2	5.9
沙特阿拉伯	1.68	0.0	59.2	40.8	0.0	0.0
中东小计	5.74	1.1	51.1	46.9	0.0	0.9
南非	1.28	76.4	20.2	0.0	2.3	0.9
非洲小计	3.44	30.7	40.1	21.8	0.9	6.4
澳大利亚	1.22	43.6	34.6	18.6	0.0	3.1
中国	18.63	70.4	19.7	3.3	0.8	5.9
印度	4.04	51.4	31.8	9.0	1.0	6.8
日本	5.18	24.2	44.2	15.7	12.2	3.7
韩国	2.34	25.5	46.0	14.2	13.8	0.5

来源：BP 世界能源统计，2008。

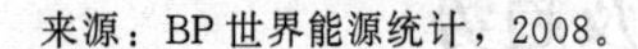

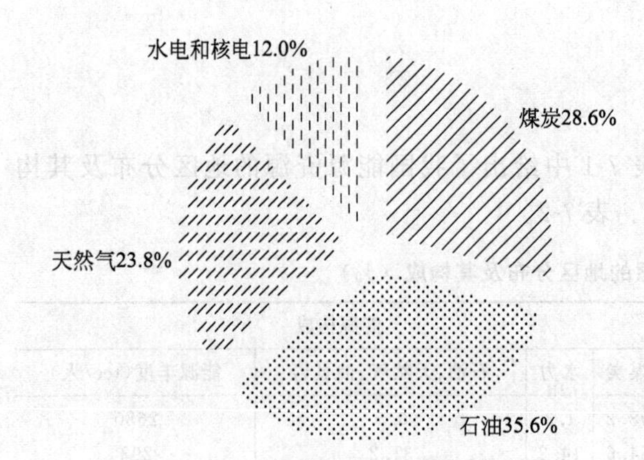

图 7-2 2007 年世界一次能源消费构成

（二）能源消费状况

煤炭始终是我国的主要能源，目前煤炭消费量占能源消费总量的 76%左右，这是我国能源消费结构不同于世界主要工业国家的特点之一，也是造成我国大气污染的主要原因之一。

我国能源消费与发达国家相比较，工业消费能源的比重是发达国家的 1.4～2.3 倍。而发达国家交通运输能源消费的比重是我国的 3.8～7.5 倍，民用生活消费能源的比重是我国的 1.6～2.5 倍，由此说明，我国交通和民用能源的消费比重小，反映了民用能源消费是低水平的。

我国工业能源消费构成中，重工业能源消费比重占 54.6%，轻工业能源消费比重占 13.9%。重工业能源消费比重过大，说明我国工业结构不尽合理，也是造成环境污染的主要原因。

二、我国能源生产和消费中面临的主要问题

（一）需求量激增，利用系数低，浪费严重

我国的能源生产和消费，近年来都有较大发展，但由于设备陈旧，技术落后，能源利用系数远低于发达国家。我国能源有效利用率仅有20%～30%，而发达国家为40%～50%。全国20万台锅炉，热效率为60%，比国外低15%～20%。1000美元产值耗能（折合标准煤）1.4t，而美国只有1.05t，我国比美国高出35%。这就造成我国目前能源生产的畸形，即能源总产量不低，而工农业总产值不高，能源供应十分紧张。

（二）农村能源匮乏，生态恶化加剧

我国农村人口多，长期能源短缺，并且非常严重。据估计，目前尚有3亿多农民缺电，许多水利设施由于缺电不能很好发挥效益。尤其是广大农村的生活用煤无法保证，全国农村每年大约需要烧掉4亿多吨薪柴和秸秆，900多万吨牛马粪，即使这样，全国农户平均缺烧约两个月，按照目前的能源供求状况，很难得到满足。这就势必使大量的秸秆和树木被砍来烧掉，使地表植被减少，水土流失加重，自然生态环境恶化。

（三）丰富的水能资源未得到充分利用

水力资源是一种清洁可再生能源，它不向大气排放二氧化碳等物质，是一种可持续发展的能源，人们不会担心它像石油等资源一样会枯竭。因此开发水力资源对我们国家能源战略来说非常重要。工业发达国家十分注重水电开发，而且世界往往把水能资源的开发程度看作是衡量一个国家发达程度的重要标志之一。

我们国家水力资源的蕴藏量占世界首位，新的统计资料显示，我们国家现在可开发的水力资源装机总容量有5亿千瓦，年发电量可达23000亿千瓦小时。但由于资金和技术水平的限制，全国目前只有1/3的水力资源得到开发，还有2/3的水力资源尚未开发。到2005年年底，我国的水电装机总容量达到了1.17亿千瓦，在整个电力装机容量里面占24%，占总发电量的18%，这个比重还有待于进一步的提高。我国水力发电仍存在较大的开发利用空间，因此，大力发展水电，是解决能源不足的一条重要途径。

（四）大量原煤直接燃烧，严重污染环境

我国的大气污染源中，燃煤是一个重要因素。每年仅燃煤就约产生1200万吨烟尘和1700万吨二氧化硫，分别占全国总污染量的60%和80%，使几乎所有城市和工业区大气中的颗粒浓度超过国家标准的几倍到几十倍。为此，必须尽快研究推广煤炭的洗选技术、燃烧技术等。从长远讲，还要研究煤的气化和液化技术，以提高利用效率，减少污染，减轻运输负担，充分发挥我国煤炭蕴藏量多的优势。

三、我国能源新形势

能源是我国崛起的动力，我国拥有世界第二大能源系统。2001～2004年，我国能源需求急剧增长，煤、电、油、气全面紧张，进口石油大幅增加。2005年，一次能源消费、产量增长大幅回落，进口石油减少1.2%。我国一次能源消费结构近年无大变化，煤炭所占比重小幅上升。终端能源消费结构明显改善，电力比重上升，煤炭比重下降，城乡居民生活用能消费结构中，燃气、电力、热力等所占比重逐年上升，人均生活用电迅速提高。

（一）能源供应

1. 能源资源

中国拥有比较丰富而多样的能源资源，但人均拥有量不足，尤其是石油。根据最新的化石燃料资源评估结果，中国石油地质资源量为1020亿吨，其中陆上783亿吨，大陆架237亿吨。天然气地质资源量47.23万亿立方米，其中陆上33.40万亿立方米，大陆架13.83万亿立方米。中国煤炭地质资源量达55700亿吨，其中1000m深度内为28600亿吨。

据《BP2005世界能源统计》数据，2004年末，中国石油剩余可采储量为23亿吨，占世界总储量的1.4%，储产比为13.4；天然气剩余可采储量为2.23万亿立方米，占世界总储量的1.2%，储产比为54.7。按照中国与国际接轨的新的《固体矿产资源储量分类》国家标准计算，中国2010年煤炭剩余可采储量为1886亿吨，储产比为96.4。

中国化石燃料人均储量不足，远低于世界平均值。2004年，中国人均石油可采储量只有1.77t，仅为世界平均值的7%；人均天然气可采储量为1716m^3，仅为世界平均值的6%；人均煤炭可采储量为145t，相当于世界平均值的94%。

2. 能源生产

2004年，中国超过俄罗斯成为世界第二大能源生产国。2005年中国一次能源产量达22.20亿吨标煤。其中煤炭产量达21.90亿吨，保持世界首位；原油产量1.81亿吨；天然气产量500亿立方米；发电量2.4747万亿千瓦时，居世界第二位。

中国煤炭产量2000～2005年增长68.6%，从12.99亿吨增至21.90亿吨，其中国有煤矿从7.33亿吨增至13.20亿吨，增长80.1%；乡镇煤矿从5.66亿吨增至8.70亿吨，增长53.7%，远远高于国有煤矿煤炭产量的增长速度。

中国原油产量从2000年的0.64亿吨增至2005年的1.81亿吨，增长10.4%；天然气产量从272.0亿立方米增至500.0亿立方米，增长83.8%；原油加工量从2.108亿吨增至2.86亿吨，增长35.7%。

中国电力工业高速发展。2000～2005年，发电装机容量从3.193亿千瓦增至5.12亿千瓦，增长60.4%；发电量从1.3556万亿千瓦时（国家电网公司统计数据）增至2.4747万亿千瓦时，增长82.6%。截至2007年年底，全国全口径发电量达到32559亿千瓦时，同比增长14.44%。其中，水电发电量4867亿千瓦时，约占全部发电量14.95%，同比增长17.61%；火电发电量26980亿千瓦时，约占全部发电量82.86%，同比增长13.82%；核电发电量626亿千瓦时，约占全部发电量1.92%，同比增长14.05%。

2004年，中国可再生能源开发利用量达4.329亿吨标煤，其中大中型水电0.74亿吨标煤，生物质能传统利用2.99亿吨标煤，新可再生能源0.599亿吨标煤。

3. 能源贸易

目前，中国是世界第三大石油进口国，2005年，中国进口石油（原油加石油制品）1.6853亿吨，出口2492万吨，净进口量为1.361亿吨。2004年，石油进口额为431.5亿美元，占进口贸易总额的7.7%；石油出口额为52.8亿美元，占出口总额的0.9%。

中国2005年出口煤炭7168万吨。2001年以来，进口煤炭大幅增加，2005年达2617万吨。

4. 海外油气合作和并购

2004年以来，中国海外油气合作步伐加快，石油企业国际化经营取得新的进展，到2005年末中国石油企业已在30多个国家开展油气合作，其中，中国石油天然气集团公司（CNPC）有58个合作项目，海外工程建设和技术服务扩展到36个国家。目前中国海外油气合作布局已基本形成4个区域：包括苏丹、阿曼、尼日利亚、阿尔及利亚、伊朗、沙特和利比亚等国的西亚北非区；以委内瑞拉为主的南美区；以印尼、马来西亚和文莱为主的东南亚地区；以哈萨克斯坦、俄罗斯为主的中亚-俄罗斯区。2005 年，中国石油天然气集团公司（CNPC）海外原油作业量达 3582 万吨，天然气作业量 40.2 亿立方米。

（二）能源消费

1. 能源消费及结构

中国是世界第二大能源消费国，2003 年和 2004 年，中国一次能源消费量连续以 15%的速率增长，这是中国改革开放以来创纪录的超高速增长。2004 年，中国一次能源消费量达 19.70 亿吨标煤，比 2000 年增长 51.2%。2004 年，中国一次能源消费量中，煤炭占 67.7%，石油占 22.7%，天然气占 2.6%，水电占 6.1%，核电占 0.9%。2005 年中国一次能源消费量为 22.247 亿吨标煤，比 2004 年增长 9.5%（2004 年消费量为修正后的数据）。

中国终端能源消费量 2003 年为 10.09 亿吨标煤，其中农业占 4.4%，工业占 58.9%，交通运输占 16.0%，建筑占 20.6%。需要说明的是，按照国际通行的能源平衡表的定义，终端能源消费是一次能源扣除能源工业自用能源以及加工、转换和输配损失后，供终端用户使用的能源量。

中国是世界最大煤炭消费国，2004 年平消费量占世界总消费量的 34.4%（按热值计算）。1990～2003 年，中国煤炭消费量从 10.55 亿吨增至 16.37 亿吨。消费结构发生明显变化，发电用煤占煤炭总消费量比重从 25.8%上升到 47.6%，炼焦用煤从 10.1%上升到 14.4%，而民用和商业用煤从 15.8%下降到 5.0%。

2001 年以来，中国石油消费高速增长，2002 年超过日本居世界第二位。2004 年突破 3 亿吨，达 3.086 亿吨，比上年增长 13.7%。2003 年，中国交通运输消耗石油制品 1.028 亿吨，其中汽油 3980 万吨，柴油 4740 万吨。

中国天然气正处在快速发展期。2005 年消费量为 339 亿立方米，比 2000 年增长 38.4%。天然气需求的增长主要是化工和民用。随着西气东输工程于 2004 年 10 月 1 日全线投产，以及沿海地区从 2005 年开始进口 LNG，发电用气大幅增加。

2. 人均能耗和单位产值能耗

2004 年，中国人均能耗为 1523kg 标煤，为世界平均值的 66.5%；人均用油 237kg，为世界平均值的 40.1%；人均发电量 1682kW・h，为世界平均值的 61.4%；人均生活用电 187kW・h，约为美国的 4.3%。中国单位产值能耗远高于世界平均水平，按官方汇率计，2002 年中国单位产值能耗为日本的 9.3 倍，OECD 的 4.5 倍，世界平均值的 3.2 倍。按购买力平价计，则中国仅比日本高 15%，甚至比美国低 22%。2002 年中国汇率法单位产值能耗比非 OECD 国家的平均值高 50%左右。

四、我国能源展望

从 1990 年代初开始，中国经济的发展进入新一轮重化工业阶段，重工业占工业总产值的比重，从 1990 年的 50.6%上升到 2004 年的 66.5%，重工业的单位产值能耗约为轻工业的 4 倍。城市化步伐加快和消费结构升级，促使住房、汽车、家用电器等终端消费需求大幅增长。目前，城市人均能耗为农村的 3.5 倍。据建设部预测，2000～2020 年，将是中国建筑业的鼎盛期，全国建筑面积将从 353 亿平方米增至 700 亿平方米。据交通部预测，中国民用汽车保有量将从 2004 年的 2820 万辆增至 2020 年的 1.4 亿辆，这必将拉动钢材、建材、化工等能源密集行业的快速发展，而且很可能持续到 2020 年。据中国钢铁工业协会钢材市场需求预测，2002年，全国钢材消费量为1.96亿吨，建筑业钢材消费量达1.05亿吨，占总消费量的53.7%，2010年将增至1.66亿吨；2002年汽车生产（包括农用车）用钢量为1130万吨，占钢材总消费量的5.8%，2010年将增至2000万吨。

另一方面，中国生产大量耗能产品和设备。例如，中国生产全球1/3的电脑和电冰箱，1/2的服装、数码相机和DVD，60%的空调器、复印机和微波炉，80%的自整流荧光灯。国内和国际市场的巨大需求，拉动高耗能产品产量的急剧增长。2003年，中国消耗世界32%的煤，26%的钢，25%的铜和氧化铝，40%的水泥。展望未来，由于城市化和消费结构升级将持续较长时间，预计到2020年，高耗能产品产量仍将大幅增长，因此，能源需求的大幅增长是不可避免的。据国家发展和改革委员会能源研究所、中国工程院、中国煤炭工业发展研究中心、中国煤炭工业协会、国家电网公司等多方研究预测，2020年中国一次能源需求达32.55亿～37.10亿吨标准煤，其中煤炭27亿～29亿吨，石油4.80亿～6.10亿吨，天然气1800亿～2200亿立方米，水电2.40亿～3.0亿千瓦，核电3600万～4000万千瓦，非水电可再生能源0.90亿～1.00亿吨标准煤。

第四节 新能源开发利用

当代社会最广泛使用的能源是煤炭、石油、天然气和水力，特别是石油和天然气的消费量增长迅速，但是石油、天然气的储量是有限的。许多专家预言，石油和天然气的资源将在30年，最多50年内耗尽。煤炭的资源虽然远比石油和天然气的资源多，但直接应用煤炭，如前所述严重污染环境，还亟需研究解决把它转化为气体或液体燃料的问题。看来，人类如不及早采取对策，在不远的将来会面临一场全面的能源危机。

为了保证大规模的能源供应不至中断，目前世界各国都在制订规划、采取措施、组织力量、增加投资，大力开发利用太阳能、风能、生物能、地热能、海洋能以及核聚变能等新能源技术，力图在不太长的时间里，由目前的常规能源系统逐步地过渡到持久的、多样的、可以再生的新能源系统上来。

在目前，新能源的开发利用在满足广大农村和偏僻的草原、海岛、高山、沙漠等地少量分散的需要上起了一定作用。

新能源的利用还可以满足一些特殊需要。如太阳能电池在空间科学上的应用，自20世纪60年代开始，太阳能电池在各式各样的人造卫星、宇宙飞船和星际电站中作为主电源大量应用。

新能源在开发和利用过程中都要比化石燃料对环境污染少得多，清洁得多，对保护环境减少污染起到积极的作用。开发利用新能源既可以缓解对化石燃料需求的压力，降低不可再生性能源的消耗速度，同时也可以减少化石燃料对环境的危害。

一、太阳能

太阳能的直接利用有两种途径：一是太阳能的热利用；二是太阳能的光电利用。

（一）太阳能的热利用

太阳能的热利用是通过反射、吸收或其他方式收集太阳辐射能，使太阳辐射能转换为热能并加以利用。热利用是当前太阳能利用工作中的主要方面。我国现已逐步推广应用的太阳能热利用项目主要有太阳能灶、太阳能热水器、太阳能温室、太阳能干燥、太阳能采暖等。

（二）太阳能的光电利用

太阳能光电系统核心部件是光电池。光电池是一种直接将太阳辐射能转换成电能的半导体器件。因为它是利用 PN 结光生伏打效应制造的，所以也称为光生伏打电池，简称光电池。我国在 1971 年成功地首次应用于我国发射的第二颗卫星工程上。通过卫星空间多年运行的考验，这一太阳能电池电源系统性能良好，保证了卫星高质量、高可靠地完成了航天任务。1973 年把这一科技成果扩展到地面应用方面。我国太阳能电池地面应用的第一个项目，是在天津港进行的太阳电池电源供电的试验，以后又在铁路、畜牧、通信、电视、植保等方面开展了试验，开发了新的领域。

（三）太阳能利用系统对环境的影响

太阳能在利用过程中既无有毒、有害气体的排出，也无废弃物排出，总的来讲，太阳能是清洁无害的。但是，太阳能集热系统吸收太阳能后，减少了地面、建筑物等反射回空间的能量，其结果会影响大气中温度的梯度、云层、风等。而且还有反馈效应，如云量增多，会影响集热器的效率。太阳能的镜场会影响反射率、能量平衡、温度平衡、低空空气流动方式等，进而影响小气候。巨大的集热系统、聚光装置会影响景观。

我国是太阳能资源较丰富的国家，具有发展太阳能利用事业的优越条件，太阳能利用事业在我国是有着广阔发展前景的。

二、沼气

沼气是生物质经厌氧微生物发酵而产生的一种混合气体，其组成主要是甲烷、二氧化碳、氮气等，详见表 7-3。

表 7-3 沼气组成成分

组 成	甲烷	二氧化碳	氮	氢	氧	硫化氢
%	55～65	35～45	0～3	0～1	0～1	0～1

沼气的热值视其中甲烷的含量而定，一般为 4800～6200kcal/m^3。沼气具有较高的热值，可用作炊事、照明，也可以驱动内燃机和发电机。据测算，1m^3 沼气相当于 1.2kg 煤或 0.7kg 汽油的热值，1kg 作物秸秆可产生 0.22m^3 沼气。作物秸秆直接燃烧热能利用率只有 10%，沼气热能利用率可高达 60%。每公斤秸秆含热量 3400kcal，直接燃烧的有效热值为 340kcal，制成沼气燃烧的有效热值 726kcal，提高了 114%。用生物质能生产沼气，既可提高热能利用率，又充分利用了不能直接用于燃烧的有机物（如人畜粪便）中所含的能量，发展沼气是解决农村能源问题的有效途径。

在城市也可以利用有机废物、生活污水生产沼气。许多国家很早就利用城市污水处理厂制取沼气，并作为动力能源使用。这样污水处理厂已由单纯的消费性事业单位转向有直接产值的生产单位。

同时，发展沼气还有利于环境保护：①沼气是一种比较干净的再生能源，燃烧后的产物是二氧化碳和水，不污染空气；②垃圾、粪便等有机废弃物及作物秸秆是产生沼气的原料，投入沼气池后，既改善了环境卫生，又使蚊蝇失去了孳生的条件，病菌、虫卵经沼气发酵后，即被杀死，减少了疾病的传播；③生产沼气后的废液是很好的肥料，既有较高的肥力，又不危害农作物和人体健康，还能减少化肥和农药的施用量，降低了对土壤的污染，起到了间接保护环境的作用。

从当前的利用情况看，发展沼气能源是具有较高的经济效益和环境效益的。特别是它与农田、家畜饲养、人的居住、鱼塘、发电系统、加工系统等组成生态农场，对建立农村良性生态系统循环起着重要作用。

三、风能

风是一种最常见的自然现象。在气象学上，空气的水平运动称为风。空气是从气压高的地方向气压低的地方流动，而且只要有气压的差异，空气就会一直向前流动，这样就产生了风。那么，什么叫作风能呢？风能就是空气流动所产生的动能，大风所具有的能量是很大的。风速 9～10m/s 的 5 级风，吹到物体表面上的力，每平方米面积上约有 10kg；风速 20m/s 的 9 级风，吹到物体表面上的力，每平方米面积可达 50kg 左右。台风的风速可达 50～60m/s，以它对每平方米物体表面上的压力，竟可高达 200kg 以上。自然界中的风能资源是极其巨大的，合理利用风能，既可减少环境污染，又可减轻愈来愈大的能源短缺的压力。

风能利用就是把自然界风的能量经过一定的转换器，转换成有用的能量，这个转换器就是风力机。风力机以风作能源，将风力转换为机械能、电能、热能。

我国风能利用，主要有风力发电、风力提水和风帆助航三种形式。

风能属于洁净的、取之不尽的能源，但风能存在分散、间歇、能量密度不高、风力不均匀等弱点。风能利用对环境的影响主要是噪声等。我国风能利用极受限制，主要因为我国属于季风国家，风能时效不稳定，大小波动及空间分布差异大。而且风能储量低于美、英等国，例如同一纬度下，我国一级风能能量密度平均为 $200W/m^2$，英国为 $600W/m^2$，但不排斥在风能高的局部地区开发利用。像东南沿海及附近岛屿、内蒙古和甘肃河西走廊、东北、西北、华北和青藏高原等部分地区，都具有很大的开发利用价值。

四、潮汐能

海潮汐是一种自然现象，它是在月球和太阳引潮力作用下所发生的海水周期性涨落运动。一般情况下，每昼夜有两次涨落，一次在白天，一次在晚上，人们把白天的海水涨落称为潮，晚上的海水涨落称为汐，合起来称为潮汐。

潮汐使海水每天都在不停地运动，涨潮时把海水推送向海岸，落潮时又使海水退回海中。潮汐往复不停而有规律的运动，携带着巨大的能量。如何利用这些巨大的能量为人类服务，这是人们一直在研究的一个重要课题。潮汐能利用，既可以利用潮波动能，直接由涨落潮水流的流速冲击水轮机或水车、水泵来发电和扬水；也可以利用潮汐的位能，在河口或海湾口处筑坝，利用堤坝上下游涨落潮间水位差进行发电。一般所说的潮汐能多指后者。

潮汐能是一种清洁、不污染环境、不影响生态平衡的可再生能源。它完全可以发展成为沿海地区生产、生活等需要的重要补充能源。潮汐电站需淹没大量农田构成水库，也不需要筑高水坝，所以没有修建水库所带来的生态环境等问题。但是潮汐电站建在港湾海口，通常水坝长，施工、地基处理及防淤等较困难，故土建和机电投资大，造价较高。

五、地热能

地热能就是来自地下的热能，是地球内部的热能。地球的内部是一个高温高压的世界，是一个巨大的"热库"，蕴藏着无比巨大的热能。地球物质中放射性元素有铀 235、铀 238、钍 235 和钾 40 等。放射性元素的衰变是原子核能的释放过程，放射性物质的原子核，无需外力作用，就能自发地放出电子和氦核、光子等高速粒子并形成射线。在地球内部，这些粒子和射线的动能和辐射能，在同地球物质的碰撞过程中便转变成了热能。

目前一般认为，地下热水和地热蒸汽主要是由在地下不同深处被热岩体加热了的大气降水所形成的。在正常地热区，较高温度的热水或蒸汽埋藏在地壳的较深处。在异常地热区，由于地热增温率较大，较高温度的热水或蒸汽埋在地壳的较浅部位，有的甚至露出地表，我们把那些天然露出的地下热水或蒸汽叫作温泉。温泉是在当前技术水平下最容易利用的一种地热资源。在异常地热区，除温泉外，人们也较容易通过钻井等人工方法把地下热水或蒸汽引导到地面上来加以利用。

通常，把地热资源以其在地下热储中存在的不同形式分为蒸汽型、热水型、地压型、与热岩型和岩浆型五类。目前能为人类开发利用的，主要是地热蒸汽和地热水两大类，已被较多地应用。地热资源温度的高低是影响这种资源使用价值最重要的因素。如何划分温度等级，目前并不统一。国际一般划分法为：150℃以上为高温；90～150℃为中温；90℃以下为低温。

地热能利用，可以分为直接利用和地热发电两大方面。

中、低温地热能直接用于中、低温的用热过程，从热力学的角度来看，这是最合理不过的。因为进行地热发电，热效率低（一般只有6.4%～18.6%），温度要求高（150℃以上）。在全部地热资源中，这类中、低温地热资源是十分丰富的，远比高温地热资源大得多。

地热能的直接利用技术要求低，所需设备也较为简单。目前，地热能的直接利用发展十分迅速，已广泛地应用于工业加工、民用采暖和空调、洗浴、医疗、农业温室、农田灌溉、水产养殖、畜禽饲养等各个方面，收到良好的经济效益，节约了能源。

地热发电和火力发电的原理是一样的，都是利用蒸汽的热能在汽轮机中转变为机械能，然后带动发电机发电。所不同的是，地热发电不像火力发电那样要备有庞大的锅炉，也不需要燃料，它所用的能源就是地热能。目前国外发展地热发电所选用的地热温度较高，一般在150℃以上，最高可达280℃。而我国地热资源的特点之一，却是除西藏、云南、台湾地区外，多为100℃以下的中低温地下热水。因此，地热发电的研究及应用主要在西藏和云南。

地热利用对环境也有一些影响。例如，在利用过程中提取热流会引起地面下沉；开发和利用过程中排放的废气主要有硫化氢、二氧化碳和氨；大多数地热水都相对含有溶解物质，使水体汞和砷含量增高；由于地热电站的热利用率较低，以致冷却水用量多于火电站，因此，热污染较重。

六、核聚变能利用技术的研究

核聚变是两个或两个以上的氢原子核在超高温等特定条件下聚合成一个较重的原子核时释放出巨大能量的反应。因为这种反应必须在极高的温度下才能进行，所以又叫作热核反应。热核聚变在氢弹里已经实现，但是氢弹里的热核聚变反应一发不可收拾，不能控制其反应速度，因此很难作为能源来利用。要作为可以利用的能源，必须使热核聚变反应受到控制，这就像原子弹模式的裂变反应不能作为能源，而由动力堆控制模式的裂变反应就可以作为能源来利用一样。

核聚变的原料主要是氘或氚，氘叫作重氢，氚叫超重氢，都是氢的同位素。氢核在高温高压下可以聚变成氦核。太阳里的氢在高温高压下，不断发生核聚变反应，放出大量的热能，使太阳成为取之不尽，用之不竭的巨大能源。

1kg海水中含有0.034g氘，通过热核反应产生的热量相当于300L汽油燃烧时释放的能量。地球上的汪洋大海里的氘，足够人类使用几十亿年，是一项无穷无尽的持久能源。

美国、日本等一些国家都在积极研究控制核聚变的方法，使它成为受控热核反应，以便作为能源来应用。其中比较有希望的装置叫"托卡马克"装置，它是一类用磁约束法实现受控热核反应的装置，我国在四川省乐山市建设并通过国家验收的"中国环流器一号"就属于这类装置。我国还在合肥建成了中国科学院受控核聚变和离子体物理研究基地，为研究探索核聚变能这一人类的永久能源创造了先进的科研条件。

核聚变能极有可能成为未来的最终能源，至少在发电方面是这样的。不过，要大规模地利用核聚变能，还是许多年以后的事。

目前正在世界上兴起的新技术革命，要求建立一个巨大的、持久的、可再生的、多样化的、无污染的能源系统。这是一个需要上百年时间才能逐步实现的历史过程。随着科学技术的发展，许多新能源技术将会不断完善并得到广泛的应用。

第五节 我国能源发展战略和措施

一、中国能源战略的基本内容

中国能源发展坚持节约发展、清洁发展和安全发展。坚持发展是硬道理，用发展和改革的办法解决前进中的问题，落实科学发展观，坚持以人为本，转变发展观念，创新发展模式，提高发展质量，坚持走科技含量高、资源消耗低、环境污染少、经济效益好、安全有保障的能源发展道路，最大程度地实现能源的全面、协调和可持续发展。

中国能源发展坚持立足国内的基本方针和对外开放的基本国策，以国内能源的稳定增长，保证能源的稳定供应，促进世界能源的共同发展。中国能源的发展将给世界各国带来更多的发展机遇，将给国际市场带来广阔的发展空间，为世界能源安全与稳定做出积极的贡献。

中国能源战略的基本内容是：坚持节约优先、立足国内、多元发展、依靠科技、保护环境、加强国际互利合作，努力构筑稳定、经济、清洁、安全的能源供应体系，以能源的可持续发展支持经济社会的可持续发展。

中国共产党第十七次全国代表大会提出，要加快转变发展方式，在优化结构、提高效益、降低消耗、保护环境的基础上，实现人均国内生产总值到2020年比2000年翻两番。《中华人民共和国国民经济和社会发展第十一个五年规划纲要》明确提出，到2010年，单位国内生产总值能源消耗比2005年降低20%左右，主要污染物排放总量减少10%。

为实现经济社会发展目标，中国能源发展"十一五"（2006～2010年）目标是：到"十一五"末期，能源供应基本满足国民经济和社会发展需求，能源节约取得明显成效，能源效率得到明显提高，结构进一步优化，技术取得实质进步，经济效益和市场竞争力显著提高，与社会主义市场经济体制相适应的能源宏观调控、市场监管、法律法规、预警应急体系和机制得到逐步完善，能源与经济、社会、环境协调发展。

二、促进能源与环境协调发展

气候变化是国际社会普遍关心的重大全球性问题。气候变化既是环境问题，也是发展问题，归根到底是发展问题。能源的大量开发和利用，是造成环境污染和气候变化的主要原因之一。正确处理好能源开发利用与环境保护和气候变化的关系，是世界各国迫切需要解决的问题。中国是处于工业化初期的发展中国家，历史累计排放少，从1950～2002年，中国化石燃料二氧化碳排放只占同期世界排放量的9.3%，人均二氧化碳排放量居世界第92位，单位GDP二氧化碳排放弹性系数也很小。

中国作为负责任的发展中国家，高度重视环境保护和全球气候变化。中国政府将保护环境作为一项基本国策，签署了《联合国气候变化框架公约》，成立了国家气候变化对策协调机构，提交了《气候变化初始国家信息通报》，建立了《清洁发展机制项目管理办法》，制订了《中国应对气候变化国家方案》，并采取了一系列与保护环境和应对气候变化相关的政策和措施。中国提出“十一五”时期要实现生态环境恶化趋势基本遏制，主要污染物排放总量减少10%，温室气体排放控制取得成效的目标。中国正在积极调整经济结构和能源结构，全面推进能源节约，重点预防和治理环境污染的突出问题，有效控制污染物排放，促进能源与环境协调发展。

第三篇　环境保护篇

第八章　水体污染及其防治

第一节　水资源与水循环概述

一、水资源概述

水是人类维系生命的基本物质，是工农业生产和城市发展不可缺少的重要资源。随着人口的膨胀和经济的发展，水资源短缺现象在很多地区相继出现，水污染更加剧了水资源的紧张，并对人类的健康产生威胁。切实防止水污染、保护水资源已成为当今人类的迫切任务。

地球上水的总量约有 $14\times10^{8}km^{3}$，其中约有97.3%的水是海水，淡水不及总量的3%。其中还有约3/4以冰川、冰帽的形式存在于南北极地区，人类很难使用。与人类关系最密切又较易开发利用的淡水储量约为 $400\times10^{4}km^{3}$，仅占地球上总水量的0.3%。

我国的水资源总量并不缺乏，年降水量为 $60000\times10^{8}m^{3}$ 左右，相当于全球陆地总降水量的5%，占世界第三位。我国地面年径流量为 $27210\times10^{8}m^{3}$，仅次于巴西、加拿大、美国和印度尼西亚等国家。但是由于我国人口众多，人均年径流量仅为每人每年 $2300m^{3}$，相当于世界人均占有量的1/4。此外，我国的水资源还存在着严重的时空分布不均衡性。90%的地表径流和70%的地下径流分布在面积不到全国面积50%的南方地区，而占全国面积50%以上的北方则只有10%的地表径流和30%的地下径流。在水资源缺乏的西北地区，十分有限的降雨又集中在夏季的三个月内，使水资源紧张的情况更为加剧。

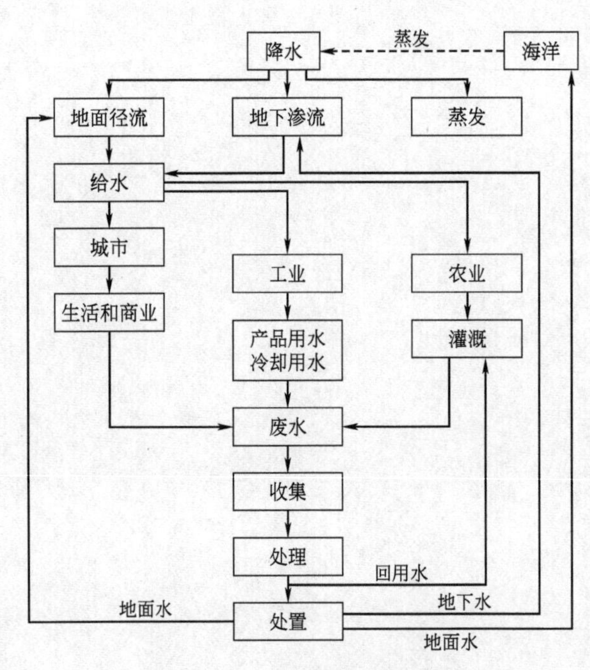

图8-1　水循环系统示意图

二、水的社会循环

除了上述水的自然循环外，水还由于人类的活动不断迁移转化，形成水的社会循环，直接为人类的生产生活服务。与水的自然循环不同的是，在水的社会循环中，水的性质在发生不断变化，生活污水和工业生产废水的排放，是形成水污染的主要根源，也是水污染防治的主要对象。人类所取用的水只有很小一部分是用作饮用水或食物加工以满足生命对水的需求的（约为每人每天 5L 水），其余大部分则用于卫生用水，如洗涤、冲厕等（约为每人每天 50～300L 水不等，取决于生活习惯、卫生设备水平等）。工业生产用水量很大，除了一部水用作工业原料外，大部分水则用于洗涤、冷却或其他目的，使用后水质会发生显著变化，其污染程度随工业性质、用水性质及方式等因素而变化。此外，随着农业生产中农药化肥使用量的日益增加，降雨后农田径流会夹带大量的化学物质流入地面或地下水体，形成所谓“面污染”，这也是一项不可忽视的污染源。图 8-1 为水循环系统示意图，包括了水的自然循环和社会循环。

第二节 水体污染及其危害

一、污水的来源

污水根据其来源一般可分为生活污水和工业废水。

（一）生活污水

生活污水主要来自家庭、商业、机关、学校、医院、城镇公共设施和工厂的餐饮、卫生间、浴室、洗衣房等，包括厕所冲洗水、厨房洗涤水、洗衣排水、沐浴排水及其他排水等。生活污水主要包含有机物、氮磷营养物质、无机盐、泥沙等，还含有多种微生物和病原体。

（二）工业废水

工业废水主要是指在工业生产过程中被生产原料、中间体和产品等物料污染而废弃的水。工业废水种类繁多、成分复杂，污染物浓度较高，并常常包含有毒有害物质，是水体中有毒有害物质的主要来源。

二、水体自净

（一）水体自净机制

当污水排入水体后，污染物会随着时空变化呈现浓度自然降低的现象，称为水体自净。水体自净的机制主要有：

① 物理净化。是指污染物质由于稀释、扩散、沉淀或挥发等作用而使水体中污染物浓度降低的过程，其中稀释作用是一项重要的物理净化过程。

② 化学净化。是指污染物质由于氧化、还原、分解等作用而使水体污染物质浓度降低的过程。

③ 生物净化。是指由于水体中生物的代谢活动，尤其是微生物对有机物氧化还原分解和藻类对营养物质吸收代谢作用而引起污染物质浓度降低的过程。

（二）水环境容量

水环境容量，也称水体的纳污总量，是指水体环境在一定功能要求、水文条件和水质目标下，所允许容纳的污染物量。即在水环境功能不受破坏的条件下，水体所能受纳污染物的最大数量。

污水排入水体后，污染物浓度会因水体自净作用而降低。当排入水体的污染物浓度或数量低于水环境容量时，水环境质量会因自净作用而得以保持。但当排入水体的污染物浓度或数量超过水环境容量后，水环境质量就会恶化，造成水体污染。

（三）水污染

水污染是指排入水体中的污染物在数量上超过该物质在水体中的本底含量和水体的自净

能力，从而导致水体的物理，化学及卫生性质发生变化，使水体的生态系统和水体功能受到破坏。

三、水体污染种类和性质

根据污染的性质，水体污染可分为以下几类。

（一）物理性污染

水体的物理性污染是指水体在遭受污染后，水的颜色、浊度、温度、悬浮固体、泡沫等发生变化，这类污染容易被人们感官所察觉。

1. 感观污染

废水呈现颜色、浑浊、泡沫、恶臭等现象引起人们感观上的不快，对于供游览和文体活动的水体而言，危害更甚，相应的水质指标有以下几种。

① 色度。纯净的天然水是清澈透明的，而带有金属化合物或有机化合物（如有机染料）等有色污染物的污水则呈现出各种颜色，增加水体色度。将有色污水用蒸馏水稀释后与参比水样对比，一直稀释到两水样色差一样，此时污水的稀释倍数即为其色度。

② 臭和味。臭和味能定性反映某种污染物的多寡。天然水是无臭无味的，水的臭味来源于还原性硫和氮的化合物、挥发性有机物和氯气等污染物质。此外，水中的不同盐分也会给水带来不同的异味，如氯化钠带咸味、硫酸镁带苦味、铁盐带涩味等。

③ 浊度。胶体态及悬浮态的污染物能造成水体的浑浊，浊度超过 10 度时便令人不快。而且病菌、病毒及其他有害物质往往依附于形成浊度的悬浮固体中。因此，降低水的浊度不仅能满足感官性状的要求，对限制水中病菌、病毒及其他有害物质的含量也有积极的意义。

2. 热污染

许多工业排出的废水尤其是工业冷却水，具有较高的温度，这些水排入水体后会使水体的温度升高，引起热污染。反映热污染的水质指标是温度。水温一方面会使水中的溶解氧减少，另一方面会加速耗氧反应，加速水体的富营养化进程，从而影响水生生物的生存和水资源的利用。此外高温还会影响水的使用功能。

3. 悬浮固体污染

各类废水中均有杂质，杂质在水中有三种分散状态：溶解态（直径小于 1nm）、胶体态（直径介于 1～100nm）和悬浮态（直径大于 100nm）。水中所有残渣的总和称为总固体（total solid，TS），包括溶解固体（dissolved solid，DS）和悬浮固体（suspended solid，SS）。能透过滤膜和滤纸（孔径约为 3～10μm）的为溶解固体（DS），溶解固体表示水中盐类的含量；不能透过的为悬浮固体（SS），悬浮固体表示水中不溶解的固态物质的含量。

悬浮固体是废水的一项重要水质指标，排入水体后会在很大程度上影响水体外观，不但会增加水体的浑浊度，妨碍水中植物的光合作用，对水生生物生长不利，而且还会造成灌渠和抽水设备的堵塞、淤积和磨损等。此外，悬浮固体还有吸附凝聚重金属及有毒物质的能力。

4. 油类污染

油类污染物有石油和动植物油脂两种。工业含油废水所含的油大多为石油及其组分，含动植物油的污水主要产于人的生活过程和食品工业。它们均难溶于水，其中颗粒较大的分散油易聚集成片，漂浮于水面；粒径介于 100～10000nm 的微小油珠易被表面活性剂和疏水固体所包围，形成乳化油，稳定地悬浮于水中。

油类污染物经常覆盖于水面，形成油膜，阻碍大气与水的接触，破坏水体的复氧条件，从而降低水体的自净能力；当水中油量达到0.01～0.10mg/L时，对鱼类和水生物就会有影响，尤其对幼鱼和鱼卵的危害最大；当水中油含量达到0.3～0.5mg/L时，就会产生石油气味，还能使鱼虾类产生石油臭味，降低水产品的食用价值；当油类污染物进入海洋时，就会改变海面的反射率和减少进入海洋表层的日光辐射，对局部地区的水文气象条件产生影响。

（二）无机污染物

1. 酸碱污染物

酸碱污染物主要由进入水体的无机酸碱以及酸雨的降落形成。矿山排水、黏胶纤维工业废水、钢铁厂酸洗废水及染料工业废水等常含有较多的酸，碱性废水则主要来源于造纸、炼油、制革、制碱等工业。水的酸碱性在水质指标中以pH值来反应，pH<7呈酸性，pH>7呈碱性，一般要求处理后的污水pH值在6～9之间。天然水体的pH一般为6～9，受到酸碱污染会使水体的pH值发生变化。酸性废水的危害主要表现在对金属及混凝土结构材料的腐蚀上，碱性废水易产生泡沫，使土壤盐碱化。各类动植物和微生物都有各自适应的pH值范围，当水体pH值超过适应范围时就会抑制细菌和其他微生物的生长，影响水体的生物自净作用，使水质恶化，破坏水体生态平衡。对渔业水体而言，pH值不准低于6或高于9，当pH值为5.5时，一些鱼类不能生存或繁殖率下降。pH值不在6～9范围内的水体不适于作为饮用水和工农业用水。

2. 无机毒物污染

水中能对生物引起毒性反应的化学物质，称为毒性污染物，简称毒物。工业上使用的有毒化学物质已经超过10000种，因而已成为人们最关注的污染类别。

毒物对生物的效应有急性中毒和慢性中毒两种。急性中毒的初期效应十分明显，严重时会导致死亡；慢性中毒的初期效应虽然并不明显，但经过长期积累会致突变、致畸和致癌。大多数毒物的毒性与浓度和作用时间有关，浓度越大、作用时间越长，致毒后果就越严重，此外，毒物反应与环境条件（温度、pH、溶解氧浓度等）和有机体的种类及健康状况等因素也有一定的关系。毒物是重要的水质指标，各种水质标准中对主要毒物都规定了限值。

（三）有机污染物

1. 有机型污染

大多数有机物在水体中被微生物吸收利用时，要消耗水中的溶解氧。溶解氧降低到一定程度时，水中的生物就无法生活。溶解氧耗尽后，水中有机物就会腐败，致使水体发臭变黑，恶化环境。能通过生化作用而消耗水中溶解氧的有机物被称为耗氧有机物。这种由于废水中的耗氧有机物引起的水体污染，称为耗氧有机物污染，或有机型污染。我国绝大多数的水环境污染属于这种污染类型。

在实际工作中，一般采用需氧量作为有机污染物指标。常用指标主要有生化需氧量（BOD）、化学需氧量（COD）、总有机碳（TOC）、总需氧量（TOD）等。它们之间的差别是：生化需氧量表示在有氧条件下，温度20℃时，由于微生物（主要是细菌）的活动，降解有机物所需的氧量。化学需氧量（COD）是指在酸性条件下，用强氧化剂将有机物氧化成CO_2、H_2O所消耗的氧化剂量（用氧量表示）。总有机碳（TOC）表示的是污水中有机物的总含碳量，它是表示水体被有机物污染的综合指标。总需氧量（TOD）则是指有机物的主要组成元素C、H、O、N、S被氧化后，产生CO_2、H_2O、NO_2和SO_2所消耗的氧量。

2. 有机毒物污染

各种有机农药、有机染料及多环芳烃、芳香胺等往往对人及生物体具有毒性，有的能引起急性中毒，有的则导致慢性中毒，有的已经被证明是致癌、致畸、致突变物质。在水质标准中规定的有机毒物主要有酚类、苯胺类、硝基苯类、烷基汞类、苯并芘和DDT等。这些有机物虽然也造成耗氧性污染危害，但其毒性危害表现得更加突出，因此被称为有机毒物，在各类标准中规定了其最高允许含量。有机毒物主要来自焦化、染料、农药、塑料合成等工业废水，农田径流中也有残留的农药。这些有机毒物大多拥有较大分子量和复杂的结构，不易被微生物所降解，因此在生物处理过程和自然环境中均不易去除。以有机氯农药为例，其具有很强的化学稳定性，在自然界的半衰期为十几年到几十年，而且它们都能通过食物链在人体内富集，危害人体健康，如DDT能蓄积于鱼脂中，浓度可比水体中高12500倍。

酚类化合物是一种比较典型的有机毒物，水体受酚类化合物污染后会影响水产品的产量和质量。水体中的酚浓度低时，能影响鱼类的洄游繁殖，酚浓度达到0.1～0.2mg/L时鱼肉有酚味，浓度高时则会引起鱼类大量死亡，甚至绝迹。酚的毒性可抑制水中微生物（如细菌、藻类等）的自然生长速度，甚至会使其停止生长。

（四）营养盐污染与水体富营养化

生活污水和某些工业废水中常含有一定数量的氮、磷等营养物质，农田径流中也常挟带大量残留的氮肥和磷肥。这类营养物质排入湖泊、水库、港湾、内海等水流缓慢的水体会造成藻类大量繁殖，这种现象被称为“富营养化”。当N、P浓度分别超过0.2mg/L和0.02mg/L时，就会引起水体的富营养化，严重时会在水面上聚集成大片的藻类，这种现象在湖泊中称为“水华”，在海洋中称为“赤潮”。此外，BOD、温度、维生素类物质也能触发和促进富营养化。

富营养化中的藻类以蓝藻、绿藻和硅藻为主。硅藻的多样性指数可用来评价海水富营养化程度。绿藻中的某些种能形成“水华”。由蓝藻形成的“水华”往往有剧毒，家禽或家畜饮用这种水后不到1h就可中毒死亡，而且还能引起水生生物（如鱼类）中毒死亡。此外，藻类通过光合作用产生氧气，在夜晚无阳光时，藻类的呼吸作用和死亡藻类的分解作用所消耗的氧能在一定时间内使水体处于严重缺氧状态，从而影响鱼类生存。当藻类在冬季大量死亡时，水中的BOD值猛增，导致腐败，恶化环境卫生，危害水产业。

（五）生物污染

生物污染物主要是指废水中的致病性微生物，包括致病细菌、病虫卵和病毒。未污染的天然水中细菌含量很低。城市污水、垃圾淋溶水、医院污水等排入水体将带入各种病原微生物。例如，生活污水可能含有能引起肝炎、伤寒、霍乱、痢疾、脑炎的病毒和细菌以及蛔虫卵和钩虫卵等；制革厂和屠宰场的废水中常含有钩端螺旋体等；医院、疗养院和生物研究所排出的污水中含有种类繁多的致病体。

水质标准中的卫生学指标有细菌总数和总大肠菌群数两项，后者反映了水体受到动物粪便污染的状况。除致病体外，废水中若含有铁细菌、硫细菌、藻类、水草和贝壳类动物时，会堵塞管道和用水设备等，有时还腐蚀金属和损害木质，也属于生物污染。生物污染物污染的特点是数量大、分布广、存活时间长、繁殖速度快，必须予以高度重视。

（六）放射性污染

凡具有自发放出射线特征的物质，称为放射性物质。这些物质的原子核处于不稳定状态，在其发生核转变的过程中，自发放出由粒子或光子组成的射线，并辐射出能量，同时本身转变为另一种物质，或是成为原来物质的较低能态。其所放出的粒子或光子，将对周围介质包括肌体产生电离作用，造成放射性污染和损伤。

废水中的放射性物质一般浓度较低，主要由原子能工业及应用放射性同位素的单位引起，对人体有重要影响的放射性物质有^{90}Sr、^{137}Cs、^{131}I等，主要引起慢性辐射和后期效应，如诱发癌症（白血病）、对孕妇和胎儿产生损伤、缩短寿命、引起遗传性伤害等。放射性物质的危害强度与剂量、性质和受害者身体状况有关。半衰期短的，其作用在短期内衰退消失；半衰期长的，长期接触有蓄积作用，危害很大。

四、水污染的危害

污水未经处理直接排入水体，大量有机物、营养物、有毒物质等源源不断地向江河湖泊倾泻并历年累积，导致水质污染并不断恶化，破坏了天然水资源的良性循环，使生态系统和生物多样性遭到破坏，严重威胁人类生存发展。水污染的危害主要有以下几点。

（一）危害人体健康

水污染直接影响饮用水源的水质。当饮用水源受到合成有机物污染时，原有的水处理厂不能保证饮用水的安全可靠，这将导致如腹水、腹泻、肠道线虫、肝炎、胃癌、肝癌等疾病的发生。与不洁的水接触也会染上如皮肤病、沙眼、血吸虫、钩虫病等疾病。废水中的某些有毒有害物质，即使数量不多，经过水体的稀释，其浓度可以降低，甚至难以检测出来，但由于动植物的富集作用和人体自身的积累作用，仍然可以对人体造成致命的危害。有些重金属（如铅、镉、汞、六价铬等）离子和氰、氟（浓度高时）有毒，一些合成有机物特别是含氯有机物（如农药、杀虫剂），有破坏人体生理、致癌、致畸、致突变的作用，这些污染物在饮用水中的浓度极低，常以0.0001mg/L计，且没有适用的净水方法来完全清除它们。

（二）降低农作物的产量和质量

农民常将江河湖泊中的水引入农田进行灌溉，一旦这些水体受到污染，水中的有毒有害物质将污染农田土壤，被作物吸收并残留在作物体内。这一方面会造成作物枯萎死亡，产量下降；另一方面，作物的品质也会有不同程度的下降，主要表现为工业废水中高浓度重金属、化学或有毒物质导致农作物中污染物超标，污灌引起的农产品中蛋白质、氨基酸、维生素等营养物质含量降低，提高了水稻的粗糙率和碎米率，降低了小麦的出粉率和面筋含量，使蔬菜产生异味，不易保存等。

（三）影响渔业生产的产量和质量

渔业生产的产量和质量与水质紧密相关。淡水渔场由于水污染而造成鱼类大面积死亡的事故常有发生。一些污染严重的河段已经鱼虾绝迹。水污染还会使鱼类和水生生物发生变异，有毒物质在鱼类体内积累，使它们的食用价值大大降低。

（四）制约工业的发展

由于很多工业（如食品、纺织、造纸、电镀等）需要利用水作为原料直接参加产品的加工过程或洗涤产品，水质的恶化将直接影响产品质量。水质差的冷却水会造成冷却水循环系统的堵塞、腐蚀和结垢问题，硬度高的水还会影响锅炉的寿命和安全。

（五）加速生态环境的退化和破坏

水污染除了对水体中的水生生物造成危害外，对水体周围生态环境的影响也是一个重要方面。水污染使水体感观变差，散发臭气，水中的污染物对周围生物产生毒害作用，加速生物死亡，造成生态环境的退化和破坏。

（六）造成经济损失

水污染使环境丧失原有的部分或全部功能，造成环境的降级贬值，对人类的生存和经济的发展都带来危害，将这些危害货币化即为水污染造成的经济损失。如人体健康受到危害将减少劳动力，降低劳动生产率，疾病多发需要支付更多的医药费；鱼类减产或质量变差则直接造成经济损失；对生态环境的污染治理和修复费用都随着污染的加重而增加。

第三节 海洋污染

由于人类在近海或海洋中的活动日益加剧，大量物质或能量进入海洋环境，这势必损害或威胁海洋水质环境和生物资源，进而对人类健康、海洋利用等正常人类活动造成影响，即海洋污染。近几十年来，随着近海城市和工业发展、人类海上活动的频繁，海洋污染日益严重，并呈现出日益恶化的趋势。

一、海洋污染的特点

（一）污染源广泛

除了人类的海上活动以外，人类的近海陆地的生产和生活所产生的污染物也通过直接排放或河流进入海洋，同时内陆的污染还可以通过大气环流、降水等过程汇入海洋，因此海洋污染的来源十分广泛。人类的海上活动如航海、渔业和石油开发都会对海洋造成污染，仅全球海轮排放的油类污染物每年就达百万吨以上，而通过河流进入和直接排入海洋的污染物数量则更加惊人。

（二）持续性强

由于海洋是全球水资源的“汇”，因此也是水中物质的最终归宿。水中所含有的大部分污染物尤其是稳定的污染物都将最终进入海洋，并不断累积。这些污染物将通过食物链，在海洋生态系统中不断累积和浓缩，并威胁人类健康。

（三）扩散范围广

全球海洋是相互连通的整体，一个海域出现污染往往会扩散到周边海域，甚至扩大到邻近大洋乃至全球。例如，海洋遭受石油污染后，海面会被大面积油膜所覆盖，阻碍海水和大气之间的传质，可能造成局部地区气候异常。此外，石油进入海洋后经过种种变化，最后形成黑色的沥青球，可以长期漂浮在海面上，通过风浪或海流扩散传播。

（四）防治困难

海洋污染往往需要长期的累积过程，一旦形成污染则需要长期治理才能消除影响。并且海洋污染治理技术复杂、费用高昂，涉及众多因素，在短时间内很难奏效。例如，震惊世界的日本水俣病事件是由重金属汞对海洋环境污染造成的，经数十年治理危害仍未消除。

二、海洋污染物

海洋污染物质种类繁多、形态各异，根据污染物性质、毒性和危害，大致可分为如下几类。

（一）油类污染物

目前，每年排入海洋的石油类污染物质约有1000万吨。这些污染物主要来自于石油的开采、储运、炼制和使用过程所排出的废油和废水。海底油田开发，特别是油井井喷导致大量石油进入海洋，造成严重的石油污染。同时，油船突发性事故和海洋船舶排水都会造成海洋油类污染。海洋油类污染会使大片海水被油膜覆盖，阻碍海水复氧，从而造成大量海洋生物死亡，严重影响海产品价值和海上活动。

（二）重金属污染

重金属包括汞、铜、锌、铬、镉、钴等，这些物质通常具有较大的生物毒性，对海洋生物构成了巨大威胁。例如，每年由于人类活动产生而最终进入海洋的汞可达1万吨，而镉则大于1.5万吨。

（三）有机物质和氮磷营养物

近海工业生产、城市生活会向海洋排放大量废水，这些废水中含有大量有机污染物和氮磷营养物质。有机物质进入海洋，会消耗海水中的氧气，造成有机物污染。而氮磷营养物质则会造成海水富营养化，导致藻类大量繁殖，形成赤潮，消耗海水氧气，并阻碍复氧过程，进而引起大量海洋生物死亡。

（四）农药

农业生产需要使用大量含汞、铜的无机农药和含有机氯化物、磷化物的有机农药（除草剂、灭虫剂），这些农药通常具有较强毒性，并且非常稳定，会通过水循环、大气环流进入海洋，并通过食物链富集，威胁人类健康。

（五）固体废物

海洋固体废物主要来自于近海工业和城市垃圾、船舶废弃物和河道疏浚废物等，这些废弃物进入海洋后，除了沉入海底污染大陆架以外，还有大部分污染物漂浮在近海海面或通过潮水漂移至近海海岸，不但破坏了海岸景观，而且对近海海域生态资源造成危害。

（六）放射性污染物

放射性污染物主要来自于核武器试验、核工业和核动力设施释放的人工放射性物质，包括锶90、铯137等半衰期较长的同位素。这些放射性物质会通过食物链得以富集，并最终进入人体。

三、海洋污染的危害

（一）油类污染的危害

油类污染物能在海洋表面形成大面积的油膜，不仅影响海中浮游生物的光合作用，而且能阻碍海水复氧作用，造成海水缺氧，进而危害海洋生物。同时大量黏稠的石油还会造成海鸟、海象等高等海洋生物行动困难甚至死亡。

（二）重金属和有毒有机物污染的危害

重金属和有毒有机物能被海水中低等生物吸收，并通过海洋生态系统中的食物链富集，最终对食物链末端的高等海洋生物和人类健康造成危害。

（三）营养物质污染的危害

氮、磷等营养物质是自养型生物的必需元素。当海水未受污染时，海水氮、磷营养物质浓度恰好能使海水中各类自养型微生物（藻类）达到生长平衡。而当海水中氮、磷营养物质浓度超过一定值时，海水中某些自养型微生物就会大量繁殖，形成所谓赤潮。

赤潮又称红潮，是海洋生态系统中的一种异常现象，它是由赤潮藻类在特定环境条件下爆发性增殖造成的，其中营养类物质污染是其重要诱因。形成赤潮的藻类种类繁多，各种藻类所含色素不同，所形成的赤潮颜色也不尽相同。例如，夜光藻引起的赤潮是粉红色的，绿色鞭毛藻引起的赤潮是黄绿色的，骨条藻引起的赤潮是灰褐色的，而异弯藻引起的赤潮是酱油色的。据统计，世界上形成赤潮的微生物大约有200余种，除部分属于细菌和原生动物外，大部分属于浮游生物，如蓝藻、甲藻、硅藻、绿色鞭毛藻、绿藻等。我国沿海赤潮生物有80余种，其中有毒赤潮生物有38种。

赤潮发生后，除了海水变色外，海水的pH值也会升高。赤潮微生物所分泌的大量黏液会黏附在鱼类和贝类的腮上，阻碍呼吸，令其窒息而死。同时赤潮微生物也会因为爆发性增殖、过度聚集而大量死亡。死亡的浮游生物、藻类腐败分解，会消耗大量溶解氧，造成赤潮海域大面积缺氧，而分解过程还会产生大量有害毒素和气体，严重污染海水，使海洋生态系统遭受严重破坏。

赤潮对于近海渔业和养殖业是一种毁灭性的灾害，缺氧和毒素会使鱼类、贝类、甲壳类等各种海洋生物大批死亡。同时，赤潮藻类分解所分泌的毒素还会污染海水，进而对接触者的眼睛、口腔、咽喉、皮肤等造成伤害，严重的可导致失明、神经麻痹甚至死亡。另外，误食含有赤潮藻毒素的海产品还会引起中毒。

目前，世界上已有30多个国家和地区不同程度地受到过赤潮的危害，其中日本是受害最为严重的国家之一。近几十年来，由于海洋污染日益加剧，我国赤潮灾害也有加重趋势，由分散的少数海域发展到成片海域，一些重要的养殖基地受害尤为严重。

第四节 水体污染及其控制

一、水污染控制的目标

水污染控制的主要目标是保障人类用水安全和维持水体正常功能，具体而言有以下三点。

① 确保地表水和地下水饮用水源地的水质，为向居民供应安全可靠的饮用水提供保障。

② 恢复各类水体的使用功能和生态环境，确保自然保护区、珍稀濒危水生动植物保护区、水产养殖区、公共游泳区、海上娱乐体育活动区、工业用水取水区和农业灌溉等水质，为经济建设提供合格的水资源。

③ 保持景观水体的水质，美化人类居住区的悦人景色。

二、水污染防治的主要内容和任务

① 制定区域、流域或城镇的水污染防治规划。在调查分析现有水环境质量及水资源利用需求的基础上，明确水污染防治的任务，制定相应的防治措施。

② 加强对污染源的控制，包括工业污染源、城市居民区污染源、畜禽养殖业污染源以及农田径流等面污染源，采取有效措施减少污染源排放的污染物量。

③ 对各类废水进行妥善的收集和处理，建立完善的排水管网及污水处理厂，使污水排入水体前达到排放标准。

④ 开展水处理工艺的研究，满足不同水质、不同水环境的处理要求。

⑤ 加强对水环境和水资源的保护，通过法律、行政、技术等一系列措施，使水环境和

水资源免受污染。

三、水污染控制的主要手段

① 减少工业废水污染。工业废水往往具有污染负荷高、含有有毒有害物质等特点，对水环境和人体健康构成了很大威胁，因此减少工业废水污染是水污染控制的重要内容。工业废水污染控制可通过清洁生产、循环利用、末端治理等手段加以实现。

② 建设城镇排水系统。城镇污水通常既包含生活污水也含有工业废水，对城镇区域水环境构成巨大威胁。城镇排水系统是指对城镇污水进行收集、运输和处理的基础设施，建设完善的城镇排水系统对于保护城镇区域水环境具有重要意义。

③ 加强管理。除了采用技术手段外，水污染控制还需要通过立法、制定标准等方式强化管理。例如，我国早在20世纪80年代中期就颁布了《中华人民共和国水污染防治法》和《中华人民共和国水法》等基本法律，并先后制定了《地表水环境质量标准》等大量水污染控制标准。

四、水污染控制技术

（一）污水处理技术概述

污水处理技术就是采用各种方法将污水中所含有的污染物质分离出来，或将其转化为无害和稳定物质，从而使污水得到净化。

废水处理的目的一般要达到防止毒害和病菌的传染，避免有异臭和恶感的可见物，以满足不同用途的水质要求。

废水处理相当复杂，处理方法的选择必须根据废水的水质和水量、排放到的接纳水体或水的用途来考虑，同时还要考虑水处理过程所产生的污泥、残渣的处理利用和可能产生的二次污染问题等。

现代的污水处理技术，按其作用原理可分为物理法、化学法、物理化学法和生物法四大类（表8-1）。

表8-1　污水处理方法分类

基本方法	基本原理	单元技术
物理法	物理或机械的分离过程	过滤、沉淀、离心分离、上浮等
化学法	加入化学物质与污水中的有害物质发生化学反应的转化过程	中和、氧化、还原、分解、混凝、化学沉淀、络合等
物理化学法	物理化学的分离过程	吸附、离子交换、萃取、电渗析、反渗透等
生物法	微生物在污水中对有机物进行氧化、分解的新陈代谢过程	活性污泥、生物滤池、生物转盘、氧化塘、厌氧消化、接触生物氧化等

（二）污水处理流程

污水中的污染物质是多种多样的，不能预期只用一种方法就能够把污水中所有的污染物质去除殆尽。一种污水往往需要通过几种方法组成的系统进行处理，才能达到处理要求。

按污水的处理程度划分，污水处理可分为一级、二级和三级（深度）处理。

一级处理主要是去除污水中呈悬浮状的固体污染物质，物理处理法中的大部分用作一级处理。经一级处理后的污水，BOD只能去除30%左右，仍不宜外排，还必须进行二级处理，因此对于二级处理来说，一级处理又属于预处理。

二级处理的主要任务是大幅度地降低污水中呈胶体和溶解状态的有机性污染物（即

BOD物质)，常采用生物法，去除率可达90%以上。处理后水中的BOD_5含量可降至20～30mg/L，一般污水均能达到排放标准。但经二级处理后的污水中仍残存有微生物不能降解的有机污染物和氮、磷等无机盐类。

深度处理往往是以污水回收、再利用为目的而在二级处理工艺后增设的处理工艺或系统，其功能是进一步去除废水中的有机物质、无机盐及其他污染物质。污水再利用的范围很广，从工业上的复用到充作饮用水。对再利用水质的要求也不尽相同，一般根据水的用途而组合三级处理工艺，常用的有生物脱氮法、混凝沉淀法、活性炭吸附、离子交换、反渗透和电渗析等。

污水处理流程的拟定，一般应遵循先易后难、先简后繁的规律，即先去除大块垃圾及漂浮物质，然后再依次去除悬浮固体、胶体物质及溶解性物质，先使用物理法，再使用生物法、化学法及物理化学法。

对于某种特定污水，采取由哪几种处理方法组成的处理系统，要根据污水的水质和水量、回收其中有用物质的可能性和经济性、排放水体的具体规定，并通过调查、研究和经济比较后决定，必要时还应当进行一定的科学试验，调查研究和科学试验是确定处理流程的重要途径。

（三）城市污水处理系统

城市污水成分的99.9%是水，固体物质仅占0.03%～0.06%。城市污水的生化需氧量(BOD)一般在75～300mg/L。根据对污水的不同净化要求，城市处理系统可分为一级、二级和三级处理。

1. 一级处理

一级处理可由筛分、重力沉降或浮选等方法串联组成，去除废水中大部分粒径在100μm以上的较大颗粒物质。筛分可除去较大悬浮固体；重力沉降法可去除无机颗粒和相对密度略大于1的有凝聚性的有机颗粒；浮选可去除相对密度小于1的颗粒物（油类等），往往采取压力浮选至水面而去除。废水经过一级处理后，一般达不到排放标准。

2. 二级处理

二级处理常用生物法，生物处理主要是去除一级处理后废水中的有机物。

生物法是利用微生物处理废水的一种经济有效的废水处理方法。它通过废水处理构筑物中微生物的作用，把废水中可生化的有机物分解为无机物，以达到净化目的。同时，微生物又用废水中有机物合成自身，使其净化作用得以持续进行。生物法分为好氧生物处理和厌氧生物处理两大类。好氧生物处理是在有氧情况下，借助好氧微生物的作用来进行的。目前实际工程中主要采用好氧生物处理，包括活性污泥法和生物膜法两种。在活性污泥法中大量微生物存在于表面呈现高度吸附活力的絮状活性污泥中，在生物膜法中滤料表面有发达的微生物膜。处理过程中，废水中有机物先被吸附到生物膜或活性污泥上，然后通过微生物的代谢将有机物氧化分解为无机物并将其中部分同化为微生物细胞质而将有机污染物从废水中去除，最后经过沉淀分离，使废水得到净化。好氧生物处理中废水有机物氧化分解的最终产物是CO_2、H_2O、NO_3^-等。

经过二级处理后的水，一般可以达到废水排放标准，但是水中还存留一定的悬浮物、生物不能分解的溶解性有机物、溶解性无机物和氮、磷等富营养物，并含有病毒和细菌。在一定的条件下，仍然可能使天然水体污染。

3. 三级处理

污水的三级处理目的是在二级处理的基础上作进一步的深度处理，以去除废水中的营养物质（N、P），从而控制或防治受纳水体富营养化问题，或使处理出水回用以达到节约水资源的目的。所采用的技术通常为上述的物理法、化学法和生物处理法三大类，如曝气、吸附、混凝沉淀、离子交换、电渗析、反渗透等，但所需处理费用较高，必须因地制宜，视具体情况而定。

第九章　大气污染及其防治

第一节　概　　述

大气是自然环境的重要组成部分，是人类及一切生物赖以生存的物质。像鱼类生活在水中一样，我们人类生活在地球大气的底部，并且一刻也离不开大气，大气为地球生命的繁衍和人类的发展提供了理想的环境。

根据国际标准化组织（ISO）的定义，大气是指地球环境周围所有空气的总和，环境空气是指人类、植物、动物和建筑物暴露于其中的室外空气。可见从自然科学角度来看，大气和空气没有实质性的差别，常用作同义词，其区别仅在于大气的范围更广一些。本章所讨论的大气污染控制主要是环境空气的污染控制，但在大气物理、大气气象和自然地理等大环境的研究中，主要的研究范围是以大区域或全球性的气流为研究对象，很难把二者区分开来。

一、大气的组成

过去人们认为地球大气是很简单的，直到19世纪末才知道地球上的大气是由多种气体组成的混合体，并含有水蒸气和部分杂质。低层大气的气体成分可分为三类，第一类是“不可变气体成分”，主要包括氮、氧、氩三种气体以及微量的惰性气体氖、氦、氪、氙等，这几种气体成分之间维持固定的比例，基本上不随时间、空间而变化；第二类为“可变气体成分”，以水蒸气、二氧化碳和臭氧为主，其比例随时间、地点及人们的生产和生活活动的影响而变化，其中水蒸气的变化幅度最大，二氧化碳和臭氧所占比例最小，但对气候影响较大，硫、碳和氮的各种化合物还影响到人类生存的环境；第三类为“不定气体成分”，它是指由自然界的火山爆发、森林火灾等灾难所引起的尘埃、硫氧化物、氮氧化物等成分或由人类社会生产等人为因素而使大气中增加或增多的成分。

含有上述第一类和第二类组分的大气，我们认为是纯洁清净的大气，包括干洁大气和水蒸气，而第三类组分就是我们通常所说的微粒杂质和新的污染物。干洁空气是指大气中除水蒸气、液体和固体微粒以外的整个混合气体，简称干空气，它的主要成分是氮、氧、氩、二氧化碳等，其含量占全部干洁空气的99.99%（体积分数）以上。其余还有少量的氢、氖、氪、氙、臭氧等。干洁大气的主要成分和比例见表9-1。

表9-1　干洁大气成分

气　体	体积分数/%	质量分数/%	相对分子质量
氮	78.084	75.52	28.0134
氧	20.948	23.15	31.9988
氩	0.934	1.28	39.948
二氧化碳	0.033	0.05	44.0099

二、大气的垂直结构

探测结果表明，地球大气圈的顶部并没有明显的分界线，而是逐渐过渡到星际空间的。

就整个地球来说，越靠近核心，组成物质的密度就越大。假如把海平面上的空气密度作为1，那么在240km的高空，大气密度只有它的千万分之一；到了1600km的高空就更稀薄了，只有它的千万亿分之一。整个大气圈质量的90%都集中在高于海平面16km以内的空间里，再往上去当升高到比海平面高出80km的高度，大气圈质量的99.999%都集中在这个界限以下。以80～100km的高度为界，在这个界限以下的大气，尽管有稠密稀薄的不同，但它们的成分大体是一致的，都可以氮和氧分子为主，这就是我们周围的空气。而在这个界限以上，到1000km上下，就变得以氧为主了；再往上到2400km上下，就以氦为主；再往上，则主要是氢；在3000km以上，便稀薄得和星际空间的物质密度差不多了。这样2000～3000km的高空可以大致看作是地球大气的上界。高层大气已不属于气体分子了，而是原子及原子再分裂而产生的粒子。

按气体成分、温度、密度等物理性质在垂直方向上的变化，世界气象组织把整个地球大气分为五层，自下而上依次是对流层、平流层、中间层、暖层和散逸层，如图9-1所示（散逸层在800km以上，图9-1未予显示）。

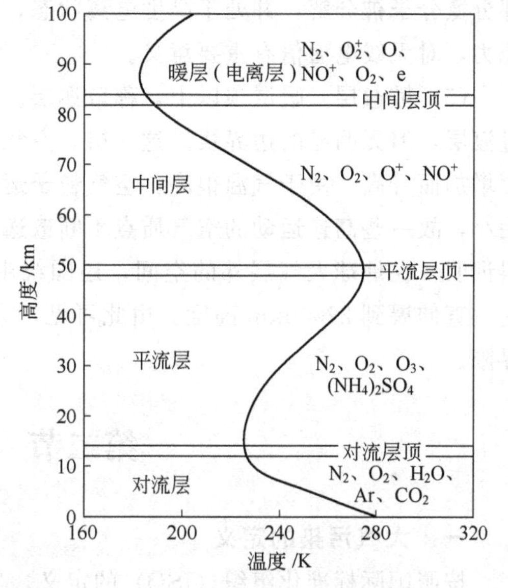

图9-1 大气的垂直分层

(1) 对流层 对流层是大气的最下层。它的高度因纬度和季节而异。就纬度而言，低纬度平均为17～18km，中纬度平均为10～12km，高纬度仅8～9km。就季节而言，对流层上界的高度，夏季大于冬季。对流层的主要特征如下。

① 气温随高度的增加而递减，平均每升高100m，气温降低0.65℃。其原因是太阳辐射首先主要加热地面，再由地面把热量传给大气，因而愈近地面的空气受热愈多，气温愈高，远离地面则气温逐渐降低。

② 空气有强烈的对流运动，地面性质不同，因而受热不均。暖的地方空气受热膨胀而上升，冷的地方空气冷缩而下降，从而产生空气对流运动。对流运动使高层和低层空气得以交换，促进热量和水分传输，对成云致雨有重要作用。

③ 天气的复杂多变。对流层集中了75%大气质量和90%的水汽，因此伴随强烈的对流运动，产生水相变化，形成云、雨、雪等复杂的天气现象。

(2) 平流层 自对流层顶向上55km高度为平流层，其主要特征如下。

① 温度随高度增加由等温分布变逆温分布。平流层的下层随高度增加气温变化很小，大约在20km以上，气温又随高度增加而显著升高，出现逆温层。这是因为20～25km高度处，臭氧含量最多，臭氧能吸收大量太阳紫外线，从而使气温升高。

② 垂直气流显著减弱。平流层中空气以水平运动为主，空气垂直混合明显减弱，整个平流层比较平稳。

③ 水汽、尘埃含量极少。由于水汽、尘埃含量少，对流层中的天气现象在这一层很少见。平流层天气晴朗，大气透明度好。

(3) 中间层 从平流层顶到85km高度为中间层，其主要特征如下。

① 气温随高度增高而迅速降低，中间层的顶界气温降至－113～－83℃。因为该层臭氧含量极少，不能大量吸收太阳紫外线，而氮、氧能吸收的短波辐射又大部分被上层大气所吸收，故气温随高度增加而递减。

② 出现强烈的对流运动。这是由于该层大气上部冷、下部暖，致使空气产生对流运动。但由于该层空气稀薄，空气的对流运动不能与对流层相比。

(4) 暖层 从中间层顶到 800km 高度为暖层，暖层的特征如下。

① 随高度的增高，气温迅速升高。据探测，在 300km 高度上，气温可达 1000℃以上。这是由于所有波长小于 0.175μm 的太阳紫外辐射都被该层的大气物质所吸收，从而使其升温的缘故。

② 空气处于高度电离状态。这一层空气密度很小，在 270km 高度处，空气密度约为地面空气密度的百亿分之一。由于空气密度小，在太阳紫外线和宇宙射线的作用下，氧分子和部分氮分子被分解，并处于高度电离状态，故暖层又称电离层。电离层具有反射无线电波的能力，对无线电通信有重要意义。

(5) 散逸层 暖层顶以上，称散逸层。它是大气的最外一层，也是大气层和星际空间的过渡层，但无明显的边界线。这一层，空气极其稀薄，大气质点碰撞机会很小，气温也随高度增加而升高。由于气温很高，空气粒子运动速度很快，又因距地球表面远，受地球引力作用小，故一些高速运动的空气质点不断散逸到星际空间，散逸层由此而得名。据宇宙火箭资料证明，在地球大气层外的空间，还围绕由电离气体组成极稀薄的大气层，称为“地冕”，它一直伸展到 22000km 高度。由此可见，大气层与星际空间是逐渐过渡的，并没有截然的界限。

第二节 大气污染

一、大气污染的定义

按照国际标准化组织（ISO）的定义，“大气污染通常是指由于人类活动或自然过程引起某些物质进入大气中，呈现出足够的浓度，达到足够的时间，并因此危害了人体的舒适、健康和福利，或危害了环境”。所谓对人体舒适、健康的危害，包括对人体正常生理机能的影响，引起急性病、慢性病甚至死亡等；而所谓福利，则包括与人类协调并共存的生物、自然资源以及财产、器物等。

这里指明了造成大气污染的原因是人类活动和自然过程。自然过程包括火山活动、森林火灾、海啸、土壤和岩石的风化、雷电、动植物尸体的腐烂以及大气圈空气的运动等。但是，由自然过程引起的空气污染，通过自然环境的自净化作用（如稀释、沉降、雨水冲洗、地面吸附、植物吸收等物理、化学及生物机能），一般经过一段时间后会自动消除，能维持生态系统的平衡，因而，大气污染主要是由于在人类的生产与生活活动中向大气排放的污染物质，在大气中积累，超过了环境的自净能力而造成的。

“定义”还指明了形成大气污染的必要条件，即污染物在大气中要含有足够的浓度，并在此浓度下对受体作用足够的时间。在此条件下对受体及环境产生了危害，造成了后果。大气中有害物质的浓度越高，污染就越重，危害也就越大。污染物在大气中的浓度，除了取决于排放的总量外，还同排放源高度、气象和地形等因素有关。

二、大气污染物及其危害

排入大气的污染物种类很多，依据不同的原则，可将其进行分类。

依照污染物存在的形态，可将其分为颗粒污染物与气态污染物。

依照与污染源的关系，可将其分为一次污染物与二次污染物。若大气污染物是从污染源直接排出的原始物质，进入大气后其性质没有发生变化，则称其为一次污染物；若由污染源排出的一次污染物与大气中原有成分或几种一次污染物之间发生了一系列的化学变化或光化学反应，形成了与原污染物性质不同的新污染物，则所形成的新污染物称为二次污染物。

（一）颗粒污染物及其危害

进入大气的固体粒子和液体粒子均属于颗粒污染物。对颗粒污染物可做如下分类。

1. 粉尘

粉尘系指悬浮于气体介质中的小固体颗粒，受重力作用能发生沉降，但在一段时间内能保持悬浮状态。它通常是由于固体物质的破碎、研磨、分级、输送等机械过程或土壤、岩石的风化等自然过程形成的，颗粒的状态往往是不规则的，颗粒的尺寸范围一般为 1～200μm。属于粉尘类的大气污染物的种类很多，如黏土粉尘、石英粉尘、粉煤、水泥粉尘、各种金属粉尘等。

2. 烟

烟一般是指由冶金过程形成的固体颗粒气溶胶。它是由熔融物质挥发后生成的气态物质的冷凝物，在生成过程中总是伴有诸如氧化之类的化学反应。烟颗粒的尺寸很小，一般为 0.01～1μm。产生烟是一种较为普遍的现象，如有色金属冶炼过程中产生的氧化铅烟、氧化锌烟，在核燃料后处理场中的氧化钙烟等。

3. 飞灰

飞灰是指随燃料燃烧产生的烟气排出的分散得较细的灰分。

4. 黑烟

黑烟一般是指由燃料燃烧产生的能见气溶胶。

5. 雾

雾是气体中液滴悬浮体的总称。在气象中指造成能见度小于 1km 的小水滴悬浮体。

在我国的环境空气质量标准中，还根据粉尘粒径的大小，将其分为总悬浮颗粒物和可吸入颗粒物。总悬浮颗粒物（TSP）指悬浮在空气中，空气动力学当量直径≤100μm 的颗粒物。可吸入颗粒物（PM_{10}）指悬浮在空气中，空气动力学当量直径≤10μm 的颗粒物。

颗粒物对人体健康危害很大，其危害主要取决于大气中颗粒物的浓度和人体在其中暴露的时间。研究数据表明，因上呼吸道感染、心脏病、支气管炎、气喘、肺炎、肺气肿等疾病而到医院就诊人数的增加与大气中颗粒物浓度的增加是相关的。患呼吸道疾病和心脏病老人的死亡率也表明，在颗粒物浓度一连几天异常高的时期内就有所增加。暴露在合并有其他污染物（如 SO_2）的颗粒物中所造成的健康危害，要比分别暴露在单一污染物中严重得多。表 9-2 中列举了颗粒物浓度与其产生的影响之间关系的有关数据。

颗粒物粒径大小是危害人体健康的另一重要因素。它主要表现在两个方面：

① 粒径越小，越不易沉积，长时间漂浮在大气中容易被吸入体内，且容易深入肺部。一般粒径在 100μm 以上的尘粒会很快在大气中沉降，10μm 以上的尘粒可以滞留在呼吸道中，5～10μm 的尘粒大部分会在呼吸道沉积，被分泌的黏液吸附，可以随痰排出，小于

表 9-2 观察到的颗粒物的影响

颗粒物浓度/(mg/m^3)	测量时间及合并污染物	影响
0.06～0.18	年度几何平均，SO_2 和水分	加快钢和锌板的腐蚀
0.15	相对湿度<70%	能见度缩短到 8km
0.10～0.15		直射日光减少 1/3
0.08～0.10	硫酸盐水平 $30mg/(cm^2 \cdot 月)$	50 岁以上的人死亡率增加
0.10～0.13	$SO_2>0.12mg/m^3$	儿童呼吸道发病率增加
0.20	24h 平均值，$SO_2>0.25mg/m^3$	工人因病未上班人数增加
0.30	24h 最大值，$SO_2>0.63mg/m^3$	慢性支气管炎病人可能出现急性恶化的症状
0.75	24h 平均值，$SO_2>0.715mg/m^3$	病人数量明显增加，可能发生大量死亡

5μm 的尘粒能深入肺部，0.01～0.1μm 的尘粒，50%以上将沉积在肺腔中，引起各种尘肺病。

② 粒径越小，粉尘比表面积越大，物理、化学活性越高，加剧了生理效应的发生与发展。此外，尘粒的表面可以吸附空气中的各种有害气体及其他污染物而成为它们的载体，如可以承载致癌物质苯并［a］芘及细菌等。

(二) 气态污染物及其危害

以气体形态进入大气的污染物称为气态污染物。气态污染物种类极多，按其对我国大气环境的危害大小，主要有五种类型的气态污染物。

1. 含硫化合物

主要是指 SO_2、SO_3 和 H_2S 等，其中以 SO_2 的数量最大，危害最大，是影响大气质量的最主要的气态污染物。

SO_2 在空气中的含量达到 $(0.3\sim1.0)\times10^{-6}$ 时，人们就会闻到一种气味。包括人类在内的各种动物，对 SO_2 反应都会表现为支气管收缩。一般认为，空气中 SO_2 浓度在 0.5×10^{-6} 以上，对人体健康已有某种潜在性影响，$(1\sim3)\times10^{-6}$ 时多数人开始受到刺激，10×10^{-6} 时刺激加剧，个别人还会出现严重的支气管痉挛。与颗粒物和水分结合的硫氧化物是对人类健康影响非常严重的公害。

当大气中 SO_2 氧化形成硫酸和硫酸烟雾时，即使其浓度只相当于 SO_2 的 1/10，其刺激和危害也将更加显著。动物实验表明，硫酸烟雾引起的生理反应要比单一 SO_2 气体强 4～20 倍。

2. 含氮化合物

含氮化合物种类很多，其中最主要的是 NO、NO_2、NH_3 等。

NO 毒性不太大，但进入大气后可被缓慢地氧化成 NO_2，当大气中有 O_3 等强氧化剂存在时，或在催化剂作用下，其氧化速度会加快。NO_2 是棕红色气体，其毒性约为 NO 的 5 倍，对呼吸器官有强烈的刺激作用。实验表明，NO_2 会迅速破坏肺细胞，可能是哮喘病、肺气肿和肺癌的一种病因。环境空气中 NO_2 含量低于 0.01×10^{-6} 时，儿童（2～3 周岁）支气管炎的发病率有所增加；NO_2 含量为 $(1\sim3)\times10^{-6}$ 时，可闻到臭味；含量为 13×10^{-6} 时，眼、鼻有急性刺激感；在浓度为 17×10^{-6} 的环境下，呼吸 10min，会使肺活量减少，肺部气流阻力增加。NO_x 与碳氢化合物混合时，在阳光照射下发生光化学反应生成光化学烟雾。光化学烟雾的成分是PAN、O_3、醛类等光化学氧化剂，它的危害更加严重。

3. 碳氧化合物

污染大气的碳氧化合物主要是CO和CO_2。

CO是一种窒息性气体，进入大气后，由于大气的扩散稀释作用和氧化作用，一般不会造成危害。但在城市冬季采暖季节或在交通繁忙的十字路口，当气象条件不利于排气扩散时，CO的浓度有可能达到危害人体健康的水平。在CO含量（10～15）$\times10^{-6}$下暴露8h或更长时间的有些人，对时间间隔的辨别力就会受到损害，这种浓度范围是白天商业区街道上的普遍现象。在30×10^{-6}含量下暴露8h或更长时间，会造成损害，出现呆滞现象。一般认为，CO浓度为100×10^{-6}是一定年龄范围内健康人暴露8h的工业安全上限。CO含量达到100×10^{-6}以上时，多数人感觉眩晕、头痛和倦怠。

CO_2是无毒气体，但当其在大气中的浓度过高时，使氧气含量相对减少，对人便会产生不良影响。地球上CO_2浓度的增加，能产生“温室效应”。

4. 碳氢化合物

此处主要是指有机废气。有机废气中的许多成分构成了对大气的污染，如烃、醇、酮、酯、胺等。

大气中的挥发性有机化合物（VOCs)，一般是C_1～C_{10}化合物，它不完全相同于严格意义上的碳氢化合物，因为它除含有碳和氢原子以外，还常含有氧、氮和硫的原子。甲烷被认为是一种非活性烃，所以人们总以非甲烷烃类（NMHC）的形式来报道环境中烃的浓度，特别是多环芳烃（PAH）中的苯并［a］芘（B[a]P）是强致癌物质，因而作为大气受PAH污染的依据。苯并［a］芘主要通过呼吸道侵入肺部，并引起肺癌。实验数据表明，肺癌与大气污染、苯并［a］芘含量的相关性是显著的。从世界范围看，城市肺癌死亡率约比农村高2倍，有的城市高达9倍。

5. 卤素化合物

对大气构成污染的卤素化合物，主要是含氯化合物及含氟化合物，如HCl、HF、SiF_4等。

气态污染物从污染源排放入大气，可以直接对大气造成污染，同时还经过反应形成二次污染物。主要气态污染物和其所形成的二次污染物种类见表9-3。

表9-3 气体状态大气污染物的种类

污染物	一次污染物	二次污染物	污染物	一次污染物	二次污染物
含硫化合物	SO_2、H_2S	SO_3、H_2SO_4、MSO_4	碳氢化合物	C_mH_n	醛、酮等
含氮化合物	NO、NO_2	NO_2、HNO_3、MNO_3、	卤素化合物	HF、HCl	无
碳氧化合物	CO、CO_2	O_3			

注：M代表金属离子。

（三）二次污染物

二次污染物中危害最大，最受人们普遍重视的是硫酸烟雾和光化学烟雾。

1. 硫酸烟雾

因为其最早发生在英国伦敦，也称为伦敦型烟雾。硫酸烟雾是还原型烟雾，是大气中的SO_2等硫氧化物，在有水雾、含有重金属的悬浮颗粒物或氮氧化物存在时，发生一系列化学或光化学反应而生成的硫酸雾或硫酸盐气溶胶。这种污染一般发生在冬季、气温低、湿度高和日光弱的天气条件下，硫酸烟雾引起的刺激作用和生理反应等危害，要比SO_2气体大得多。

2. 光化学烟雾

1946年美国洛杉矶首先发生严重的光化学烟雾事件，故又称洛杉矶型烟雾。光化学烟雾是氧化型烟雾，是在阳光照射下，大气中的氮氧化物和碳氢化合物等污染物发生一系列光化学反应而生成的蓝色烟雾（有时带些紫色或黄褐色），其主要成分有臭氧、过氧乙酰硝酸酯、酮类和醛类等，光化学烟雾的刺激性和危害比一次污染物强烈得多。

第三节 室内空气污染

室内环境是指采用天然材料或人工材料围隔而成的小空间，是外界大环境相对分隔而成的小环境，主要指居室环境，从广义上讲，也包括教室、会议室、办公室、候车（机、船）大厅、医院、旅馆、影剧院、商店、图书馆等各种非生产性室内场所的环境。人的一生大约有70%～90%的时间是在室内度过的，因此，在一定意义上，室内环境对人们的生活和工作质量以及公众的身体健康影响远远超过室外环境。

室内环境污染物种类繁多，而以室内空气污染物占绝大多数。我国早期的室内空气污染物以厨房燃烧烟气、油烟、香烟烟雾以及人体呼出的二氧化碳、携带的微尘、微生物、细菌等为主。近年来，随着社会经济的高速发展，人们越来越崇尚办公和居室环境的舒适化、高档化和智能化，由此带动了装修装饰热潮和室内设施现代化的兴起。良莠不齐的建筑材料、装饰装修材料的不断涌现，越来越多的现代化办公设备和家用电器进驻室内，使得室内成分更加复杂，室内甲醛、苯系物、氨气、臭氧和氡气等污染物浓度水平远远高于室外，由此引起“病态建筑综合征”的患者越来越多。由于室内空气污染的危害性及普遍性，有专家认为继“煤烟型污染”和“光化学烟雾型污染”之后，人们已经进入以“室内空气污染”为标志的第三污染时期。也正是在这样的背景下，人们对室内空气质量的重要性有了更加深刻的认识，并且从国家层次开始着手室内空气污染的控制。

那么与我们生活息息相关的室内空气，其主要的污染物都来源于哪些方面呢？让我们具体地看一下。

一、生活燃料产生的有害物质

我国人口众多，住房紧张，厨房面积通常较小，而且通风条件差，因而厨房是室内空气污染物的主要来源之一。我国的烹调方式以炒、油炸、蒸和煮为主，在烹调过程中，由于热分解作用产生大量的有害物质，已经测出的物质包括醛、酮、烃、脂肪酸、醇、芳香族化合物、酯、内酯、杂环化合物等共计220多种。随着人居基础设施水平的提高，城乡生活燃料汽化率也有较大提高，由燃料产生的有害物质相对减少了，但是燃料燃烧产生的一氧化碳、二氧化碳、二氧化硫还会聚集在不通风或通风不良的厨房中。一般来说，烧煤的污染比烧液化气和煤气更重，据抽样监测表明，厨房内一氧化碳、二氧化碳、苯并［a］芘的浓度大大高于室外大气中的最高浓度值。使用石油液化气为能源的厨房更为严重，因此，在厨房中安装排油烟设备是必要的。部分农村地区使用生物燃料取暖、做饭，而且灶具原始，大多为开放式燃烧，缺乏必要的通风措施，不但热能利用率低（10%～15%），而且燃烧过程产生大量的颗粒物及气相污染物直接逸入室内，造成室内污染。

二、装修材料产生的有害物质

居室装修中使用的各种涂料、板材、壁纸、胶黏剂等，它们大多含有对人体有害的有机化合物，如甲醛、三氯乙烯、苯、二甲苯、酯类、醚类等，当这些有毒物质经呼吸道和皮肤侵入肌体及血液循环中时，便会引发气管炎、哮喘、眼结膜炎、鼻炎、皮肤过敏等。所以，房屋装修后最少要通风十几天再住。另外，这些有毒物质在很长时间内仍能释放出来，经常注意开窗通风是非常必要的。

三、吸烟产生的有害物质

吸烟是一种特殊的空气污染，害己又害人。烟草的化学成分十分复杂，吸烟时，烟叶在不完全燃烧过程中发生了一系列化学反应，所以在吸烟过程中产生的物质多达4000余种，其中有毒物质和致癌物质如尼古丁、烟焦油、一氧化碳、3,4-苯并芘、氰化物、酚醛、亚硝胺、铅、铬等对人体健康危害极大。据有关资料介绍，全世界每年死于与吸烟有关的疾病人数达300万，吸烟已成为世界上严重的公害。在我国吸烟的危害尤其严重，不但吸烟人数逐年增加，而且为数不少的青少年也沾染了吸烟恶习，使品行和学习都受到了影响。据估计我国约有近3.2亿吸烟者，如果不认真控烟，到2030年我国每年将有170万中年人死于肺癌。

四、建筑材料的辐射

建筑材料的辐射是目前对人们伤害程度最大的辐射因素，原因是这些辐射来源于异常的放射性元素。现有的家居装饰石材，一种是花岗岩，由石英、长石、云母组成，另一种则是大理石。这两种石材中含有一些放射性元素，如镭、铀等，这些元素在衰变过程中会产生放射性物质，如氡等。长期呼吸高浓度的含放射性物质的空气，会对人的呼吸系统，尤其是肺部造成辐射损伤，并引发多种疾病，如胸痛、发烧等，严重的还会导致人体部分细胞癌变，危及生命。除此之外，建筑装修中采用的陶瓷卫浴等，都有可能含有超量的放射性物质，从而对人体健康产生不良影响。

五、其他污染物放出的有害气体

杀虫剂、各种蚊香、灭害灵等主要成分是除虫菊酯类，其毒害较小。但是也有的含有机氯、有机磷或氨基甲酸酯类农药，毒性较大，长期吸入会损害健康，并干扰人体的荷尔蒙。室内家具包括常规木质家具和布艺沙发等，会释放出甲醛等污染物，它们主要来源于胶黏剂。

六、人体自身的新陈代谢

人体自身通过呼吸道、皮肤、汗腺、大小便向外界排出大量空气污染物，包括二氧化碳、氨类化合物、硫化氢等内源性化学污染物，呼出气体中包括苯、甲苯、苯乙烯、氯仿等外源性污染物。此外，人体感染的各种致病微生物，如流感病毒、结核杆菌、链环菌等也会通过咳嗽、打喷嚏等排除。

七、生物性污染源

室内空气生物性污染因子的来源具有多样性，主要来源于患有呼吸道疾病的病人、动物（啮齿动物、鸟、家畜等）。此外，环境生物污染源也包括床褥、地毯中孳生尘螨，厨房的餐具、橱具以及卫生间的浴缸、面盆和便具等都是细菌和真菌的孳生地。

八、室外来源

室外来源包括通过门窗、墙缝等开口进入的室外污染物和人为原因从室外带至室内的污染物。工业废气和汽车尾气造成室外大气环境污染，在自然通风或机械通风作用下，这些污染物被送至室内。人体毛发、皮肤以及衣物皆会吸附（黏附）空气污染物，当人自室外进入室内时，也自然地将室外的空气污染物带入室内。此外，将干洗后的衣服带回家，会释放出四氯乙烯等挥发性有机化合物；将工作服带回家，可把工作环境中的污染物带入室内。

室内环境与人体健康息息相关。防止室内空气污染，一是要控制污染源，减少污染物的排放，如装修时选用环保材料；二是经常通风换气，保持室内空气新鲜。

第四节 大气污染控制技术简介

如前所述，无论是大气污染源、污染物、污染类型还是大气污染物的危害，都具有多样性，这种多样性给大气污染控制带来了很大的难度。因此，要从根本上解决大气污染的问题，也就必须多种手段并行。在符合自然规律的前提下，运用社会、经济、技术多种手段对大气污染进行从源头到末端的综合治理，才能达到人与大气环境的和谐。

大气污染控制的对象主要包括含尘废气、低浓度 SO_2 废气、NO_x 废气、含氟废气、含铅废气、含汞废气、有机化合物废气、H_2S 废气、酸雾、沥青烟及恶臭等，也包括对破坏臭氧层物质和温室气体的排放控制。中国大气环境污染以工业生产过程和燃料燃烧过程排放的污染物为主，控制的主要对象是含尘烟气、SO_2、NO_x 和工业工艺尾气中的有毒物质等。

根据污染物的来源和形态，可将大气污染的常规控制技术分为洁净燃烧技术、烟气的高烟囱排放技术、颗粒污染物净化技术、气态污染物净化技术等。

一、洁净燃烧技术

洁净燃烧技术是指在燃料开发和利用中旨在减少污染和提高利用效率的燃料加工、燃烧、转化和污染物控制等所有技术的总称。中国大气污染以燃煤型为主要特征，因此积极采用先进的洁净煤燃烧技术对于控制大气污染物具有十分重要的意义。

二、烟气的高烟囱排放技术

烟气的高烟囱排放就是通过高烟囱把含有污染物的烟气直接排入大气，使污染物向更大的范围和更远的区域扩散、稀释。经过净化达标的烟气通过烟囱排放到大气中。利用大气的自净作用进一步降低地面空气污染物的浓度。

虽然高烟囱排放不是控制大气污染的根本性办法，不应提倡。但考虑目前国内的实际情况，高烟囱排放技术在一定时期内还会在不少行业继续使用。

三、颗粒污染物净化技术

颗粒污染物净化技术又称除尘，它是将颗粒污染物从废气中分离出来并加以回收的操作过程，实现该过程的设备称为除尘器。常用的除尘方法有机械式除尘、静电除尘、洗涤式除尘和过滤除尘等。颗粒污染物是中国大气污染物的主要污染物之一，因此，颗粒污染物净化技术就显得十分重要。

四、气态污染物净化技术

气态污染物种类繁多，特点各异，因此采用的净化方法也不同，常用的方法有吸收法、吸附法、催化法、燃烧法和冷凝法等。

五、汽车排气净化

随着我国汽车保有量的急剧增加，汽车排出的废气对空气的污染已成为严重的社会公害。汽车发动机排放的废气中含有CO、碳氢化合物、NO_x、醛、有机铅化合物、无机铅、苯并［a］芘等多种有害物。在汽车密集的城市，汽车排放污染对人们的生活环境影响最大，它已严重地威胁到人们的身体健康，破坏着自然界的生态平衡。

控制汽车尾气中有害物质排放浓度的方法有两种：一种方法是改进汽车内燃机结构和燃烧状况，使污染物的产量减少，称为机内净化，如改进化油器、点火系统及燃烧系统、用电子方式控制汽油喷射、把甲醇和天然气作为替代燃料等；另一种方法是利用装置在发动机外部的净化设备，对排出的废气进行净化治理，这种方法称为机外净化。从发展方向上说，机内净化是根本解决问题的途径，也是今后应重点研究的方向。而机外净化技术因其卓越的实效与简便而备受青睐，是国际普遍采用的汽车尾气净化法，机外净化采用的主要方法是催化净化法。

（一）一段净化法

一段净化法又称为催化燃烧法，即利用装在汽车排气管尾部的催化燃烧装置，将汽车发动机排出的CO和碳氢化合物，用空气中的氧气氧化成为CO_2和H_2O，净化后的气体直接排入大气。显然，这种方法只能去除CO和碳氢化合物，对NO_x没有去除作用，但这种方法技术较成熟，是目前我国应用的主要方法。

（二）二段净化法

二段净化法是利用两个催化反应器或在一个反应器中装入两段性能不同的催化剂，完成净化反应。由发动机排出的废气先通过第一段催化反应器（还原反应器），利用废气中的CO将NO_x还原为N_2；从还原反应器排出的气体进入第二段反应器（氧化反应器），在引入空气的作用下，将CO和碳氢化合物氧化为CO_2和H_2O。

按这种先进行还原反应，后进行氧化反应顺序的二段反应法，在实践中已得到了应用，但该法的缺点是燃料消耗增加，并可能对发动机的操作性能产生影响。

（三）三元催化法

三元催化法是利用能同时完成CO、碳氢化合物的氧化和NO_x还原反应的催化剂，将三种有害物质一起净化的方法。采用这种方法可以节省燃料、减少催化反应器的数量，是比较理想的方法。但由于需对空燃比进行严格控制以及对催化性能的高要求，因此从技术上说还不十分成熟。

第五节　全球性大气环境问题

在全球大气环境问题中，最引人注目的是酸雨、温室效应与臭氧层的破坏。由于全球大气环境问题的产生原因与影响范围是全球性的，因此这些问题的有效解决，也需要世界各国综合考虑自然、社会、经济、技术等条件，加强交流、增进合作，以促进全球社会、经济、环境的可持续发展。

一、酸雨

（一）酸雨的概念

酸雨是指pH值小于5.6的雨水、冻雨、雪、雹、露等大气降水。大量的环境监测资料表明，由于大气层中的酸性物质增加，地球大部分地区上空的云水正在变酸，如不加控制，酸雨区的面积将继续扩大，给人类带来的危害也将与日俱增。现已确认，大气中的二氧化硫和二氧化氮是形成酸雨的主要物质，美国测定的酸雨成分中，硫酸占60%，硝酸占32%，盐酸占6%，其余是碳酸和少量有机酸。大气中的二氧化硫和二氧化氮主要来源于煤和石油的燃烧，它们在空气中氧化剂的作用下形成溶解于雨水的种酸。据统计，全球每年排放进大气的二氧化硫约1亿吨，二氧化氮约5000万吨，所以，酸雨主要是人类生产活动和生活造成的。

目前，全球已形成三大酸雨区。我国覆盖四川、贵州、广东、广西、湖南、湖北、江西、浙江、江苏和青岛等省市部分地区，面积达200多万平方公里的酸雨区是世界三大酸雨区之一。我国酸雨区面积扩大之快、降水酸化率之高，在世界上是罕见的。世界上另外两个酸雨区是以德、法、英等国为中心，波及大半个欧洲的北欧酸雨区和包括美国和加拿大在内的北美酸雨区。这两个酸雨区的总面积大约1000多万平方公里，降水的pH值小于5.0，有的甚至小于4.0。

（二）酸雨的危害

酸雨在国外被称为“空中死神”，其潜在的危害主要表现在以下四个方面。

(1) 对水生系统的危害　会丧失鱼类和其他生物群落，改变营养物和有毒物的循环，使有毒金属溶解到水中，并进入食物链，使物种减少，生产力下降。

(2) 对陆地生态系统的危害　重点表现在土壤和植物。对土壤的影响包括抑制有机物的分解和氮的固定，淋洗钙、镁、钾等营养元素，使土壤贫瘠化。对植物，酸雨损害新生的叶芽，影响其生长发育，导致森林生态系统的退化。

(3) 对人体的影响　一是通过食物链使汞、铅等重金属进入人体，诱发癌症和老年痴呆；二是酸雾侵入肺部，诱发肺水肿或导致死亡；三是长期生活在含酸沉降物的环境中，诱使产生过多氧化脂，导致动脉硬化、心梗等疾病概率增加。

(4) 对建筑物、机械和市政设施的腐蚀　据报道，仅美国因酸雨对建筑物和材料的腐蚀每年达20亿美元。

（三）酸雨的防治措施

1. 完善环境法规，加强监督管理

① 制定严格的大气环境质量标准，健全排污许可证制度，实施SO_2排放总量控制。

② 经济刺激措施。其手段有征收SO_2排污费，排污税费、产品税（包括燃料税）、排放交易和一些经济补助等，充分运用经济手段促进大气污染的治理。

③ 建立酸雨监测网络和SO_2排放监测网络，以便及时了解酸雨和SO_2污染动态，从而采取措施，控制污染。

④ 推行清洁生产，强化全程环境管理，走可持续发展道路。目前我国的环境管理制度、法规、政策和措施主要以达标为最终要求，在当今的社会经济发展条件下显然是不合适的。

2. 调整能源结构，改进燃烧技术

① 调整工业布局，改造污染严重的企业，淘汰落后的工艺与陈旧的设备，限制高硫煤的生产和使用，限制、淘汰现有煤耗高、热效低、污染重的工业锅炉和炉窑。

② 使用低硫煤、节约用煤。减少SO_2排放最简单的方法就是改用低硫煤。煤中含硫量一般在0.2%～5.5%，当燃煤的含硫量大于1.5%时，就应加一道洗煤工序，以降低硫含量。据有关资料介绍，原煤经洗选后，SO_2排放量可减少30%～50%。所谓节约用煤，就是要改进燃烧方式，提高煤的燃烧效率。

③ 加大烟道气脱硫脱氮技术。

④ 型煤固硫。型煤是经过成型处理后的煤制品，分为民用和工业用两类。民用型煤主要是煤球和蜂窝煤，工业型煤主要锅炉、窑炉、蒸汽机床等采用的各种成型煤制品。所谓型煤固硫，就是在型煤加工时加入固硫剂，煤在燃烧时不排出 SO_2，从而实现燃煤固硫，固硫率可达 50%左右。目前，民用型煤固硫在我国已经开展，而工业型煤固硫则使用很少。

⑤ 调整民用燃料结构，减轻能源污染。逐渐实现民用燃料气体化，逐渐实现城市集中供热。

⑥ 增加无污染或少污染的能源比例。开发可以替代燃煤的清洁能源，如太阳能、核能、水能、风能、地热能、天然气等清洁能源，将会对减排 SO_2 做出很大贡献。但目前的技术水平还不能保证从太阳能、风能、地热能等获得大规模稳定的工业电力。因此，替代能源的主要开发目标应当是水电和核电。

3. 改善交通环境，控制汽车尾气

① 制订各类汽车的废气排放标准，限制汽车行驶速度，尽快实施机动车定期淘汰制度。

② 城市要着力发展公共交通，适当限制私人汽车数量，保证交通畅顺，才能减少汽车尾气的污染。

③ 大力推广使用无铅汽油，改进汽车发动机技术，安装尾气净化器及节能装置。

④ 呼吁使用“绿色汽车”，即用天然气、氢气、酒精、甲醇、电等清洁燃料作为动力的汽车，可大大降低 NO_x 的排放量。

4. 加强植树栽花，扩大绿化面积

植物具有调节气候、保持水土、吸收有毒气体等作用。因此，根据城市环境规划，选择种植一些较强吸收 SO_2 和粉尘的花草树木（如石榴、菊花、桑树、银杉等），可以净化空气，美化城市环境，这也是防止酸雨的有效途径。

5. 控制区域 SO_2 排放总量

即根据地区环境容量，限制区域 SO_2 的总排放量。开展区域 SO_2 排放量控制研究，找出酸沉降控制优化方案。2005 年，山西省每平方公里平均承受约 10t 的二氧化硫排放，超过全国平均水平近 4 倍。2006 年，山西省启动“蓝天碧水工程”全面控制污染，其中重点加强主要污染物的总量控制，将控制二氧化硫排放指标分解到 2798 个重点源。重点抓电厂烟气脱硫，对列入山西省政府燃煤电厂烟气脱硫限期治理任务的燃煤机组进行了全面清理，对未完成限期治理任务的 179 台机组，山西省政府分别做出了再次限期治理并进行处罚、停产治理、关闭的决定。2006 年山西省二氧化硫排放总量比 2005 年同期减少 5.4 万吨，超额完成减排二氧化硫 2.9%的目标任务，减排率达 3.56%，二氧化硫综合污染指数比上年同期下降 30%。

6. 酸雨控制区

酸雨控制区是指为避免或减少酸雨的发生，国家有关部门经国务院批准划定的，对能够形成酸雨的污染物排放加以严格控制的一定区域，它要根据某一地区的气象、地形、土壤等自然条件，在已经产生和可能产生酸雨的地区划定。划定酸雨控制区，应当由国务院环境保护行政主管部门会同有关部门提出方案，报国务院批准。按照《大气污染防治法》的规定，在酸雨控制区内排放二氧化硫的火电厂和其他大中型企业，属于新建项目不能用低硫煤的，必须建设配套脱硫、除尘装置，或者采取其他控制二氧化硫排放、除尘的措施，属于已建企业不用低硫煤的应当采取控制二氧化硫排放、除尘的措施。

7. 公众参与

① 环境保护需要环保工作者献身。作为终身为之奋斗的事业，我国许多科学工作者为了研究我国酸雨的形成规律，贡献了自己的全部精力。

② 中小学生应该尽可能参与一些环保活动，其中包括酸雨。例如，有的中小学生在校园内，种植一些对酸雨敏感性植物，以观测酸雨对环境的影响；或筛选和培植抗酸雨经济作物、花卉等，以改造环境。这些活动有利于提高他们的环保意识和增加环保知识。

③ 环保需要正确的公众舆论。青少年参加环保宣传，出于童心稚语，情真意切，感染力强，形式也较为生动活泼，容易为听众接受。可以办画展、讲故事、发宣传品、建立环保标志、向社会提出环保倡议、清理市容、种树养树等，都有良好的社会效益，这些内容也应该成为青少年日常德育的一部分。

二、温室效应

（一）温室效应的概念

大气中的许多组分如 CO_2、CH_4 等，对长波辐射有特征的吸收光谱，像单向过滤器一样，可以阻止地面向外辐射红外光，从而把能量截留在大气中，使大气温度升高的现象，叫温室效应。能引起温室效应的气体就叫温室气体。大气中的温室气体，除了 CO_2、CH_4，还包括 N_2O、NO_2、O_3、CO 和 CFCs 等。

大气温室气体增加的原因主要是，20 世纪以来世界人口的剧增，特别是城市人口增加更快，使人类的工农业生产向自然环境排放的温室气体越来越多。比如工业上煤、石油、天然气等能源的利用量不断增加，使大气中温室气体的含量不断增加，近 200 年来，CO_2 增加了 25%，CH_4 增加了一倍，N_2O 和 NO_2 增加了 19%，CFCs 以前在大气中根本就没有，它是现代工业生产中出现的一类化合物。另外，人类活动改变了温室气体的源和汇，生态环境的破坏，大量砍伐森林，破坏植被，直接减少了 CO_2 等温室气体的汇；另外，过多地开垦农用土地和发展畜牧业又增加了 CO_2 和 NO_x 等的源。例如，水稻在生长过程中和反刍动物在消化过程中都会排放大量的 CH_4；作物秸秆在燃烧时可产生 CO_2 和 NO_x；最新的研究还证明，作物在生长过程中也排放多种微量有机化合物，这些有机物中有些也属于温室气体。

（二）全球变暖对人类的影响

全球变暖势必对人类生活产生影响，这种影响究竟有多大还有待进一步研究，但初步的研究成果是值得注意的。

1. 沿海地区的海岸线变化

全球变暖会使海平面上升，使沿海地区受到威胁，沿海低地有被淹没的危险，如“水城”威尼斯、低地之国“荷兰”等。海拔稍高的沿海地区的海滩和海岸也会遭受侵蚀，需耗费巨资修建海岸维护工程，另外，还会引起海水倒灌、洪水排泄不畅、土地盐渍化等后果，航运、水产养殖也会受到影响。

2. 气候带移动

气候带移动包括温度带的移动和降水带的移动。气候变暖会引起温度带的北移，温度带移动会使大气运动发生相应的变化，全球降水也会将改变。一般来说，低纬度地区现有雨带的降水量会增加，高纬度地区冬季降雪也会增多，而中纬度地区夏季降水将会减少。

气候带的移动会引起一系列的环境变化。对于大多数干旱、半干旱地区，降水的增多可以获得更多的水资源，这是十分有益的。但是，对于低纬度热带多雨地区，则面临着洪涝威胁。而对于降水减少的地区，如北美洲中部、中国西北内陆地区等，则会因为夏季雨量的减少变得更干旱，造成供水紧张，严重威胁这些地区的工农业生产和人们的日常生活。气候带移动引起的生态系统改变也是不容忽视的。2007 年，世界自然基金会警告说，世界上一些最壮观的自然奇景正遭受全球变暖气候威胁，处于消失的危险中，其中包括喜马拉雅山冰川和亚马孙平原。

气候变暖对农业的影响可以说有利也有弊。虽然变暖会使高纬度地区生长季节延长，有些干旱、半干旱地区降雨可能增多，CO_2 的增多能促进作物生长，但是，作物分布区向高纬度移动，有时可能移到现在土壤贫瘠的地区。对于生产力水平低、粮食储备少的国家，其农业生产系统对气候变化敏感性大，如果气温升高而降水不增加或增加很少，则有可能使干旱加剧，连续长时间的干旱势必对这些国家造成严重灾害。另外，高温闷热天气也会使病虫害变得更严重。

3. 全球气候变暖对中国的影响

中国有关部门及科学界对全球气候变暖对中国环境的影响做了多方面的论证和评估。

(1) 气候变暖使中国农业生产的不稳定性增大　自 20 世纪 60 年代以来，我国地面附近温度变化与北半球气温变化趋势基本一致。一方面升温可延长作物有效生长期，提高作物光合作用，使农业增产。另一方面，由于地表水蒸发量增大，会加重中国华北和西北的干旱、沙化、碱化及草原退化等危害，东南沿海地区的台风频率和强度可能增加，农业病虫害增加。

(2) 海平面上升使中国沿海经济发展受到威胁　中国的黄河、长江、珠江三大三角洲以及相当广泛的平原低地，都是中国经济密集和发达地区，海平面上升将对其产生严重后果。据估计，如果海水平面上升的情况发生，中国第三大城市天津市 70%的人口，80%的工业产值将受到威胁，一些大化工厂、大电厂、大盐场、大油田也将受到损害，其农业也会因海水入侵、土壤盐渍化加重、排水困难而受到损害。

(3) 全球气候变暖还会对中国生物多样化产生影响　气候变暖使生物带、生物群落纬度分布发生变化，使部分动植物和高等真菌等物种处于濒临灭绝、变异的境地。

(三) 控制全球变暖的综合对策

发达国家是温室气体的主要排放国，这些国家应采取有力措施限制温室气体的排放，同时减少向发展中国家转让有利环境技术的障碍。发展中国家也有责任避免重复工业化国家所走过的道路，选择持续发展所需要的、与环境相协调的技术。控制温室气体剧增的基本对策如下。

1. 调整能源战略

当今世界各国一次能源消费结构均以矿物燃料为主，全球矿物燃料消费量占一次能源消费总量的 87%，燃烧矿物燃料每年排入大气中的 CO_2 多达 50 亿吨，并以每年平均 0.4%的速度递增。因此，在保持经济增长的情况下，若想抑制 CO_2 排放量，必须大幅度地引进清洁能源并大力推行节能措施。

能源消耗转化是指从使用含碳量高的燃料（如煤），转向含碳量低的燃料（如天然气）或转向不含碳的能源，如太阳能、风能、核能、地热能、水力、海洋能发电等，这些选择将使我们向减少 CO_2 排放的方向迈进。

2. 绿化对策

目前热带雨林年损失 1400 万公顷，每年从空气中就少吸收 4 亿吨 CO_2，为了抑制 CO_2 增长，应大面积植树造林。林地可以净化大气，调节气候，吸收 CO_2，每公顷森林年净产氧量为落叶林 16t、针叶林 30t、常绿阔叶林 20～25t，而消耗 CO_2 为上述值的 1.375 倍。

3. 控制人口，提高粮产，限制毁林

不发达国家人口失控和发达国家无节制消费及短期行为是造成温室灾害的重要原因之一，从而要在全球控制人口数量，提高人口素质，使人口发展与环境和经济相适应。解决第三世界的粮食问题，应依靠农业技术进步，发展生态农业，走提高单产之路，摒弃毁林从耕的落后农业生产方式。

4. 加强环境意识教育，促进全球合作

缺乏环境意识是环境灾害发生的重要原因，为此，应通过各种渠道和宣传工具，进行危机感、紧迫感和责任感的教育。使越来越多的人认识到温室灾害已经开始，气候有可能日益变暖，人类应为自身和全球负责，建立长远规划，防止气候恶化。

上述环境污染是没有国界的，必须把地球环境作为整体统一考虑、合作治理，认真对待地球变暖问题，否则各国的发展进步都是无法实现的。

三、臭氧层的破坏

（一）臭氧层变化与臭氧洞

臭氧（O_3）是氧的同素异形体，在大气中含量很少，但其浓度变化都会对人类健康和气候带来很大的影响。臭氧存在于地面以上至少 10km 高度的地球大气层中，其浓度随海拔高度而异。平流层中的臭氧吸收掉太阳放射出的大量对人类、动物及植物有害波长的紫外线辐射（240～329nm，称为 UV-B 波长），为地球提供了一个防止紫外辐射有害效应的屏障。但另一方面，臭氧遍布整个对流层，却起着温室气体的不利作用。

在平流层中臭氧耗损，主要是通过动态迁移到对流层，在那里得到大部分具有活性催化作用的基质和载体分子，从而发生化学反应而被消耗掉。臭氧主要是与 HO_x、NO_x、ClO_x 和 BrO_x 中含有的活泼自由基发生同族气相反应。

1985 年，英国科学家法尔曼等人首先提出，“南极臭氧洞”的问题。他们根据南极哈雷湾观测站的观测结果，发现从 1957 年以来，每年早春（南极 10 月份）南极臭氧浓度都会发生大规模的耗损，极地上空臭氧层的中心地带，臭氧层浓度已极其稀薄，与周围相比像是形成了一个“洞”，直径达上千公里，“臭氧洞”就是因此而得名的。这一发现得到了许多其他国家的南极科学站观测结果的证实。卫星观测结果表明，臭氧洞在不断扩大，至 1998 年臭氧洞的覆盖面积已相当于三个澳大利亚。而且，南极臭氧洞持续的时间也在加长，这一切迹象表明，南极臭氧洞的损耗状况仍在恶化之中。

臭氧层的损耗不只发生在南极，在北极上空和其他中纬度地区也都出现了不同程度的臭氧层损耗现象，只是与南极的臭氧破坏相比，北极的臭氧损耗程度要轻得多，而且持续时间相对较短。我国的科学工作者（中国气象科学院的周秀骥）也报道了在我国的青藏高原存在一个臭氧低值中心，中心出现于每年 6 月，中心区臭氧总浓度年递减率达 0.345%，这在北半球是非常异常的现象。

（二）臭氧层的变化对人类的影响

由于臭氧层被破坏，照射到地面的紫外线 B 段辐射（UV-B）将增强，预计 UV-B 辐照水平的增加不仅会影响人类，而且对植物、野生生物和水生生物也会有影响。

1. 对人类健康的影响

臭氧层破坏后，人们直接暴露于UV-B辐射中的机会增加了。UV-B辐射会损坏人的免疫系统，使患呼吸道系统的传染病人增多；受到过多的UV-B辐射，还会增加皮肤癌和白内障的发病率。全世界每年大约有10万死于皮肤癌，大多数病例与UV-B有关。据估计平流层臭氧每损耗1%，皮肤癌的发病率约增加2%。总的来说，在长期受太阳照射的地区的浅色皮肤人群中，50%以上的皮肤病是阳光诱发的，即肤色浅的人比其他种族的人更容易患各种由阳光诱发的皮肤癌。此外，紫外线照射还会使皮肤过早老化。

2. 对植物的影响

一般说来，UV辐射使植物叶片变小，因而减少俘获阳光进行光合作用的有效面积，有时植物的种子质量也受到影响。各种植物对UV辐射的反应不同，对大豆的初步研究表明，UV辐射会使其更易受杂草和病虫害的损害，臭氧层厚度减少25%，可使大豆减产20%～25%。

3. 对水生系统的影响

UV-B的增加，对水生系统也有潜在的危险。水生植物大多数贴近水面生长，这些处于水生食物链最底部的小型浮游植物最易受到平流层损耗的影响，而危及整个生态系统。研究表明，UV-B辐射的增加会直接导致浮游植物、浮游动物、幼体鱼类、幼体虾类、幼体螃蟹以及其他水生食物链中重要生物的破坏。研究人员已发现臭氧洞与浮游植物繁殖速度下降12%有直接关系，而美国能源与环境研究所的报告表明，臭氧层厚度减少25%导致水面附近的初级生物产量降低35%，光亮带（生产力最高的海洋带）减少10%。

4. 对其他方面的影响

有研究指出，UV-B增加会使一些市区的烟雾加剧。一个模拟实验发现，在同温层臭氧减少33%，温度升高4℃时，费城及纳什维尔的光化学烟雾将增加30%或更多。

另一种经济上很重要的影响是，臭氧耗竭会使塑料恶化、油漆退色、玻璃变黄、车顶脆裂。

（三）保护臭氧层的对策

我们已经知道，氟氯烃类物质对臭氧层的破坏最大，因此，应当了解其使用与排放情况，找到解决问题的对策，达成国际协议的基础，尽快停止使用CFCs。

（1）逐步禁止生产和使用破坏臭氧层的物质，从而保护臭氧层免遭破坏　既然破坏臭氧层的物质均为人造化学品，那么完全禁止生产和应用这些物质是可能的，但是，由于氟里昂在工农业生产上的重要地位，立即禁止生产和使用是有难度的，因此，国际上采用的办法是逐步禁止生产和使用这些破坏臭氧层的物质。

因此有了著名的《保护臭氧层维也纳公约》和《关于消耗臭氧层物质的蒙特利尔议定书》及《蒙特利尔议定书（修正案）》，我国也在1989年9月加入《维也纳公约》。

（2）全球合作　为了使发展中国家的缔约国能够实施控制措施，缔约国应尽力向发展中国家提供情报及培训机会，并寻求发展适当资金机制，促进以最低价格向发展中国家转让技术和替换设备。

（3）研究开发破坏臭氧层物质的替代物　由于破坏臭氧层的物质在工农业生产中占有相当重要的地位，限用和禁用上述物质就必须研究开发相应的替代物。因为破坏臭氧层的物质主要为氟里昂，所以，寻找氟里昂的替代物是研究的重点。

四、沙尘暴

（一）沙尘暴及其分布

沙尘暴作为发生在沙漠及其邻近地区特有的一种灾害性天气，是沙暴和尘暴两者兼有的总称，是大量沙尘物质被强风吹到空中，致使空气浑浊（水平能见度小于1km）的严重风沙天气现象。其中沙暴系指8级以上的大风把大量沙粒吹入近地面大气层所形成的携沙风暴；尘暴则是指大风把大量尘埃及其他细微颗粒物质卷入高空所形成的风暴。

沙尘暴天气主要发生在春末夏初季节，这是由于冬春季干旱区降水甚少，地表异常干燥松散，抗风蚀能力很弱，在有大风刮过时，就会将大量沙尘卷入空中，形成沙尘暴天气。

从全球范围来看，沙尘暴天气多发生在内陆沙漠地区，源地主要有非洲的撒哈拉沙漠，北美中西部和澳大利亚也是沙尘暴天气的源地之一。1933～1937年由于严重干旱，在北美中西部就产生过著名的碗状沙尘暴。亚洲沙尘暴活动中心主要在约旦沙漠、巴格达与海湾北部沿岸之间的美索不达米亚、阿巴斯附近的伊朗南部海滨，稗路支到阿富汗北部的平原地带。中亚地区的哈萨克斯坦、乌兹别克斯坦及土库曼斯坦都是沙尘暴频繁（≥15次/年）影响区，但其中心在里海与咸海之间沙质平原及阿姆河一带。

我国西北地区由于独特的地理环境，也是沙尘暴频繁发生的地区，主要源地有古尔班通古特沙漠、塔克拉玛干沙漠、巴丹吉林沙漠、腾格里沙漠、乌兰布和沙漠和毛乌素沙漠等。影响我国的沙尘天气源地，可分为境外和境内两种。分析表明：2/3的沙尘天气起源于蒙古国南部地区，在途经我国北方时得到沙尘物质的补充而加强；境内沙源仅为1/3左右。

（二）沙尘暴的危害

沙尘暴天气作为一种强灾害性天气，可造成房屋倒塌、交通供电受阻或中断、火灾、人畜伤亡等，污染自然环境，破坏作物生长，给国民经济建设和人民生命财产安全造成严重的损失和极大的危害。沙尘暴危害主要在以下几方面。

1. 生态环境恶化

出现沙尘暴天气时狂风裹着沙石、浮尘到处弥漫，凡是经过地区空气浑浊，呛鼻迷眼，呼吸道等疾病人数增加。如1993年5月5日发生在金昌市的强沙尘暴天气，监测到的室内外空气含尘量超过国家规定的生活区内空气含尘量标准的40倍。

2. 大气污染、表土流失

沙尘暴降尘中至少有38种化学元素，它的发生大大增加了大气固态污染物的浓度，给起源地、周边地区以及下风向地区的大气环境、土壤、农业生产等造成了长期的、潜在的危害。特别是农作物赖以生存的微薄的表土被刮走后，贫瘠的土地将严重影响农作物的产量。

3. 引起天气和气候变化

1998年9月起源于哈萨克斯坦的一次沙尘暴，经过我国北部广大地区，并将大量沙尘通过高空输送到北美洲；2001年4月起源于蒙古国的强沙尘暴掠过了太平洋和美国大陆，最终消散在大西洋上空。如此大范围的沙尘，在高空形成悬浮颗粒，足以影响天气和气候。因为悬浮颗粒能够反射太阳辐射从而降低大气温度，随着悬浮颗粒大幅度削弱太阳辐射（约10%），地球水循环的速度可能会变慢，降水量减少；悬浮颗粒还可抑制云的形成，使云的降水率降低，减少地球的水资源，可见，沙尘可能会使干旱加剧。

4. 生产生活受影响，危害人体健康

沙尘暴天气携带的大量沙尘蔽日遮光，天气阴沉，造成太阳辐射减少，几小时到十几个小时恶劣的能见度，容易使人心情沉闷，工作学习效率降低。轻者可使大量牲畜患染呼吸道及肠胃疾病，严重时将导致大量“春乏”牲畜死亡，刮走农田沃土、种子和幼苗。沙尘暴还会使地表层土壤风蚀、沙漠化加剧，覆盖在植物叶面上厚厚的沙尘，影响正常的光合作用，造成作物减产。

5. 生命财产损失

沙尘暴对人畜和建筑物的危害绝不亚于台风和龙卷风。1993 年 5 月 5 日，发生在甘肃省金昌、威武、民勤、白银等地市的强沙尘暴天气，受灾农田 253.55 万亩，损失树木 4.28 万株，造成直接经济损失达 2.36 亿元，死亡 50 人，重伤 153 人。2000 年 4 月 12 日，永昌、金昌、威武、民勤等地市强沙尘暴天气，据不完全统计仅金昌、威武两地市直接经济损失达 1534 万元。

6. 交通安全（飞机、汽车等交通事故）

沙尘暴天气经常影响交通安全，造成飞机不能正常起飞或降落，使汽车、火车车厢玻璃破损、停运或脱轨。

（三）沙尘暴的治理和预防措施

1. 宏观措施

① 加强环境的保护，把环境的保护提到法制的高度来。

② 控制人口增长，减轻人为因素对土地的压力，保护好环境。

③ 加快产业结构调整，按照市场要求合理配置农、林、牧、副各业比例，积极发展养殖业、加工业，分流农村剩余劳动力，减轻人口对土地的压力。

2. 生物措施

(1) 封沙育林育草，恢复天然植被　实行一定的保护措施（设置围栏），建立必要的保护组织（护林站），严禁人畜破坏，给植物以繁衍生息的时间，逐步恢复天然植被。封育同时可以加以人工补植补种和管理，加速生态逆转。

(2) 建立风沙区防护林体系　干旱区绿洲防护体系：一是绿洲外围的封育灌草固沙带，二是骨干防沙林带，三是绿洲内部农田林网及其他有关林种。现实情况要比典型介绍复杂得多，要根据实际情况灵活运用。

3. 工程措施

(1) 沙障固沙　用枝条、柴草、秸秆、砾石、黏土、板条、塑料板及类似材料在沙面设置各种形式的障碍物，以控制风沙流方向、速度、结构，达到固沙、阻沙、拦沙、防风、改造地形等目的。沙障作用重大，是生物措施无法替代的。

(2) 化学固沙措施　将稀释了的有一定胶结构的化学物质，喷洒于流沙表面，水分迅速下渗，化学物则滞留在一定厚度（1～5mm）沙层间隙中，形成一层坚硬的保护壳，以增强沙表层抗风蚀能力，达到固沙目的。目前已研究出几十种化学固沙材料，但由于成本高，未普及推广。

(3) 风力治沙　是以输出为主的治沙措施，减小粗糙度，使风力加强，风沙流呈不饱和状态，造成拉沙和地表风蚀的效果。

(4) 农业措施　一是发展水利，扩大灌溉面积，增施肥料，改良土壤；二是防风蚀农作业措施，带状耕作、伏耕压青、种高秆作物等。

第十章　固体废物的处理与利用

第一节　概　　述

一、固体废物的定义、特性、分类及其来源

固体废物是指人类在生产建设、日常生活和其他活动中产生，在一定时间和地点无法利用而被丢弃的污染环境的固体、半固体废弃物质。

固体废物具有如下特点和特征。

1. 资源和废物的相对性

固体废物是在一定时间和地点被丢弃的物质，是放错地方的资源，因此固体废物的“废”具有明显的时间和空间特征。从时间看，固体废物仅仅是相对于目前的科技水平和经济条件限制，暂时无法利用，随着时间的推移，科技水平的提高，经济的发展以及资源与人类需求矛盾的日益凸现，今日的废物必然会成为明日的资源。从空间角度看，废物仅仅是相对于某一过程或某一方面没有价值，但并非所有过程和所有方面都无价值，某一过程的废物可能成为另一过程的原料，例如，煤矸石发电、高炉渣生产水泥、电镀污泥回收贵金属等。“资源”和“废物”的相对性是固体废物最主要的特征。

2. 成分的多样性和复杂性

固体废物成分复杂、种类繁多、大小各异，既有有机物也有无机物，既有非金属也有金属，既有有味的也有无味的，既有无毒物又有有毒物，既有单质又有合金，既有单一物质又有聚合物，既有边角料又有设备配件。

3. 危害的潜在性、长期性和灾难性

固体废物对环境的污染不同于废水、废气和噪声。它呆滞性大、扩散性小，它对环境的影响主要是通过水、气和土壤进行的。其中污染成分的迁移转化，如浸出液在土壤中的迁移，是一个缓慢的过程，其危害可能在数年以至数十年后才能显现出来。固体废物，特别是有害废物对环境造成的危害往往是灾难性的。

固体废物按其组成可分为有机废物和无机废物；按形态可分为固态、半固态和液态废物；按污染特性可分为危险废物和一般废物；按来源分为工业固体废物、矿业固体废物、农业固体废物、有害固体废物和城市垃圾。在1995年颁布的《中华人民共和国固体废物污染环境防治法》中，将固体废物分为：①城市固体废物或城市生活垃圾；②工业固体废物；③危险废物。

城市固体废物或城市生活垃圾是指在城市居民日常生活中或为日常生活提供服务的活动中产生的固体废物，如厨余物、废纸、废塑料、废织物、废金属、废玻璃陶瓷碎片、粪便、废旧电器等。城市居民家庭、城市商业、餐饮业、旅馆业、旅游业、服务业、市政环卫、交通运输业、文书卫生业和行政事业单位、工业企业单位以及水处理污泥等都是城市固体废物的来源。城市固体废物成分复杂多变，有机物含量高，主要成分为碳，其次是氧、氢、氮、硫。

工业固体废物是指在工业生产过程中产生的固体废物。按行业分有如下几类：①矿业固体废物，产生于采、选矿过程，如废石、尾矿等；②冶金工业固体废物，产生于金属冶炼过程，如高炉渣等；③能源工业固体废物，产生于燃煤发电过程，如煤矸石、炉渣等；④石油化工工业固体废物，产生于石油加工和化工生产过程；⑤轻工业固体废物，产生于轻工业生产过程，如废纸、废塑料、废布头等；⑥其他工业固体废物，产生于机械加工过程，如金属碎屑、电镀污泥等。工业固体废物含固态和半固态物质，随着行业、产品、工艺、材料不同，污染物产量和成分差异很大。

危险废物是固体废物，由于处理、储存、运输、处置或其他管理方面的不当，它能引起各种疾病甚至死亡，对人体健康造成显著威胁（美国环保局，1976）。危险废物通常具有急性毒性、易燃性、反应性、腐蚀性、浸出毒性、疾病传播性。危险废物来源于工、农、商、医各部门乃至家庭生活。工业企业是危险固体废物主要来源之一，集中于化学原料及化学品制造业、采掘业、黑色和有色金属冶炼及其压延加工业、石油工业及炼焦业、造纸及其制品业等工业部门，其中一半危险废物来自化学工业。医疗垃圾带有致病病原体，也是危险废物的来源之一。此外，城市生活垃圾中的废电池、废日光灯管和某些日化用品也属于危险废物。

二、固体废物的产生量及其治理现状

目前，全世界固体废物每年的产生量约为 70×10^8t，其中，美国约占一半；我国每年固体废物产量约 8×10^8t，仅次于美国。我国历年来固体废物累积存量超过 600×10^8t，其中生活垃圾约 60×10^8t，且每年以 8%～10%的速度增长。据统计，2008 年我国 668 座城市产生生活垃圾 1.5×10^8t/a，其中只有不到 10%达到处理标准或资源化利用。我国垃圾侵占土地面积已超过 $5\times10^8 m^2$，全国已有 200 多座城市出现垃圾围城现象。据统计 1981 年国内工业固体废物的产生量为 3.37×10^8t，1995 年达到 6.45×10^8t，增长了一倍，2008 年达到 600×10^8t。全国工业固体废物的累积存量更为惊人，侵占了大量的土地和农田。

中国在固体废物治理方面起步较晚，相对于废水、废气污染控制而言，其治理刚刚起步。就城市垃圾来说，主要存在以下问题。

① 处理方式单一，不利于城市可持续发展　随着经济社会的发展，城市垃圾的成分日趋复杂，单一的处理方式往往不能适应需要。国内城市垃圾主要采用填埋法处理，这种方法没有废物减量化和资源化目标，占用大量土地，浪费了可回收资源，不利于可持续发展。

② 处理技术差，管理落后，对环境影响大　由于填埋作业不规范，填埋场管理不严格，往往造成填埋场的废气、渗滤液严重污染附近环境。对于工业固体废物，我国还没有实现大规模的回收利用，危险固体废物由于对环境和人体健康的巨大威胁而受到国际社会的广泛重视，但我国目前还未形成有效的控制机制。

固体废弃物综合利用系统与环境的交互影响就产生了系统的输入和输出。外界环境给系统一个输入，通过系统的处理和变换，必然产生一个输出，再返回到外界环境（图 10-1）。该系统与环境之间有着物质、能量和信息的交换，因此是一个开放的系统，该系统通过系统部件的不断调整来适应环境的变化以使其在某个阶段保持稳定状态，因此具有自调节和自适应功能。

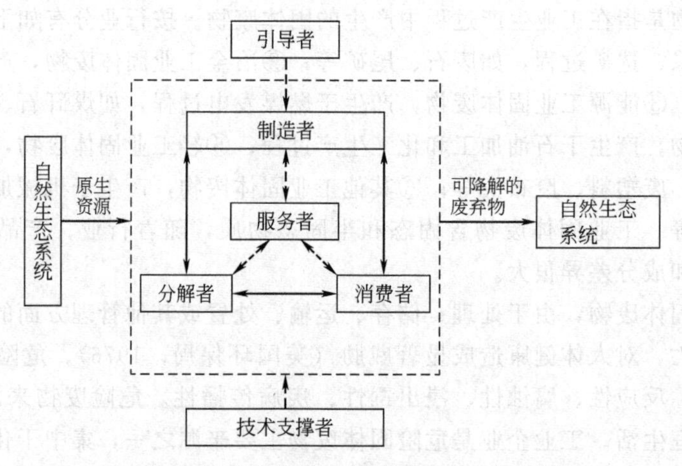

图 10-1 固体废弃物综合利用系统活动示意图

三、固体废物的管理体系

1995 年 10 月 30 日，《中华人民共和国固体废物污染环境防治法》在第 8 届全国人大常委会第 16 次会议上获得通过，于 1996 年 4 月 1 日正式实施。该法律的颁布与实施为固体废物的管理体系的建立与完善奠定了法律基础。该法首先确立了固体废物污染防治的“三化”原则，即“减量化、资源化、无害化”。

减量化就是从源头开始控制，主要是采用“绿色技术”和“清洁生产工艺”，合理地开发利用资源，最大限度地减少固体废物的产生和排放。这要求改变传统粗放式经济发展模式，充分利用原材料、能源等各种资源。减量化不仅是减少固体废物的数量和体积，还包括尽可能地减少其种类，降低危险废物有害成分的浓度，减轻或消除其危险特性等。

资源化是指采取管理措施和工艺改革方案从固体废物中回收有用的物质和能源，创造经济价值的广泛技术方法。固体废物资源化是固体废物的主要归宿。资源化概念包括以下三个方面：①物质回收。即处理废物并从中回收指定的二次物质，如纸张、玻璃、金属等。②物质转换。即利用废物制取新形态的物质，如利用炉渣生产水泥和建筑材料、利用有机垃圾生产堆肥等。③能量转换。即从废物中回收能量，作为热能和电能，如通过有机废物的焚烧处理回收热量、通过热解技术回收燃料、利用堆肥化生产沼气等。

无害化是指以产生的且暂时不能综合利用的固体废物，经过物理、化学或生物的方法，进行对环境无害或低危害的安全处理、处置，达到废物的消毒、解毒或稳定化。无害化的基本任务是将固体废物通过工程处理，达到不污染生态环境和不危害人体健康。

固体废物管理的三化原则是以减量化为前提，以无害化为核心，以资源化为归宿。

第二节　固体废物对环境的影响

固体废物是各种污染物的最终形态，其中的化学有害成分会通过环境介质——大气、水体和土壤，参与生态系统的物质循环，具有潜在的、长期的危害性。因此，固体废物，尤其是有害固体废物处理处置不当时，能通过各种途径危害人体健康。例如，工业废物所含化学成分形成的化学物质污染，能使人致病；生活垃圾是多种病源微小物的孳生地，能形成病原体型污染，病原体型微生物可传播疾病。未经处理的工业废弃物和生活垃圾简单露天堆放，占用土地，破坏景观，而且废物中的有在成分通过刮风进行空气传播，经过下雨进入土壤、河流或地下水源。

一、固体废物污染环境的途径

1. 对土壤环境的影响

固体废物及其淋洗和渗滤液中所含有害物质会改变土壤的性质和土壤结构，并将对土壤中微生物的活动产生影响。这些有害成分的存在，不仅有碍植物根系发育和生长，而且还会在植物有机体内积蓄，通过食物链危及人体健康。土壤是许多细菌、真菌等微生物聚居的场所，这些微生物形成了一个生态系统，在大自然的物质循环中，起着重要作用。工业固体废物，特别是有害固体废物，经过风化、雨雪淋溶、地表径流的侵蚀，产生高温和毒水或其他反应，能杀灭土壤中的微生物，使土壤丧失分解能力，导致草木不生。

固体废物中的有害物质进入土壤后，还可能在土壤中发生积累。

来自大气层核爆炸实验产生的散落物以及来自工业或科研单位的放射性固体废物也能在土壤中积累，并被植物吸收，进而通过食物进入人体。

20 世纪 70 年代，美国密密苏里州，为了控制道路粉尘，曾把混有四氯二苯-对二噁英（2,3,7,8-TCDD）的淤泥废渣当作沥青铺洒路面，造成多处污染，土壤中的 TCDD 浓度高达 300μg/L，污染深度达 60cm，致使牲畜大批死亡，人们备受多种疾病折磨。在居民的强烈要求下，美国环保局同意全市居民搬迁，并花费 3300 万美元买下该城镇的全部地产，还赔偿了市民的一切损失。

2. 对大气环境的影响

堆放的团体废物中的细微颗粒、粉尘等可随风飞扬，从而对大气环境造成污染。据研究表明：当风力在 4 级以上时，在粉煤灰或尾矿堆表层的 $\phi=1\sim1.5$cm 以上的粉末将出现剥离，其飘扬的高度可达 20～50m 以上，在风季可使平均视程降低 30%～70%。而且堆积的废物中某些物质的分解和化学反应，可以不同程度地产生废气或恶臭，造成地区性空气污染，例如煤矸石自燃会散发大量的二氧化硫。美国有 3/4 的垃圾堆散发臭气造成大气污染。

3. 对水环境的影响

在世界范围内，有不少国家直接将固体废物倾倒于河流、湖泊或海洋，甚至以后者当成处置固体废物的场所之一，应当指出，这是有违国际公约、理应严加管制的。固体废物随天然降水或地表径流进入河流、湖泊，或随风飘落入河流、湖泊，污染地面水，并随渗滤液渗透到土壤中，进入地下水，使地下水污染，废渣直接排入河流、湖泊或海洋，能造成更大的水体污染。

即使无害的固体废物排入河流、湖泊，也会造成河床淤塞，水面减小，甚至导致水利工程设施的效益减少或废弃。我国沿河流、湖泊、海岸建立的许多企业，每年向附近水域排放大量灰渣。仅燃煤电厂每年向长江、黄河等水系排放灰渣达 500 万吨以上，有的电厂的排污口外的灰滩已延伸到航道中心，灰渣在河道中大量淤积，从长远看，对其下游的大型水利工程是一种潜在的威胁。

美国的 Love canal 事件是典型的固体废物污染地下水事件。1930～1913 年，美国胡克化学工业公司在纽约州尼亚加拉瀑布附近的 Love canal 废河谷填埋了 2800 多吨桶装有害废物，1953 年填平覆土，在上面兴建了学校和住宅。1978 年大雨和融化的雪水造成有害废物外溢，而后就陆续发现该地区井水变臭，婴儿畸形，居民身患怪异疾病，大气中有害物质浓度超标 500 多倍，测出有毒物质 82 种，致癌物质 11 种，其中包括剧毒的二噁英。1978 年，美国总统颁布法令，封闭了住宅，封闭了学校，710 多户居民迁出避难，并拨出 2700 万美元进行补救治理。

生活垃圾未经无害化处理任意堆放，也已造成许多城市地下水污染。

二、固体废物的危害

固体废物的任意露天堆放，不但占用土地，而且其累积的存放量越多，所需的而积也越大。据估算，每堆积 1×10^4t 渣约需占地 1 亩（1/15ha）。据中国环境保护产业协会固体废物处理利用委员会 2004 年统计，一些国家固体废物侵占土地为：美国 200×10^4ha，俄罗斯 10×10^4ha，英国 60×10^4ha，波兰 50×10^4ha。我国仅工、矿业废渣、煤矸石、尾矿堆累积量就达 66 亿多吨，占地 90 多万亩。随着生产的发展和消费的增长，垃圾占地的矛盾日益尖锐。即使是固体废物的填埋处置，若不着眼于场地的选择以及场地的工程处理和填埋后的科学管理，废物中的有害物质也会通过不同途径进入环境中，并对生物包括人类产生危害。

生物群落特别是一些水生动物的休克死亡，可以认为是废物（包括垃圾）处置场释出污染物质的前兆。例如在雨季由于填埋场填埋不当，使地表径流或渗滤液中的化学毒物进入江河湖泊引起的大量鱼群死亡，这类危害效应可从个体发展到种群，直到生物链。

进入环境的固体废物是潜在污染源，在一定条件下会发生化学、物理或生物的转化，导致有毒有害物质长期地不断释放，进入环境，污染地表和地下水体、大气和土壤，并通过食物链途径对生态环境和人体健康产生多种危害。固体废物特别是有害固体废物，如果处理处置不当，会通过不同途径危害人体健康。通常，工矿业固体废物所含化学成分能形成化学物质型污染；人畜粪便和生活垃圾是各种病原微生物的滋生地和繁殖场，能形成病原体型污染。

1. 侵占土地

固体废物产生以后，需占地堆放，堆积量越大，占地越多。据估算，每堆积 1×10^4t 渣约需占地 1 亩。中国许多城市利用市郊设置垃圾堆场，也侵占了大量农田，对农田破坏严重。未经处理或未经严格处理的生活垃圾直接用于农田或仅经农民简易处理后用于农田，破坏了可耕地土壤的团粒结构和理化性质，致使土壤保水、保肥能力降低。随着生产的发展和消费的增长，垃圾占地的矛盾日益尖锐。

2. 污染土壤

废物堆置，其中的有害成分容易污染土壤。如果直接利用来自医院、肉类加工厂、生物制品厂的废渣作为肥料施入农田，其中的病菌、寄生虫等就会造成土壤污染，人与污染的土壤直接接触，或生吃此类土壤上种植的蔬菜、瓜果，就会致病。当污染土壤中的病源微生物与其他有害物质随天然降水径流或渗流进入水体后就可能进一步危害人的健康。

工业固体废物还会破坏土壤内的生态平衡。土壤是许多细菌、真菌等微生物聚居的场所。这些微生物形成了一个生态系统，在大自然的物质循环中，担负着碳循环和氮循环的一部分重要任务。工业固体废物，特别是有害固体废物，经过风化、雨雪淋溶、地表径流的侵蚀，产生高温和毒水或其他反应，能杀灭土壤中的微生物，使土壤丧失腐解能力，导致草木不生。例如，我国内蒙古包头市的某尾矿堆积量已达 1500 万吨，使尾砂坝下游一个乡的大片土地被污染，居民被迫搬迁。据 2004 年统计，我国受工业废渣污染的农田已超过 12×

$10^5\,hm^2$。来自大气层核爆炸实验产生的散落物以及来自工业或科研单位的放射性固体废物，也能在土壤中积累，并被植物吸收，进而通过食物进入人体。

3. 污染水体

垃圾在堆放腐败过程中会产生大量的酸性和碱性有机污染物，并会将垃圾中的重金属溶解出来，是有机物、重金属和病原微生物三位一体的水体污染源，任意堆放或简易填埋的垃圾，其内部所含水量和淋入堆放垃圾中的雨水产生的渗滤液，流入周围地表水体和渗入土壤，会造成地表水或地下水的严重污染，致使污染环境的事件屡有发生。废渣直接排入河流、湖泊或海洋，能造成更大的水体污染。生活垃圾未经无害化处理任意堆放，也已造成许多城市地下水污染。例如：贵阳市1983年夏季，哈马井和望城坡垃圾堆放场所在地区同时发生流行性痢疾，其原因是地下水被垃圾场渗滤液污染，大肠杆菌超过饮用水标准770倍以上，含菌量超标2600倍，为此，市政府拨款20万元治理，并关闭了这两个堆放场。德国莱茵河地区的地下水因受废渣渗滤液污染，导致自来水厂有的关闭，有的减产。即使无害的固体废物排入河流、湖泊，也会造成河床淤塞，水面减小，水体污染，甚至导致水利工程设施的效益降低或废弃。我国沿河流、湖泊、海岸建立的许多企业，每年向附近水域排放大量灰渣。仅燃煤电厂每年向长江、黄河等水系排放灰渣就达$5\times10^6\,t$以上。有的电厂的排污口外的灰滩已延伸到航道中心，灰渣在河道中大量淤积，从长远看对其下游的大型水利工程是一种潜在的威胁。

4. 污染大气

一些有机固体废物在适宜的温度和湿度下被微生物分解，能释放出有害气体，以细粒状存在的废渣和垃圾，在大风吹动下会随风飘逸，扩散到远处，固体废物在运输和处理过程中，也能产生有害气体和粉尘。煤矸石自燃会散发大量的二氧化硫。在大量垃圾露天堆放的场区，臭气冲天，老鼠成灾，蚊蝇孳生，有大量的氨、硫化物等污染物向大气中释放。仅有机挥发性气体就多达100多种，其中含有许多致癌、致畸物。采用焚烧法处理固体废物已成为有些国家大气污染的主要污染源之一。

5. 影响环境卫生

我国工业固体废物的综合利用率很低。城市垃圾、粪便清运能力不高，无害化处理率2007年仅达50%，很大部分工业废渣、垃圾堆放在城市的一些死角，严重影响城市容貌和环境卫生，对人的健康构成潜在威胁。

第三节　固体废物的处理与处置

固体废弃物的处理通常是指物理、化学、生物、物化及生化方法把固体废弃物转化为适于运输、贮存、利用或处置的过程，固体废弃物处理的目标是无害化、减量化、资源化。有人认为固体废弃物是“三废”中最难处置的一种，因为它含有的成分相当复杂，其物理性状（体积、流动性、均匀性、粉碎程度、水分、热值等）也千变万化，要达到上述“无害化、减量化、资源化”目标会遇到相当大的麻烦，一般防治固体废弃物污染方法首先是要控制其产生量，例如，逐步改革城市燃料结构（包括民用工业）控制工厂原料的消耗，定额提高产品的使用寿命，提高废品的回收率等；其次是开展综合利用，把固体废弃物作为资源和能源对待，实在不能利用的则经压缩和无毒处理后成为终态固体废弃物，然后再填埋和沉海，目前主要采用的方法包括压实、破碎、分选、固化、焚烧、生物处理等。

一、固体废物的预处理技术

对于形状、大小、结构和性质各异的固体废物，为使其便于进行合适的处理、处置，首先要进行预处理，预处理通常包括压实、破碎和分选。

二、固体废物的热处理技术

1. 固体废物的焚烧处理技术

固体废物的焚烧可以实现三化。

① 减量化：固体废物经过焚烧可以减重80%以上，减容90%以上，与其他处理技术比较，减量化是它最卓越的效果。

② 无害化：与卫生填埋和堆肥存在的潜在环境危害相比，此无害化特性具有明显优势，固体废物经过焚烧，可以破坏其组成结构，杀灭病原菌，达到解毒除害的目的。

③ 资源化：固体废物含有潜在的能量，通过焚烧可以回收热能，并以电能输出。

虽然目前世界各国垃圾的处理方式仍以填埋为主，但自20世纪70年代以来，垃圾的焚烧技术在发达国家得到了较快发展。如日本的垃圾焚烧比例在20世纪90年代中期已经达到75%（1900座），瑞士、比利时、丹麦、法国、卢森堡、瑞典、新加坡等国焚烧的比例都接近或超过填埋，垃圾焚烧技术正逐步成为各国主要的垃圾处理方式。

我国垃圾焚烧技术的研究起步于20世纪80年代中期，目前，随着我国经济的高速发展、人们生活水平的提高、城市化进程的加快，城市垃圾的可燃成分大量增加，垃圾的热值明显提高，使焚烧技术成为当今城市解决垃圾问题的新趋势、新热点。特别是东部沿海地区和部分中心城市，正在或将要建设垃圾焚烧厂，如深圳（已建）、珠海（已建）、广州（已建）、上海、北京、顺德、中山、常州、厦门、北海、沈阳等城市，将建设垃圾焚烧厂的任务提上了议事日程。

2. 固体废物的热解处理技术

有机物在无氧或缺氧的状态下加热，使之分解的过程成为热解。其本质是利用热能使热不稳定的化合物的化学键断裂，由大分子物质变成小分子可燃气体、液体燃料和焦炭的过程。热解最早的应用是煤的干馏，该过程所得的焦炭主要用于冶炼钢铁。随着能源危机的加剧，人们逐渐认识到再生能源的重要性，由于热解固体废物能够生产燃料，因此，它成为一种很有前途的处理方法。

三、固体废物的生物处理技术

堆肥化是在人工控制下，在一定的水分、碳氮比和通风条件下，通过微生物的发酵作用，将有机物转变成为肥料的过程。科学地讲，堆肥化是依靠自然界广泛分布的细菌、放线菌、真菌等微生物，人为地将可生物降解的有机物向稳定的腐殖质生化转化的微生物学过程。有机废物的堆肥化技术是进行稳定化、无害化处理的重要方式之一，也是实现固体废物的资源化、能源化的技术之一。

堆肥化可以对城市固体废物进行处理消纳，实现稳定化和无害化，可以避免或减轻垃圾的大面积堆积；也可以将固体废物中的有用成分尽快地纳入自然循环系统，促进人类社会和自然界的物质循环；同时，堆肥化可将大量有机固体废物转换成有用的物质和能量（如生产沼气和肥料）；堆肥化可使固体废物减容、减重一半左右。

堆肥化生产出的产品主要是堆肥，堆肥是一种人工腐殖质，堆肥施用后，可使作物保持良好的生长状态。堆肥同时还具有增进化肥肥效的作用。

适于堆肥化的固体废物主要有：城市生活垃圾，纸浆厂、食品厂等排水设施排出的污泥，下水污泥，粪便消化污泥、家畜粪便，树皮、锯末、糠壳、秸秆等。在我国，堆肥的主要原料是生活垃圾与粪便的混合物、城市生活垃圾与生活污水污泥的混合物。

目前，堆肥化技术正向着机械化和自动化的方向发展。但在中国，由于当前经济现状，高度机械化和自动化的堆肥化设备成本太高，不符合我国国情，我们必须寻找一种成本价低、操作方便、维护性较好、真正适合中国国情的堆肥化工艺和技术。

四、固体废物的固化技术

废物的固化处理是利用物理或化学的方法将有害的固体废物与能聚结成固体的某种惰性基材混合，从而使固体废物固定或包容在惰性固体基材中，使之具有化学稳定性或密封性的一种无害化处理技术。固化所用的惰性材料成为固化剂，经固化处理后的固化产物称为固化体。固化处理的目的是将有毒废物转化为化学或物理上稳定的物质，因此要求处理后所形成的固化体应有良好的抗渗透型、抗浸出性、抗冻融性，并具有一定的机械强度和稳定的物理、化学性质。

根据固化处理中所用固化剂的不同，固化技术可分为水泥固化、石灰固化、热塑性材料固化、热固性材料固化、玻璃固化、自胶结固化和大型包封固化等。

五、固体废物的最终处置技术

固体废物的处理是指将固体废物转变成适于运输、利用、贮存或最终处置的过程。固体废物的处置是固体废物污染控制的末端环节，是解决固体废物的归宿问题。固体废物的处理技术可以分为：物理处理、化学处理、生物处理、热处理、固化/稳定化处理等。

固体废物处置方法分为陆地处置和海洋处置两大类。海洋处置分为深海投弃和海上焚烧，目前海洋处置已被国际公约所禁止。陆地处置分为土地耕作、永久储存、土地填埋、深井灌注和深层处置。目前，固体废物处置主要以土地填埋为主。

土地填埋技术的含义如下：①土地填埋处置是一种按照工程理论和施工标准，对固体废物进行有效控制管理的综合性科学工程技术，而不是传统意义上的堆放、填埋；②在处置方式上，已从堆、填、覆盖向包容、屏蔽隔离的工程贮存方向发展；③填埋处置工艺简单，成本较低，适于处置多种类型的固体废物。

第四节 城市垃圾的处理

随着城市规模的不断扩大和人民生活水平的提高，城市化进程不断加快，城市生活垃圾产量与日俱增。这些城市垃圾不仅污染环境，破坏城市景观，而且传播疾病，威胁人类的健康，成为当前社会的公害之一。而由垃圾填埋场产生的渗滤液能够渗入到地下水中污染地下水，所以，如何防止渗滤液的渗透以及如何进行处理使其不污染地下水是必须解决的问题。

城市垃圾是指城市区域内人们日常生活和活动中产生的固体废弃物及法律、行政法规规定视为城市生活垃圾的固体废弃物，是当前技术条件下不能用于生产和生活的废弃物。随着技术的进步和人类需求的演变，垃圾有可能成为适合人类某种需求的资源，因此，从资源学的角度讲，垃圾是一种总量在不断增长的资源。

由于目前对垃圾的无害化处理率低，不可避免地造成二次污染。特别是由于大部分城市缺乏分类收集，大量的电池及重金属等垃圾进入垃圾场，导致城市垃圾填埋场重金属污染严重，垃圾分解产生的渗滤液，多数未经处理便排入河中，对下游及周围环境造成极大污染；另一方面，一些城市垃圾场把只经简单分选的垃圾当成有机肥料，出售给菜农和果农使用，使这些垃圾中的重金属很快通过食物链进入人体，对城市居民生活和健康构成严重的威胁。因此，如何处理城市垃圾已成为当前城市发展过程中急需解决的重大环境问题。

现代城市垃圾处理的最基本目的是减量化、无害化和资源化。目前国内外常采用的垃圾处理方式有焚烧法、堆肥法、卫生填埋法和分选法，其中以焚烧法和卫生填埋法应用最为普遍。由于城市垃圾成分复杂，并受经济发展水平、能源结构、自然条件及传统习惯的影响，生活垃圾成分相差很大，因此，对城市垃圾的处理一般随国情而不同，往往一个国家各个城市也采取不同的处理方式，很难统一，但最终都以无害化、资源化、减量化为处理标准。

一、中国城市生活垃圾处理现状

由于场地、资金、技术等问题的困扰，目前，中国的垃圾处理还处于一个初步发展阶段，很多城市始终无法从根本上解决垃圾处理问题，每天都有数以万吨的垃圾不能有效处理，目前约 90%的城市垃圾最终以填埋方式处理，其中约有一半的垃圾未经处理直接填埋、露天堆放、自然填沟或填坑，河流沿岸甚至成了天然垃圾堆放场，不能做到及时覆盖，不具备完善的垃圾渗滤液收集、排导和处理设施，也无完善的填埋气体排导和处理设施。由于中国经济发展水平还较低，垃圾处理只有部分实行堆肥处理，焚烧法仅占 1%左右。而堆肥处理大都为静态露天堆肥，臭气和污水没有得到严格的处理，焚烧处理的烟气排放控制还没有严格落实。因此，中国城市垃圾无害化处理设施缺乏，无害化处理率不足 20%，从而污染水体、土壤、大气，对土壤、河流、地下水、大气等都造成了严重的影响和潜在的危害，并产生不同程序的二次污染。

由于处置设施严重不足，垃圾堆存侵占的土地面积多达 5 亿多立方米，历年堆存量达到 60 多亿吨，全国 666 座城市中，已有 200 多座城市陷入垃圾的包围之中，许多地方已出现垃圾包围城市并逐渐向农村蔓延的趋势。

目前中国城市垃圾无害化处理的主要方法有卫生填埋、高温堆肥和焚烧三种。国内的填埋垃圾几乎没有经过处理，大多是简单的倾倒和填埋，对地下水造成了不可逆转的污染。

垃圾处理有三项公认的原则，即无害化、减量化、资源化。卫生填埋处理的缺点是填埋场占地面积大，使用时间短，垃圾中可回收利用的资源造成浪费；垃圾的堆肥处理，这种方式最大的要求是垃圾要分类收集，由于目前国内垃圾分类大多没有实行，一些重金属会留在肥料中，一旦用于农作物，会带来一系列的生物安全问题。而垃圾的焚烧处理优点是减容率高，可使垃圾体积缩小 50%～95%，而且燃烧垃圾过程中会产生一定的热量可用于城市供暖供电。但烧掉了可回收的资源，释放出二噁英、汞蒸汽等有毒气体，并产生有毒有害炉渣和灰尘。

二、国外城市生活垃圾处理现状

垃圾的处理方法很多：堆肥、填埋、焚烧、流化床制燃气、垃圾燃料、垃圾投海、垃圾养殖蚯蚓、垃圾做筑路材料、垃圾制砖、垃圾制石油、纤维糖化技术、废纤维饲料化技术、垃圾炼钢、垃圾产沼技术等，其中最为常用的处理方式有堆肥、填埋、焚烧。下面以德国为例介绍国外城市生活垃圾的处理状况。

德国位于欧洲中部，地域较大，人口不多，经济发达，垃圾数量巨大。据初步统计，德国每年产生垃圾近 3000 万吨，主要分为可回收垃圾（玻璃、废纸、旧纺织品、包装物、废金属、废家具）、堆肥垃圾（厨房、庭院、生物垃圾）、不可再生垃圾（建筑垃圾、污水厂污泥等）。由于垃圾产生量的不断增加和垃圾填埋场地的日益短缺，且未经过处理的垃圾填埋会产生大量的甲烷气体，而甲烷气体所造成的温室效应是二氧化碳的60倍，在19世纪末，德国在汉堡建成了德国第一座垃圾焚烧厂。垃圾焚烧主要是减少垃圾的体积和重量，从而达到减少填埋场地、使垃圾中的有害物质无害化的目的，同时可以回收热能。

德国是世界上最早进行垃圾焚烧技术研究开发的国家。至2002年，已有60余套从垃圾中提取能量的装置及几十家垃圾发电厂，并且用于热电联产。联邦德国的垃圾焚烧炉由1985年的7台增至1996年的46台，年处理垃圾由71.8万吨增至800万吨，从可供总人口14%的居民用电增至34%。柏林、汉堡、慕尼黑等大型城市中民用电的10%～17%来自垃圾焚烧。1995年德国垃圾焚烧炉达67台，受益人口的比率从35%增加到50%，当年国家用于垃圾处理的投入为140亿马克，每年投入的增加率为18%。

德国从1980年的4600个垃圾填埋场已降为1995年的527个。从2005年开始，德国严禁建设填埋场，废除垃圾直接填埋方式，包括污水厂污泥在内必须进行热处理，垃圾处理趋于彻底化和资源化。

三、城市生活垃圾处理系统简介

为了防止垃圾污染，人们研究开发了填埋、堆肥、焚烧、热解、蚯蚓分解等技术，但目前技术成熟，使用较多的方法是前三种。

1、卫生填埋

卫生填埋有别于垃圾的自然堆放或简易填埋，卫生填埋是按卫生填埋工程技术标准处理城市垃圾的一种方法，其填埋过程为一层垃圾一层覆盖土交替填埋，并用压实机压实，填埋堆中预埋导气管导出垃圾分解时产生的有害气体（CH_4、CO_2、N_2、H_2S等）。填埋场底部做成不透水层，防止渗滤液对地下水的污染，并在底部设垃圾渗滤液导出管将渗滤液导出进行集中处理。

卫生填埋具有技术简单、处理量大、风险小、建设费用、运行成本相对较低的优点，但卫生填埋对场址条件要求较高，所需的覆盖土量较大。如果能够找到合适场址并解决覆盖土的来源问题，在目前的经济、技术条件下，卫生填埋法是最适用的方法。

2. 堆肥

堆肥是在有控制的条件下，利用微生物对垃圾中的有机物进行生物降解，使之成为具有良好稳定性的腐殖土肥料的过程，因此它是一种垃圾资源化处理方法。堆肥有厌氧和好氧两种，前者堆肥时间长、堆温低、占地大、二次污染严重。现代堆肥工艺是指高温好氧堆肥，是在好氧条件下，用尽可能短的时间完成垃圾的发酵分解，并利用分解过程产生的热量使堆温升至60～80℃，起到灭菌、灭寄生虫和苍蝇卵蛹的作用，从而达到无害化的目的。垃圾的堆肥化处理的优点在于能使垃圾转化为可利用的资源，既增加了垃圾处理的经济效益，减少了垃圾最终填埋地，节约了土地资源。

堆肥法无害化、资源化效果好，出售肥料产品，有一定的经济效益。但该法需一定的技术和设备，建设投资和处理成本较高，堆肥产品的产量、质量和价格受垃圾成分的影响。产品的销路好坏是采用堆肥法的决定性因素。

3. 焚烧

焚烧法是一种对城市垃圾进行高温热化学处理的技术。将垃圾送入焚烧炉中，在800～

1000℃高温条件下，垃圾中的可燃成分与空气中的氧进行剧烈的化学反应，放出热量，转化成高温燃烧气体和少量性质稳定的惰性残渣。通过焚烧可以使垃圾中可燃物氧化分解，达到减少体积、去除毒物、回收能量的目的。经焚烧处理后垃圾中的细菌和病毒能被彻底消灭，各种恶臭气体得到高温分解，烟气中的有害气体经处理达标排放。

焚烧法减量化的效果最好，无害化程度高，且产生的热量可作能源回收利用，资源化效果好。该法占地少，处理能力可以调节，处理周期短，但建设投资大，处理成本高，处理效果受垃圾成分和热值的影响，是大中城市垃圾处理的发展方向。

我国城市生活垃圾处理起步较晚，近年来，我国一些城市先后建设了城市垃圾处理设施。如上海老港填埋场、杭州天子岭填埋场，上海安亭、无锡及常州堆肥厂，深圳焚烧发电厂等，具体采用何种工艺，应因地制宜。

在常见的垃圾处理方法中，焚烧、填埋、堆肥的技术较为成熟，使用也较多。

第十一章　土壤污染及其治理

第一节　概　述

土壤是自然环境要素的重要组成之一，它是处在岩石圈最外面的一层疏松的部分，具有支持植物和微生物生长繁殖的能力，被称为土壤圈。土壤圈处于大气圈、岩石圈、水圈和生物圈之间的过渡地带，是联系有机界和无机界的中心环节。土壤是由固体、液体和气体三相共同组成的多相体系。土壤固相包括矿物质和有机质，其中矿物质约占土壤固体总重量的90%以上，而有机质约占固体总重量的1%～10%。土壤液相是指土壤中水分及其水溶物。土壤中有无数孔隙充满空气，即土壤气相。典型土壤约有35%的体积是充满空气的孔隙，因而土壤具有疏松的结构。

土壤具有两个重要的功能，一是土壤作为一项极其宝贵的自然资源，是农业生产的基础，二是土壤对于外界进入的物质具有同化和代谢能力。由于土壤具有这种功能，所以人们肆意开发土壤资源，同时将土地看作人类废物的垃圾场，而忽略了对土地资源的保护。由于这种原因，人类面临着土地退化、水土流失和荒漠化以及土壤污染等诸多问题。其中，土壤污染的形势极为严峻。

一、土壤污染的定义

（一）土壤背景值

土壤背景值是指未受或少受人类活动特别是人为污染影响的土壤环境本身的化学元素组成及其含量。土壤背景值是各种成土因素综合作用下成土过程的产物，地球上的不同区域，从岩石成分到地理环境和生物群落都有很大的差异，所以实质上它是各自然成土因素（包括时间因素）的函数。由于成土环境条件仍在不断地发展和演变，特别是人类社会的不断发展，科学技术和生产水平不断提高，人类对自然环境的影响也随之不断地增强和扩展，目前已难以找到绝对不受人类活动影响的土壤。因此，现在所获得的土壤背景值也只能是尽可能不受或少受人类活动影响的数值。

研究土壤背景值具有重要的实践意义。因为污染物进入土壤环境之后的组成、数量、形态和分布变化，都需要与背景值比较才能加以分析和判断，所以土壤背景值是土壤环境质量评价，特别是土壤污染综合评价的基本依据，是研究和确定土壤环境容量，制定土壤环境标准的基本数据，也是研究污染元素和化合物在土壤环境中的化学行为的依据。另外，在土地利用及其规划，研究土壤生态、施肥、污水灌溉、种植业规划，提高农、林、牧、副业生产水平和产品质量，食品卫生、环境医学等方面，土壤环境背景值也是重要的参比数据。

我国在20世纪70年代后期开始进行土壤背景值的研究工作，先后开展了北京、南京、广州、重庆以及华北平原、东北平原、松辽平原、黄淮海平原、西北黄土、西南红黄壤等的土壤和农作物的背景值研究。

（二）土壤环境容量

土壤环境容量是针对土壤中的有害物质而言的。它是指在人类生存和自然生态不致受害的前提下，土壤环境单元所容许承纳的污染物质的最大数量或负荷量。简而言之，土壤环境容量实际上是土壤污染起始值和最大负荷值之间的差值。若以土壤环境标准作为土壤所能承纳的最大允许限值，则该土壤的环境容量便是土壤环境标准值减去土壤背景值。在尚未制定土壤环境标准的情况下，还可以通过土壤环境污染的生态效应试验，加之考虑土壤环境的自净作用与缓冲性能，来确定土壤环境容量。

土壤环境容量能够在土壤环境质量评价、制订污水灌溉水质标准、污泥施用标准、微量元素累积施用量等方面发挥作用。土壤环境容量充分体现了区域环境特征，是实现污染物总量控制的重要基础。在此基础上人们可以经济、合理地制定污染物总量控制规划，也可以充分利用土壤环境的纳污能力。

（三）土壤污染的定义

土壤污染是指加入土壤的污染物超过土壤的自净能力，或污染物在土壤中积累量超过土壤基准量，而给生态系统乃至人类造成危害的现象。

土壤环境中污染物的输入、积累和土壤环境的自净作用是两个相反而又同时进行的对立、统一的过程，在正常情况下，两者处于一定的动态平衡，在这种平衡状态下，土壤环境是不会发生污染的。但是，如果人类的各种活动产生的污染物质，通过各种途径输入土壤，其数量和速度超过了土壤环境的自净作用的速度，打破了污染物在土壤环境中的自然动态平衡，使污染物的积累过程占据优势，可导致土壤环境正常功能的失调和土壤质量的下降；或者土壤生态发生明显变异，导致土壤微生物种类、数量或者活性的变化，土壤酶活性的减少；同时，由于土壤环境中污染物的迁移转化，从而引起大气、水体和生物的污染，并通过食物链最终影响到人类的健康，这种现象属于土壤环境污染。因此，我们说，当土壤环境中所含污染物的数量超过土壤自净能力或当污染物在土壤环境中的积累量超过土壤环境基准或土壤环境标准时，即为土壤环境污染。从土壤污染概念来看，判断土壤发生污染的指标：一是土壤自净能力，二是动植物直接、间接吸收而受害的临界浓度。

二、土壤污染的类型和来源

（一）土壤污染物的分类

1. 化学污染物

包括无机污染物和有机污染物。无机污染物主要包括汞、镉、铅、砷等重金属，过量的氮、磷植物营养元素以及氧化物和硫化物等。有机污染物则包括各种化学农药、石油及其裂解产物以及其他各类有机合成产物等。化学污染物是土壤污染物中最重要、影响也最强烈和广泛的污染物，目前人们对于这类污染物的污染效应、治理等相关研究进行得比较多。

2. 物理污染物

指来自工厂、矿山的固体废弃物如尾矿、废石、粉煤灰和工业垃圾等。

3. 生物污染物

指带有各种病菌的城市垃圾和由卫生设施排出的废水、废物以及厩肥等。

4. 放射性污染物

主要存在于核原料开采和大气层核爆炸地区，以锶和铯等在土壤中生存期长的放射性元素为主。

（二）污染物的来源

1. 污水灌溉

用未经处理或未达到排放标准的工业污水灌溉农田是污染物进入土壤的主要途径。生活污水和工业废水中，含有氮、磷、钾等许多植物所需要的养分，所以合理地使用污水灌溉农田，一般有增产效果。但污水中还含有重金属、酚、氰化物等许多有毒有害的物质，如果污水没有经过必要的处理而直接用于农田灌溉，会将污水中有毒有害的物质带至农田，污染土壤。例如冶炼、电镀、燃料等工业废水能引起镉、汞、铬、铜等重金属污染；石油化工、肥料、农药等工业废水会引起酚、三氯乙醛、农药等有机物的污染。污水灌溉和污水土地处理系统对土壤环境的污染防治和生态环境保护都是需要研究的重要土壤环境问题。

2. 酸雨和降尘

工业排放的二氧化硫、氟化物、臭氧、氮氧化物、碳氢化合物等有害气体在大气中发生反应而形成酸雨，以自然降水形式进入土壤，引起土壤酸化。我国酸雨区面积约占国土面积的 1/3。工业排放的粉尘、烟尘等固体粒子及烟雾、雾气等液体粒子，在重力作用下以降尘形式进入土壤造成污染。例如，有色金属冶炼厂排出的废气中含有铬、铅、铜、镉等重金属，对附近的土壤造成污染；生产磷肥、氟化物的工厂会对附近的土壤造成粉尘污染和氟污染。大气酸沉降与土壤酸化，已成为全球性的生态环境问题。

3. 化肥农药

施用化肥是农业增产的重要措施，但不合理的使用，会使作物贪青、倒伏而减产，同时引起土壤中营养元素的不平衡，形成土壤污染。例如长期大量使用氮肥，会破坏土壤结构，造成土壤板结，生物学性质恶化，影响农作物的产量和质量。过量地使用硝态氮肥，会使饲料作物含有过多的硝酸盐，妨碍牲畜体内氧的输送，使其患病，严重的导致死亡。

农药能防治病、虫、草害，如果使用得当，可保证作物的增产，但它是一类危害性很大的土壤污染物，施用不当，会引起土壤污染。农作物从土壤中吸收农药，在根、茎、叶、果实和种子中积累，通过食物、饲料危害人体和牲畜的健康。此外，农药在杀虫、防病的同时，也使有益于农业的微生物、昆虫、鸟类受到伤害，破坏了生态系统，使农作物遭受间接损失。另外，长期使用农药造成病虫草害物种抗药性增强，导致农药投入量有增无减，30 年来我国累计使用 DDT 约 40 多万吨，占国际总量的 20%。

4. 固体废物

土壤向来都作为废弃物的处理场所。随着工农业生产的发展和城市扩大化，固体废弃物的种类和数量、成分日益增多和复杂化，如工矿业的固体废弃物包括金属矿渣、煤矸石、粉煤灰、城市垃圾、污泥等。例如，各种农用塑料薄膜作为大棚、地膜覆盖物被广泛使用，如果管理、回收不善，大量残膜碎片散落田间，会造成农田“白色污染”。这样的固体污染物既不易蒸发、挥发，也不易被土壤微生物分解，是一种长期滞留土壤的污染物。

5. 汽车尾气

汽车使用含铅汽油，其排放的废气中含有铅化合物，经雨水冲刷沉积于土壤中，造成铅污染。汽车尾气对土壤的污染随着我国汽车拥有量的增加而日益显现出来。

三、土壤污染的特点

土壤污染的特点主要有以下四个。

① 具有隐蔽性和滞后性。大气污染、水污染和废弃物污染等问题一般都比较直观，土壤污染不像大气与水体污染那样容易为人们所发现，因为土壤是更复杂的三相共存体系。各种有害物质在土壤中，总是与土壤相结合，有的为土壤生物所分解或吸收，从而改变其本来

面目而被隐藏在土体里，或自土体排出且不被发现。当土壤将有害物输送给农作物，再通过食物链而损害人畜健康时，土壤本身可能还继续保持其生产能力而经久不衰。所以土壤污染往往要通过对土壤样品进行分析化验和农作物的残留检测，甚至通过研究对人畜健康状况的影响才能确定。这也导致土壤污染从产生污染到出现问题，通常会滞后很长时间。土壤污染的隐蔽性和滞后性使认识土壤污染问题的难度增加，以致污染危害持续发展。

② 土壤污染有累积性和地域性。污染物质在大气和水体中，一般都比在土壤中更容易迁移。这使得污染物质在土壤中并不像在大气和水体中那样容易扩散和稀释，因此容易在土壤中不断积累而超标，同时也使土壤污染具有很强的地域性。

③ 土壤污染具有不可逆性。多数无机污染物，特别是金属和微量元素，都能与土壤有机质或矿质相结合，并长久地保存在土壤中。无论它们怎样转化，也无法使其重新离开土壤。如被某些重金属污染的土壤需要200～1000年才能够恢复。

④ 土壤污染治理的艰难性。如果大气和水体受到污染，切断污染源之后通过稀释作用和自净化作用也有可能使污染问题不断逆转，但是积累在污染土壤中的难降解污染物则很难靠稀释作用和自净化作用来消除。土壤污染一旦发生，则很难恢复，治理成本较高、治理周期较长。

依据上述特点，土壤污染的预防胜于治理。

四、土壤污染的危害

土壤是各种污染物最终的“宿营地”，土壤通过对污染物的吸附、固定形成了对污染物的富集作用，世界上90%的污染物最终滞留在土壤内。植物从土壤中选择吸收必需的营养物，同时也被动地、甚至被迫地吸收土壤释放出来的有害物质。土壤污染主要是通过它的产品——植物表现其危害。植物的吸收利用，有时能使污染物浓度达到危害自身或危害人、畜的水平，即使没有达到毒害水平的含毒植物性食品，只要为人畜食用，当它们在动物体内排出率低时，也可以逐日积累，由量变到质变，最后引起动物病变。土壤污染的危害主要如下。

1. 土壤污染导致食物品质不断下降

土壤是作物生长的基础。目前，由于土壤污染的原因导致许多地方粮食、蔬菜、水果等食物中镉、铬、砷、铅等重金属含量超标和接近临界值。有些地区污水灌溉已经使得蔬菜的味道变差，易烂，甚至出现难闻的异味；农产品的储藏品质和加工品质也不能满足深加工的要求。

2. 土壤污染危害人体健康

土壤污染会使污染物在植物体中积累，并通过食物链富集到人体和动物体中，危害人畜健康，造成功能异常和其他荷尔蒙系统异常、生殖障碍和种群下降、肿瘤和癌症、行为失常、免疫系统障碍以及性别混乱等症状和疾病等。目前，我国对这方面的情况仍缺乏全面的调查和研究，对土壤污染导致污染疾病的总体情况并不清楚，但是，从个别城市的重点调查结果来看，情况并不乐观。

3. 土壤污染导致严重的经济损失

土壤污染能够造成作物减产，从而造成严重的经济损失。

4. 土壤污染导致其他环境问题

土地受到污染后，污染表土容易在风力和水力的作用下分别进入到大气和水体中，导致大气污染、地表水污染、地下水污染和生态系统退化等其他次生生态环境问题。

第二节 土壤污染及治理

一、我国土壤污染现状

1. 土壤重金属污染

土壤重金属污染是我国土壤污染的一个主要方面，我国大多数城市近郊土壤都遭受不同程度的重金属污染。调查资料显示，江苏省某丘陵地区 14000km^2 范围内，镉、汞、铅和铜等的污染面积达 35.9%。广东省地勘部门土壤调查结果显示，珠三角的土壤 40%存在重金属污染，其中 10%为重污染，西江流域的 1 万平方公里土地遭受重金属污染的面积达 5500km^2，污染率超过 50%，其中，汞的污染面积达 1257km^2，污染深度达到地下 40cm。

污水灌溉是我国土壤重金属污染的主要原因。据我国农业部进行的全国污灌区调查，在约 140 万公顷的污水灌区中，遭受重金属污染的土地面积占污水灌区面积的 64.8%，其中轻度污染的占 46.7%，中度污染的占 9.7%，严重污染的占 8.4%。我国每年因重金属污染而减产粮食 1000 多万吨，被重金属污染的粮食每年多达 1200 万吨，合计经济损失至少 200 亿元。2004 年，辽宁省对 6 个城市的 8 个主要污灌区土壤环境质量进行调查监测的结果表明，8 个主要污灌区的土壤环境质量均受到不同程度的污染，污染面积达 96.9 万亩，污灌区土壤主要污染物为镉，其次为镍、汞和铜。金属汞也是一种典型的土壤污染物，据统计，我国受汞污染的土壤已有 3 万公顷，每年生产的含汞大米有 20 万吨。

2. 土壤有机污染

目前我国土壤的有机污染十分严重。例如，我国从 1959 年起在长江中下游地区用五氯酚钠防治血吸虫病，其中的杂质二噁英已造成区域性二噁英类污染，洞庭湖、鄱阳湖底泥中的二噁英含量很高。有机氯农药已禁用了近 20 年，土壤中的残留量已大大降低，但检出率仍很高。一些地区最高残留量仍在 1mg/kg 以上。同时，随着城市化和工业化进程的加快，城市和工业区附近的土壤有机污染也日益加剧。某钢铁集团四周的农业土壤和工业区附近的土壤的调查结果表明，农业土壤中 15 种多环芳烃总量的平均值为 4.3mg/kg，且主要以 4 环以上具有致癌作用的污染物为主，占总含量的约 85%，仅有 6%的采样点尚处于安全级。而工业区附近的土壤污染远远高于农业土壤，其中多氯联苯、多环芳烃、塑料增塑剂、除草剂、丁草胺等高致癌的物质都很容易在重工业区周围的土壤中被检测到，而且超过国家标准多倍。

由于土壤是植物和一些生物的营养来源，所以土壤中的有机污染物会通过食物链发生传递和迁移，目前动物和人类自身都遭受有机污染物的污染和威胁。在有机污染物沿食物链传递和迁移的过程中，含量逐级增加，其富集系数在各营养级中均可达到惊人的程度。六六六和 DDT 作为高残留率农药于 1983 年已停止生产，随着时间的推移，土壤中已几乎检测不到这两种剧毒农药的残留，但在鱼类身上检测出的含量却比土壤中高出了近 100 倍，而到了夜鹭、白鹭的鸟卵中，这个含量被放大了 100～200 倍。如太湖鸟类生物监测结果表明：太湖湖底淤泥中六六六未检测出，DDT 为 3.4ng/g，通过鱼类生物富集，六六六达到 28.5ng/g，DDT 达到 270.7ng/g，最终到夜鹭、白鹭的鸟卵中时，六六六可高达 460.0ng/g，DDT 可高达 5626.7ng/g。此外，有毒有机污染物正在通过食物链危及人体健康，这些有机污染物长期贮存在人体中，并可通过母乳喂养间接转移给新生儿。

3. 土壤的放射性污染

近年来，随着核技术在工农业、医疗、地质、科研等各领域的广泛应用，越来越多的放射性污染物进入到土壤中，这些放射性污染物除可直接危害人体外，还可以通过生物链和食物链进入人体，在人体内产生内照射，损伤人体组织细胞，引起肿瘤、白血病和遗传障碍等疾病。如科研表明，氡子体的辐射危害占人体所受的全部辐射危害的55%以上，诱发肺癌的潜伏期大多都在15年以上，我国每年因氡致癌约5万例。

4. 汽车尾气对土壤的污染

汽车尾气中的含铅物质对土壤的污染逐渐加重，在道路两侧尤为严重。铅对土壤的污染已深达30cm，地下30cm以下深度的铅含量比较稳定，铅污染主要集中在表层30cm的土壤，而这一深度往往正是农作物根系生长的深度，这直接导致蔬菜等农作物中铅含量严重超标。

5. 固体废物类对土壤的污染

在土壤环境中堆置固体废物也能对土壤造成污染，这种污染状况虽然没有重金属污染、有毒有机物污染那样严重，但仍然是土壤污染治理中不容忽视的一个问题。比如，沈阳市某公路两侧，由于附近建筑物、公路的频繁施工，造成大量的建筑垃圾掺杂在土壤中，导致沿线土壤质量趋于恶化，破坏了树木的生存条件，不得不更换新土，以保证树木存活。

二、土壤污染治理

土壤污染表面上离百姓生活较远，实际上却与每个人的身体健康息息相关。比如，粮食中的重金属含量、蔬菜中的农药残留、饮用水源的安全情况，都会受到土壤环境质量的直接影响。

（一）我国土壤污染治理的形势

在当前土壤污染形势日趋严峻的情况下，我国已经充分认识到土壤污染的严重性和危害性，逐步开展了土壤污染的研究、治理以及管理等多方面行动。

我国于2006年开展了全国首次土壤污染状况调查，以全面、系统、准确掌握我国土壤污染的真实情况，有效防治土壤污染，确保百姓身体健康。全国土壤污染状况调查的范围包括除我国台湾省和港澳地区以外的所辖全部陆地国土，调查的重点区域是长三角、珠三角、环渤海湾地区、东北老工业基地、成渝地区、渭河平原以及主要矿产资源型城市。调查的主要任务如下。

1. 开展全国土壤环境质量状况调查与评价

在全国范围内系统开展土壤环境现状调查，通过分析土壤中重金属、农药残留、有机污染物等项目的含量及土壤理化性质，结合土地利用类型和土壤类型，开展基于土壤环境风险的土壤环境质量评价。土壤环境质量状况调查的重点区域是基本农田保护区和粮食主产区。

2. 开展重点区域土壤污染风险评估与安全等级划分

把重污染企业周边、工业遗留或遗弃场地、固体废物集中处理处置场地、油田、采矿区、主要蔬菜基地、污灌区、大型交通干线两侧以及社会关注的环境热点区域作为调查重点，查明土壤污染的类型、范围、程度以及土壤重污染区的空间分布情况，分析污染成因，确定土壤环境安全等级，建立污染土壤档案。

3. 开展全国土壤背景点环境质量调查与对比分析

在“七五”全国土壤环境背景值调查的基础上，采集可对比的土壤样品，分析20年来我国土壤背景环境质量变化情况。

4. 开展污染土壤修复与综合治理试点

通过自主研发、引进吸收和技术创新，筛选污染土壤修复技术，编制污染土壤修复技术指南，开展污染土壤修复与综合治理的试点示范。

5. 建设土壤环境质量监督管理体系

制定适合我国国情的土壤污染防治基本战略，提出国家土壤污染防治政策法规和标准体系框架，拟定土壤污染防治法草案，完善国家土壤环境监测网络。

（二）土壤污染治理措施

防治土壤污染可以从源头和治理两方面着手，即一方面剪断土壤污染物的来源，另一方面利用环境科学技术对污染土壤进行治理。从源头上控制土壤污染的措施包括以下几项。

1. 科学地进行污水灌溉

工业废水种类繁多，成分复杂，有些工厂排出的废水可能是无害的，但与其他工厂排出的废水混合后，就变成有毒的废水。因此在利用废水灌溉农田之前，应按照《农田灌溉水质标准》规定的标准进行净化处理，这样既利用了污水，又避免了对土壤的污染。

2. 合理使用农药，重视开发高效低毒低残留农药

合理使用农药，不仅可以减少对土壤的污染，还能经济有效地消灭病、虫、草害，发挥农药的积极效能。在生产中，不仅要控制化学农药的用量、使用范围、喷施次数和喷施时间，提高喷洒技术，还要改进农药剂型，严格限制剧毒、高残留农药的使用，重视低毒、低残留农药的开发与生产。

3. 合理施用化肥，增施有机肥

根据土壤的特性、气候状况和农作物生长发育特点配方施肥，严格控制有毒化肥的使用范围和用量。增施有机肥，提高土壤有机质含量，可增强土壤胶体对重金属和农药的吸附能力。如褐腐酸能吸收和溶解三氯杂苯除草剂及某些农药，腐殖质能促进镉的沉淀等。同时，增加有机肥还可以改善土壤微生物的流动条件，加速生物降解过程。

4. 施用化学改良剂

在受重金属轻度污染的土壤中施用抑制剂，可将重金属转化成为难溶的化合物，减少农作物的吸收。常用的抑制剂有石灰、碱性磷酸盐、碳酸盐和硫化物等。例如，在受镉污染的酸性、微酸性土壤中施用石灰或碱性炉灰等，可以使活性镉转化为碳酸盐或氢氧化物等难溶物，改良效果显著。因为重金属大部分为亲硫元素，所以在水田中施用绿肥、稻草等，在旱地上施用适量的硫化钠、石硫合剂等有利于重金属生成难溶的硫化物。对于砷污染土壤，可施加硫酸铁和氯化镁等物质使之生成难溶物减少砷的危害。

（三）土壤修复技术

为了解决日益严重的土壤污染问题，许多科研人员开始研究土壤污染的治理技术。在20世纪70年代后期，以土壤环境化学为基础的土壤治理技术应运而生。这项技术不仅对土壤污染进行治理使其不危及人类健康，更着力于恢复土壤的功能，因而名为土壤修复技术。土壤修复利用物理、化学、数学、生物、信息和管理等科学技术原理和方法，主要研究土壤污染监测与诊断，污染土壤中污染物时空分布、环境行为及形态效应；研究污染土壤生态健康风险和环境质量指标；研究污染物容纳、遏制、消减、净化方法及其过程和机理；研究土壤修复的安全性、稳定性及标准；研究修复后提供无污染土壤及其修复过程的风险评估方法和标准，创建土壤污染控制和修复理论、方法和技术及其工程应用与管

理规范，为土壤资源可持续利用、农产品安全、环境保护、人类健康保障提供理论、方法、技术及工程示范。

土壤修复的基本方法就是采用各种技术与手段，将污染土壤中所含的污染物质分离去除、吸附固定、回收利用或者将其转化为无害物质，使土壤得到恢复。从科学原理上，土壤污染修复包括物理修复、化学修复和生物修复。从污染土壤的类型和优先修复的目标污染物上，重金属污染土壤修复和有机污染土壤修复是研究重点。

第十二章　物理污染及防护

从污染源的属性上来看，环境污染可以分为三大类型：物理性污染、化学性污染、生物性污染。物理性污染是指由物理因素引起的环境污染，如噪声、放射性辐射、电磁辐射、光污染等。与化学污染和生物污染相比，物理性污染具有以下两个特点：第一，物理性污染大多数都是局部或区域的，只有极少数的如温室效应为全球性的；第二，物理性污染大多数都是即时性的，即污染源一旦消除，污染也即消除。

大多数物理性污染都能通过物理学基本原理进行消减和消除。

第一节　噪声的污染与控制

一、噪声及其特征和分类

（一）声音与噪声

声音是物体的振动以波的形式在弹性介质中进行传播的一种物理现象。我们平常所指的声音是振源发生的振动，通过空气传播作用于耳鼓，引起听觉器官反应而产生的。声音（包括噪声）的形成，必须具备三个要素，首先要有产生振动的物体，即声源，其次要有能够传播声波的媒介，最后还要有声的接受器，如人耳、传声器等。所以在声学中把声源、介质、接受器称为声的三要素。形容声音大小的物理量通常用分贝（记为 dB）表示。

人类生活在声音的环境中，并且借助声音进行信息的传递、交流思想感情。但是也有一些声音是我们不需要的，如睡眠时的吵闹声。从广义上来讲，凡是人们不需要的，使人厌烦并干扰人的正常生活、工作和休息的声音统称为噪声。噪声可能是由自然现象产生的，也可能是由人们活动形成的，可以是杂乱无章的宽带声音，也可以是节奏和谐的乐音。噪声不仅取决于声音的物理性质，而且还与人的主观感觉密切相关。例如，音乐演播厅里，某个人正沉醉于优美的琴声中，周围的几个人却窃窃私语，对他而言这样的私语显然是噪声。即使听到同样的声音，有些人感到很喜欢，愿意听，有些人却感到厌恶。

我国制定的《中华人民共和国环境噪声污染防治法》中把超过国家规定的环境噪声排放标准，并干扰他人正常生活、工作和学习的现象称为环境噪声污染。

（二）噪声的主要特征

① 噪声是一种感觉性污染，在空气中传播时不会在周围环境里留下有毒有害的化学污染物质。对噪声的判断与个人所处的环境和主观愿望有关。

② 噪声源的分布广泛而分散，但是由于传播过程中会发生能量的衰减，因此噪声污染的影响范围是有限的。

③ 噪声产生的污染没有后效作用。一旦噪声源停止发声，噪声便会消失，转化为空气分子无规则运动的热能。

（三）噪声源及其分类

产生噪声的声源很多，若按产生机理来划分，有机械噪声、空气动力性噪声和电磁性噪声三大类。

若噪声源按其随时间变化来划分，又可分成稳态噪声和非稳态噪声两大类。非稳态噪声中又有瞬态的、周期性起伏的、脉冲的和无规的噪声之分。

环境噪声来源，按污染源种类可分为工厂噪声、交通噪声、施工噪声、社会生活噪声以及自然噪声5类。

二、噪声污染的危害

随着工业生产、交通运输、城市建筑的发展以及人口密度的增加，家庭设施（音响、空调、电视机等）的增多，环境噪声日益严重，20世纪50年代后，噪声被公认为是一种与污水、废气、固体废物并列的四大公害之一。

（一）对人体生理和心理的影响

噪声不仅会影响听力，而且还对人的心血管系统、神经系统、内分泌系统产生不利影响，所以有人称噪声为“致人死命的慢性毒药”。噪声给人带来生理上和心理上的危害主要有以下几方面。

1. 干扰休息和睡眠，影响交谈和思考，使工作效率降低

（1）干扰休息和睡眠　休息和睡眠是人们消除疲劳、恢复体力和维持健康的必要条件。但噪声使人不得安宁，难以休息和入睡。当人辗转不能入睡时，便会心态紧张，呼吸急促，脉搏跳动加剧，大脑兴奋不止，第二天就会感到疲倦或四肢无力，从而影响到工作和学习，久而久之，就会得神经衰弱症，表现为失眠、耳鸣、疲劳。人进入睡眠之后，即使是40～50dB较轻的噪声干扰，也会从熟睡状态变成半熟睡状态。人在熟睡状态时，大脑活动是缓慢而有规律的，能够得到充分的休息；而半熟睡状态时，大脑仍处于紧张、活跃的阶段，这就会使人得不到充分的休息和体力的恢复。

（2）影响交谈和思考，使工作效率降低　在噪声环境下，妨碍人们之间的交谈、通信是常见的。因为人们思考也是语言思维活动，其受噪声干扰的影响与交谈是一致的。试验研究表明噪声干扰交谈，其结果见表12-1。此外，研究发现，噪声超过85dB，会使人感到心烦意乱，人们会感觉到吵闹，因而无法专心地工作，结果会导致工作效率降低。

表12-1　噪声对交谈的影响

噪声/dB	主观反映	保证正常讲话距离/m	通信质量
45	安静	10	很好
55	稍吵	3.5	好
65	吵	1.2	较困难
75	很吵	0.3	困难
85	太吵	0.1	不可能

2. 损伤听觉、视觉器官

我们都有这样的经验，从飞机里下来或从锻压车间出来，耳朵总是嗡嗡作响，甚至听不清对方说话的声音，过一会儿才会恢复，这种现象叫做听觉疲劳，是人体听觉器官对外界环境的一种保护性反应。如果人长时间遭受强烈噪声作用，听力就会减弱，进而导致听觉器官的器质性损伤，造成听力下降。

3. 对人体的生理影响

噪声是一种恶性刺激物，长期作用于人的中枢神经系统，可使大脑皮层的兴奋和抑制失

调，条件反射异常，出现头晕、头痛、耳鸣、多梦、失眠、心慌、记忆力减退、注意力不集中等症状，严重者可产生精神错乱。这种症状，药物治疗疗效很差，但当脱离噪声环境时，症状就会明显好转。噪声可引起植物神经系统功能紊乱，表现为血压升高或降低，心率改变，心脏病加剧。噪声会使人唾液、胃液分泌减少，胃酸降低，胃蠕动减弱，食欲不振，引起胃溃疡。噪声对人的内分泌机能也会产生影响，如导致女性性机能紊乱、月经失调、流产率增加等。噪声对儿童的智力发育也有不利影响，据调查，3 岁前儿童生活在 75dB 的噪声环境里，他们的心脑功能发育都会受到不同程度的损害，在噪声环境下生活的儿童，智力发育水平要比安静条件下的儿童低 20%。噪声对人的心理影响主要是使人烦恼、激动、易怒，甚至失去理智。

（二）对动植物及建筑物等设施的影响

噪声不但会给人体健康带来危害，而且还对给动、植物以及建筑物等设施产生一定的影响。

1. 噪声对动物的影响

有人给奶牛播放轻音乐后，牛奶的产量大大增加，而强烈的噪声使奶牛不再产奶。20 世纪 60 年代初，美国一种新型飞机进行历时半年的试验飞行，结果使附近一个农场的 10000 只鸡羽毛全部脱落，不再下蛋，有 6000 只鸡体内出血，最后死亡。

2. 噪声对植物的影响

噪声能促进果蔬的衰老进程，使呼吸强度和内源乙烯释放量提高，并能激活各种氧化酶和水解酶的活性，使果胶水解，细胞破坏，导致细胞膜透性增加。85～95dB 的噪声剂量对果蔬的生理活动影响较为显著。

3. 噪声对建筑物的影响

一般的强噪声只能损害人的听觉器官，对建筑物的影响尚无法察觉。日常生活中所遇到的一些噪声对建筑物影响的事实，如当重型车辆沿街急驶时，沿街建筑中松动的窗户玻璃会发出轻微的颤抖声，紧靠的玻璃器皿有轻微的碰撞声，这主要是由地面传给建筑物的微振引起的，不是噪声产生的作用。如果建筑物附近有振动剧烈的振动筛、大型空气锤，或建设施工时的打桩和爆破等，则可以观察到桌上的物品有小跳动。在这种振动的反复冲击下，曾发生墙体裂痕、瓦片震落和玻璃震碎等危害建筑物的现象。

轰声是超声速飞行中的飞机产生的一种噪声。1970 年德国韦斯特堡城及其附近曾因强烈的轰声而发生 378 起建筑物受损事件，大部分是玻璃损坏、石板瓦掀起、合叶及门心板损坏等。另据美国对轰声受损的统计，在 3000 起建筑受损事件中，抹灰开裂占 43%，窗损坏占 32%，墙开裂占 15%，还有瓦和镜子损坏等，均未提及主体受损，因此可以认为轰声对结构基本无显著影响，而对大面积的轻质结构则可能造成损害。但英、法合制的超声速运输机“协和号”试飞时，航线下的古建筑物有震裂受损的情况。

三、噪声污染控制

（一）噪声控制基本途径

为了防止噪声，我国著名声学家马大猷教授曾总结和研究了国内外现有各类噪声的危害和标准，提出了以下三条建议。

① 为了保护人们的听力和身体健康，噪声的允许值在 75～90dB。

② 保障交谈和通信联络，环境噪声的允许值在 45～60dB。

③ 对于睡眠时间建议在 35～50dB。

我国心理学界认为，控制噪声环境，除了考虑人的因素之外，还须兼顾经济和技术上的可行性。充分的噪声控制，必须考虑噪声源、传声途径、受声者所组成的整个系统，控制噪声的措施可以针对上述三个部分或其中任何一个部分。因此，噪声的控制应采取综合措施，首先是缩小和消灭噪声源，其次是在噪声传播途径中减弱其强度，阻断噪声传播，而后采取个人防护。噪声控制技术是基本手段，行政管理措施和合理的规划也都是非常重要的。

（二）噪声控制措施

1. 严格行政管理

依靠政府有关部门颁布法令和规定来控制噪声。如限制高噪声车辆的行使区域；在学校、医院及办公机关等附近禁止车辆鸣笛；限制飞机起飞或降落的路线，使之远离居民区；颁布噪声限制标准，要求工厂或高噪声车间采取减噪措施；对各类机器、设备包括飞机或机动车辆等制定出噪声指标。

2. 合理规划布局

合理地布局各种不同功能区的位置。其基本原则是让居民区、学校、办公机关、疗养院和医院这些要求低噪声地区，尽量免除交通噪声、工业噪声和商业区噪声的干扰。为此，上述地区应与街道隔开一定距离，中间布置林带以隔声、滤声和吸声；避免过境街道穿市而过，因此应在城市外环开通公路以减少市区的车辆。此外，长途汽车站要紧靠火车站，以方便下火车的旅客往返于市内；工厂和噪声大的企业应搬离市区；居民区、学校、办公机关、医院等也应远离商业区。

3. 采取噪声控制技术

控制噪声常用的技术有吸声、隔声、消声、隔振、阻尼、耳塞、耳罩等。

（三）噪声的利用

噪声和其他事物一样，既有有害的一面，又有可以被人类利用、造福于人类的一面。随着现代科学技术的发展，人们在噪声利用方面获得了许多新的突破。

1. 利用噪声除草

科学家发现，不同的植物对不同的噪声敏感程度不一样，根据这个道理，人们制造出噪声除草器。这种噪声除草器发出的噪声能使杂草的种子提前萌发，这样就可以在作物生长之前用药物除掉杂草，用“欲擒故纵”的妙策，保证作物的顺利生长。

2. 利用噪声发电

噪声是一种能量的污染，比如噪声达到 160dB 的喷气式飞机，其声功率约为 10000W；噪声达 140dB 的大型鼓风机，其声功率约为 100W。“聚沙可成塔”，这自然引起新能源开发者的兴趣。科学家发现人造铌酸锂具有在高频高温下将声能转变成电能的特殊功能。科学家还发现，当声波遇到屏障时，声能会转化为电能，英国的学者就是根据这一原理，设计制造了鼓膜式声波接收器，将接收器与能够增大声能、集聚能量的共鸣器连接，当从共鸣器传来的声能作用于声电转换器时，就能发出电来。看来，利用环境噪声发电已指日可待。

3. 利用噪声来制冷

大家都知道，电冰箱能制冷，但令人鼓舞的是，目前世界上正在开发一种新的制冷技术，即利用微弱的声振动来制冷的新技术，第一台样机已在美国试制成功。在一个结构异常简单，直径不足 1m 的圆筒里叠放着几片起传热作用的玻璃纤维板，筒内充满氦气或其他气体。筒的一端封死，另一端用有弹性的隔膜密闭，隔膜上的一根导线与磁铁式音圈连接，形成一个微传声器，声波作用于隔膜，引起来回振动，进而改变筒内气体的压力。由于气体压缩时变热，膨胀时冷却，这样制冷就开始了，不难设想，今后的住宅、厂房等建筑物如能加以考虑这些因素，即可一举降伏噪声这一无形的祸害，又为住宅、厂房等建筑物降温消暑。

4. 利用噪声除尘

美国科研人员研制出一种功率为 2kW 的除尘报警器，它能发出频率 2000Hz、声强为 160dB 的噪声，这种装置可以用于烟囱除尘，控制高温、高压、高腐蚀环境中的尘粒和大气污染。

5. 利用噪声克敌

利用噪声还可以制服顽敌，目前已研制出一种“噪声弹”，能在爆炸间释放出大量噪声波，麻痹人的中枢神经系统，使人暂时昏迷，该弹可用于对付恐怖分子，特别是劫机犯等。

6. 利用噪声诊病

美妙、悦耳的音乐能治病，这已为大家所熟知。但噪声怎么能用于诊病呢？最近，科学家制成一种激光听力诊断装置，它由光源、噪声发生器和电脑测试器三部分组成。使用时，它先由微型噪声发生器产生微弱短促的噪声，振动耳膜，然后微型电脑就会根据回声，把耳膜功能的数据显示出来，供医生诊断。它测试迅速，不会损伤耳膜，没有痛感，特别适合儿童使用。此外，还可以用噪声测温法来探测人体的病灶。

7. 利用噪声有源消声

通常所采用的三种降噪措施，即在声源处降噪、在传播过程中降噪及在人耳处降噪，都是消极被动的。为了积极主动地消除噪声，人们发明了“有源消声”这一技术。它的原理是：所有的声音都由一定的频谱组成，如果可以找到一种声音，其频谱与所要消除的噪声完全一样，只是相位刚好相反（相差 180°），就可以将这噪声完全抵消掉。关键就在于如何得到那抵消噪声的声音，实际采用的办法是：从噪声源本身着手，设法通过电子线路将原噪声的相位倒过来。由此看来，有源消声这一技术实际上是“以毒攻毒”。

第二节　辐射性污染及防护

随着科学技术的进步，在工业中越来越多地接触和应用各种电磁辐射能和原子能。辐射无形、无味、无色，可以穿透包括人体在内的多种物质。各种家用电器、电子设备、办公自动化设备、移动通信设备、信号发射设备等装置，只要处于操作使用状态，其周围就会存在辐射。

一、电磁辐射污染与控制技术

人类探索电磁辐射的利用始于 1831 年英国科学家法拉第发现电磁感应。如今，电磁辐射的利用已经深入到人类生产、生活的各个方面，无线电广播、电视、无线通信、卫星通信、无线电导航、雷达、手机、家庭电脑与因特网使你能得知地球各个角落发生的新闻要事，使人类的活动空间得以充分延伸，超越了国家乃至地球的界限；微波加热与干燥、短波与微波治疗、高压、超高压输电网、变电站、电热毯使我们享受着生活的便捷，然而这一切却使地球上各式各样的电磁波充斥了人类生活的空间。不同波长和频率的电磁波无色无味、看不见、摸不着、穿透力强，令人防不胜防，它悄悄地侵蚀着我们的躯体，影响着我们的健康，引发了各种社会文明病。电磁污染已成为当今危害人类健康的致病源之一。

（一）电磁辐射污染源及其危害

1. 电磁辐射污染的来源

电磁辐射以其产生方式可分为天然和人工两种。

（1）天然源　天然的电磁污染最常见的是雷电，除了可能对电器设备、飞机、建筑物等直接造成危害外，而且会在广大地区从几千赫到几百兆赫以上的极宽频率范围内产生严重电磁干扰。火山爆发、地震和太阳黑子活动引起的磁暴等都会产生电磁干扰，天然的电磁污染对短波通信的干扰特别严重。

（2）人为源　人为的电磁污染主要如下。

① 脉冲放电。切断大电流电路进而产生的火花放电，其瞬时电流变率很大，会产生很强的电磁干扰。它在本质上与雷电相同，只是影响区域较小。

② 高频交变电磁场。在大功率电机、变压器以及输电线等附近的电磁场，它并不以电磁波形式向外辐射，但在近场区会产生严重电磁干扰。例如，高频感应加热设备（如高频淬火、高频焊接、高频熔炼等）、高频介质加热设备（如塑料热合机、高频干燥处理机、介质加热联动机）等。

③ 射频电磁辐射。无线电广播、电视、微波通信等各种射频设备的辐射，频率范围宽广，影响区域也较大，能危害近场区的工作人员。目前，射频电磁辐射已经成为电磁污染环境的主要因素。

2. 电磁辐射的危害

电磁辐射可能造成的危害有以下方面。

（1）电磁辐射对人体的危害　电磁辐射无色、无味、无形，可以穿透包括人体在内的多种物质。各种家用电器、电子设备、办公自动化设备、移动通信设备等电器装置只要处于操作使用状态，它的周围就会存在电磁辐射。高强度的电磁辐射以热效应和非热效应两种方式作用于人体，能使人体组织温度升高，导致身体发生机能性障碍和功能紊乱，严重时造成植物神经功能紊乱，表现为心跳、血压和血象等方面的失调，还会损伤眼睛导致白内障。此外，长期处于高电磁辐射的环境中，会使血液、淋巴液核细胞原生质发生改变，影响人体的循环系统、免疫、生殖和代谢功能，严重的还会诱发癌症。

（2）电磁辐射对机械设备的危害　电磁辐射对电气设备、飞机和建筑物等可能造成直接破坏。当飞机在空中飞行时，如果通信和导航系统受到电磁干扰，就会同基地失去联系，可能造成飞机事故；当舰船上使用的通信、导航或遇险呼救频率受到电磁干扰，就会影响航海安全；有的电磁波还会对有线电设施产生干扰而引起铁路信号的失误动作、交通指挥灯的失控、电子计算机的差错和自动化工厂操作的失灵，甚至还可能使民航系统的警报被拉响而发出假警报；在纵横交错、蛛网密布的高压线网、电视发射台、转播台等附近的家庭，电视机会被严重干扰；装有心脏起搏器的病人处于高电磁辐射的环境中，心脏起搏器的正常使用会受影响。

（3）电磁辐射对安全的危害

电磁辐射会引燃引爆，特别是高场强作用下引起火花导致可燃性油类、气体和武器弹药的燃烧与爆炸事故。

（二）电磁辐射污染治理技术

电磁辐射污染的控制方法主要包括控制源头的屏蔽技术、控制传播途径的吸收技术和保护受体的个人防护技术。

1. 屏蔽技术

为了防止电磁辐射对周围环境的影响，必须将电磁辐射的强度减少到容许的程度，屏蔽是最常用的有效技术。屏蔽分为两类：一是将污染源屏蔽起来，叫做主动场屏蔽；另一种称被动场屏蔽，就是将指定的空间范围、设备或人屏蔽起来，使其不受周围电磁辐射的干扰。

目前，电磁屏蔽多采用金属板或金属网等导电性材料，做成封闭式的壳体将电磁辐射源罩起来或把人罩起来。

2. 吸收技术

采用吸收电磁辐射能量的材料进行防护是降低微波辐射的一项有效的措施。能吸收电磁辐射能量的材料的种类很多，如加入铁粉、石墨、木材和水等的材料，以及各种塑料、橡胶、胶木、陶瓷等。

3. 区域控制及绿化

对工业集中城市，特别是电子工业集中城市或电气、电子设备密集使用地区，可以将电磁辐射源相对集中在某一区域，使其远离一般工作区或居民区，并对这样的区域设置安全隔离带，从而在较大的区域范围内控制电磁辐射的危害。

区域控制大体分为四类。

① 自然干净区：在这样的区域内要求基本上不设置任何电磁设备。

② 轻度污染区：只允许某些小功率设备存在。

③ 广播辐射区：指电台、电视台附近区域，因其辐射较强，一般应设在郊区。

④ 工业干扰区：属于不严格控制辐射强度的区域，对这样的区域要设置安全隔离带，厂房、住宅等不得建在隔离带内，隔离带内要采取绿化措施。由于绿色植物对电磁辐射能具有较好的吸收作用，因此加强绿化是防治电磁污染的有效措施之一。依据上述区域的划分标准，合理进行城市、工业等的布局，可以减少电磁辐射对环境的污染。

4. 个人防护

个人防护的对象是个体的微波作业人员，当工作需要操作人员必须进入微波辐射源的近场区作业时，或因某些原因不能对辐射源采取有效的屏蔽、吸收等措施时，必须采取个人防护措施，以保护作业人员安全。个人防护措施主要有穿防护服、带防护头盔和防护眼镜等，这些个人防护装备同样也是应用了屏蔽、吸收等原理，用相应材料制成的。

二、放射性污染与控制技术

（一）放射性污染源

环境中的放射性具有天然和人工两个来源。

1. 天然放射性的来源

环境中天然放射性的主要来源有宇宙辐射和地球固有元素的放射性。宇宙射线是一种从宇宙太空中辐射到地球上的射线，进入大气层后和空气中的原子核发生碰撞，即产生次级宇宙射线，其中部分射线的穿透本领很大，能透入深水和地下。地球固有的放射性元素散布到大气、水体和土壤中形成了空气中存在的放射性物质、地面水系中含有的放射性物质和人体内的放射性物质。研究天然本底辐射水平具有重要的实用价值和重要的科学意义：其一，核工业及辐射应用的发展均有改变本底辐射水平的可能，因此有必要以天然本底辐射水平作为底线，以区别天然本底与人工放射性污染，及时发现污染并采取相应的环境保护措施；其二是对制定辐射防护标准有较大的参考价值。

2. 人工放射性污染源

放射污染的人工污染源主要来自以下几个方面。

（1）核爆炸的沉淀物 在大气层进行核试验时，爆炸高温体放射性核素变为气态物质，伴随着爆炸时产生的大量炽热气体，蒸汽携带着弹壳碎片、地面物升上天空。在上升过程中，随着与空气的不断混合、温度的逐渐降低，气态物即凝聚成粒或附着在其他尘粒上，并随着蘑菇状烟云扩散，最后这些颗粒都要回落到地面。沉降下来的颗粒带有放射性，称为放射性沉淀物（或沉降灰），这些放射性沉降物除落到爆炸区附近外，还可随风扩散到广泛的地区，造成对地表、海洋、人体及动植物的污染。细小的放射性颗粒甚至可到达平流层并随大气环流流动，经很长时间（甚至几年）才能回落到对流层，造成全球性污染，即使是地下核试验，由于"冒顶"或其他事故，仍可造成地上的污染。另外，由于放射性核素都有半衰期，因此这些污染在其未完全衰变之前，污染作用不会消失。其中核试验时产生的危害较大的物质有锶 90、铯 137、碘 131 和碳 14，核试验造成的全球性污染比其他原因造成的污染重得多，因此是地球上放射性污染的主要来源。随着在大气层进行核试验的次数的减少，由此引起的放射性污染也将逐渐减少。

（2）核工业过程的排放物 核能应用于动力工业，构成了核工业的主体。核工业的废水、废气、废渣的排放是造成环境放射性污染的一个重要原因。核燃料的生产、使用及回收形成了核燃料的循环，在这个循环过程中的每一个环节都会排放种类、数量不同的放射性污染物，对环境造成程度不同的污染。

① 核燃料生产过程。包括铀矿的开采、冶炼、精制与加工过程。在这个过程中，排放的污染物主要有由开采过程中产生的含有氡及氡的子体及放射性粉尘的废气；含有铀、镭、氡等放射性物质的废水；在冶炼过程中产生的低水平放射性废液及含镭、钍等多种放射性物质的固体废物；在加工、精制过程中产生的含镭、铀等的废液及含有化学烟雾和铀粒的废气等。

② 核反应堆运行过程。反应堆包括生产性反应堆及核电站反应堆等。在这个过程中产生了大量裂变产物，一般情况下裂变产物是被封闭在燃料元件盒内。因此正常运转时，反应堆排放的废水中主要污染物是被中子活化后所生成的放射性物质，排放的废气中主要污染物是裂变产物及中子活化产物。

③ 核燃料后处理过程。核燃料经使用后运到核燃料后处理厂，经化学处理后提取铀和钚循环使用。在此过程排出的废气中含有裂变产物，而排出的废水既有放射强度较低的废水，也有放射强度较高的废水，其中包含有半衰期长、毒性大的核素，因此，燃料后处理过程是燃料循环中最重要的污染源。

对整个核工业来说，在放射性废物的处理设施不断完善的情况下，处理设施正常运行时，对环境不会造成严重污染，严重的污染往往是由事故造成的，如 1986 年前苏联的切尔诺贝利核电站的爆炸泄漏事故。因此减少事故排放对减少环境的放射性污染将是十分重要的。

（3）医疗照射引起的放射性 随着现代医学的发展，辐射作为诊断、治疗的手段越来越被广泛应用，且医用辐射设备增多，诊治范围扩大。辐射方式除外照射方式外，还发展了内照射方式，如诊治肺癌等疾病，就采用内照射方式，使射线集中照射病灶，但同时这也增加了操作人员和病人受到的辐照，因此医用射线已成为环境中的主要人工污染源。

（4）其他方面的污染源 如某些用于控制、分析、测试的设备使用了放射性物质，会对职业操作人员产生辐射危害；某些生活消费品中使用了放射性物质，如夜光表、彩色电视机，会对消费者造成放射性污染；某些建筑材料如含铀、镭含量高的花岗岩和钢渣砖等，它们的使用也会增加室内的放射性污染。

（二）放射性对人类的危害

由于放射性射线具有很高的能量，对物质原子具有电子激发和电离效应，因此，核辐照会引起细胞内水分子的电离，改变细胞体系的物理化学性质，这一改变将引起生命高分子-蛋白质与核酸化学性质的改变，如果这一改变进一步积累，就会造成组织、器官甚至个体水平的病变，放射性污染的这种危害称其为生物学效应。放射性的生物学效应包括有机体自身损害——躯体效应和遗传物质变化的遗传效应。

1. 躯体效应

人体受到射线过量照射所引起的疾病，称为放射性病，它可以分为急性和慢性两种。

急性放射性病是由大剂量的急性辐射所引起：只有由于意外放射性事故或核爆炸时才可能发生。例如 1945 年，在日本长崎和广岛的原子弹爆炸中，就曾多次观察到，患者在原子弹爆炸后 1h 内就出现恶心、呕吐、精神萎靡、头晕、全身衰弱等症状。经过一个潜伏期后，再次出现上述症状，同时伴有出血、毛发脱落和血液成分严重改变等现象，严重的造成死亡。急性放射性病还有潜在的危险，会留下后遗症，而且有的患者会把生理病变遗传给子孙后代。另外，急性辐照也会具有晚期效应。通过对广岛长崎原子弹爆炸幸存者、接受辐射治疗的病人以及职业受照人群（如铀矿工人的肺癌发病率高）的详细调查和分析，证明辐射有诱发癌的能力。受到放射照射到出现癌症通常有 5～30 年潜伏期。

慢性放射病是由于多次照射、长期积累的结果。全身的慢性放射病，通常与血液病相联系，如白血球减少、白血病等。局部的慢性放射病，例如当手部受到多次照射损伤时，指甲周围的皮肤呈红色并且发亮，同时，指甲变脆、变形，手指皮肤光滑、失去指纹，手指无感觉，随后发生溃烂。

放射性照射对人体危害的最大特点之一是远期的影响。例如，因受放射性照射而诱发女性骨骼肿瘤、白血病、肺病、卵巢癌等恶性肿瘤，在人体内的潜伏期可长达 10～20 年之久，因此把放射线称为致癌射线。此外，人体受到放射线照射还会出现不育症、遗传疾病、寿命缩短现象。

2. 遗传效应

辐射的遗传效应是由于生殖细胞受损伤，而生殖细胞是具有遗传性的细胞，染色体是生物遗传变异的物质基础，由蛋白质和 DNA 组成，DNA 有修复损伤和复制自己的能力，许多决定遗传信息的基因定位在 DNA 分子的不同区段上。电离辐射的作用使 DNA 分子损伤，如果是生殖细胞中 DNA 受到损伤，并把这种损伤传给子孙后代，后代身上就可能出现某种程度的遗传疾病。

辐射的遗传效应最明显的表现是致畸和致突变。在现代许多的畸形儿中一部分就是由于放射性污染造成亲代生殖细胞染色体和 DNA 分子改变造成的。另外，许多生物变异也是因为接触了放射源造成的。

（三）放射性污染控制技术

加强对放射性物质的管理是控制放射性污染的必要措施。

从技术控制手段来讲，放射性废物中的放射性物质，采用一般的物理、化学及生物的方法都不能将其消灭或破坏，只有通过放射性核素的自身衰变才能使放射性衰减到一定的水平，而许多放射性元素的半衰期十分长，并且衰变的产物又是新的放射性元素，所以放射性废物与其他废物相比在处理和处置上有许多不同之处。

1. 放射性废液的处理

放射性废水的处理方法主要有稀释排放法、放置衰变法、混凝沉降法、离子变换法、蒸发法、沥青固化法、水泥固化法、塑料固化法以及玻璃固化法等。

2. 放射性废气的处理

放射性废气主要有以下各种物质组成：①挥发性放射性物质（如钌和卤素等）；②含氚的氢气和水蒸气；③惰性放射性气态物质（如氪、氙等）；④表面吸附有放射性物质的气溶胶和微粒。在核设施正常运行时，任何泄露的放射性废气均可纳入废液中，只是在发生重大事故及以后一段时间，才会有放射性气态物释出。通常情况下，采取预防措施将废气中的大部分放射性物质截留住甚为重要，可选取的废气处理方法有过滤法、吸附法和放置法。

3. 放射性固体废物的处理

放射性固体废物可采用埋藏、煅烧、再熔化等法处置。如果是可燃性固体废物则多采用煅烧法，若为金属固体废物则加以去污或再熔化法处置。

4. 放射性废物的处置

放射性废物进行处置的总目标是确保废物中的有害物质对人类环境不产生危害，其基本方法是通过天然或人工屏障构成的多重屏障层以实现有害物质同生物圈的有效隔离。根据废物的种类、性质、放射性核素成分和比活度以及外形大小等可分为以下四种处置类型。

（1）扩散型处置法　此法适用于比活度低于法定限值的放射性废气或废水，在控制条件下向环境排入大气或水体。

（2）管理型处置法　此法适用于不含铀元素的中、低放射性固体废物的浅地层处置。将废物填埋在距地表有一定深度的土层中，其上面覆盖植被，做出标记牌。

（3）隔离型处置法　此法适用于数量少、比活度较高、含长寿命α核素的高放废物，废物必须置于深地质层或其他长期能与人类生物圈隔离的处所，以待其充分衰减。其工程设施要求严格，需特别防止核素的迁出。

（4）再利用型处置法　此法适用于极低放射性水平的固体废物，经过前述的去污处理，在不需任何安全防护条件下可加以重复或再生利用。

放射性废物的处置与利用是相当复杂的问题，特别是高放射性废物的最终处置，目前在世界范围内还处于探索与研究阶段，尚无妥善的解决办法。

第三节　热污染和光污染及其控制

一、热污染及其危害

热污染是指日益现代化的工农业生产和人类生活中排放出的废热所造成的环境污染。热污染可以污染大气和水体。

（一）热污染的类型

1. 水体热污染

火力发电厂、核电站、钢铁厂的循环冷却系统排出的热水以及石油、化工、铸造、造纸等工业排出的主要废水中均含有大量废热，排入地表水体后，导致地表水温度急剧升高，造成了水体热污染。

2. 大气热污染

随着人口的增长、消耗量的增加，被排入大气的热量日益增多。近一个世纪以来，地球大气中的二氧化碳不断增加，使得温室效应加剧，全球气候变暖，大量冰川积雪融化，海水水位上升，一些原本十分炎热的城市也变得更热。其中，人们最为关注的是城市热岛效应。表12-2为1993年我国温带热岛强度与城市规模和人口密度的关系。

表12-2　我国温带热岛强度与城市规模和人口密度的关系

城市名	气候区域	城区面积/km^2	区域人口/10^4人	人口密度/（人/km^2）	城乡年均温差/℃
北京	南温带亚湿润气候区	87.8	239.4	27254	2.0
沈阳	中温带亚湿润气候区	164.0	240.8	14680	1.5
西安	中温带亚湿润气候区	81.0	130.0	16000	1.5
兰州	中温带亚干旱气候区	164.0	89.6	5463	1.0

（二）热污染的危害

1. 水体热污染的危害

水体热污染首当其冲的受害者是水生生物，由于水体温度升高，水中的溶解氧减少，水体处于缺氧状态，大量厌氧菌滋生，有机物腐败严重。同时水温升高使得水生生物代谢率增高，从而需要更多的氧，造成一些水生生物在热效力作用下发育受阻或死亡，从而影响环境和生态平衡。此外，河水水温上升给一些致病微生物造成一个人工温床，使它们得以滋生、泛滥，引起疾病流行，危害人类健康。1965年澳大利亚流行过一种脑膜炎，后经科学家证实，其祸根是一种变形原虫，由于发电厂排出的热水使河水温度增高，这种变形原虫在温水中大量孳生，造成水源污染而引起了这次脑膜炎的流行。

2. 大气热污染的危害

随着人口和耗能量的增长，城市排入大气的热量日益增多。按照热力学定律，人类使用的全部能量终将转化为热，传入大气，逸向太空。这样，使地面反射太阳热能的反射率增高，吸收太阳辐射热减少，沿地面空气的热减少，上升气流减弱，阻碍云雨形成，造成局部地区干旱，影响农作物生长。近一个世纪以来，地球大气中的二氧化碳不断增加，气候变暖，冰川积雪融化，使海水水位上升，一些原本十分炎热的城市变得更热。专家们预测，如按现在的能源消耗的速度计算，每10年全球温度会升高0.1～0.26℃，一个世纪后即为1.0～2.6℃，而两极温度将上升3～7℃，对全球气候会有重大影响。大气热污染除了导致海水的热膨胀和极冰融化，使海平面上升，加快生物物种灭绝外，还对人体健康构成危害，它降低了人体的正常免疫功能，包括致病病毒或细菌对抗生素越来越强的耐性，以及生态系统的变化降低了肌体对疾病的抵抗力，从而加剧了各种传染病的流行。热污染导致空气温度升高，为蚊子、苍蝇、蟑螂、跳蚤以及病原体、微生物等提供了最佳的滋生条件及传播机制，形成一种新的“互感连锁反应”，造成疟疾、登革热、血吸虫病、恙虫病、流脑等病的流行，特别是以蚊虫为媒介的传染病激增。

（三）热污染防治

造成热污染最根本的原因是能源未能被最有效、最合理地利用。随着现代工业的发展和人口的不断增长，环境热污染将日趋严重。然而，人们尚未用一个量值来规定其污染程度，这表明人们并未对热污染有足够重视，为此，科学家呼吁应尽快制定环境热污染的控制标准，采取行之有效的措施防治热污染。

1. 水体热污染防治

水体热污染可通过以下三方面进行防治。

(1) 加强监督和管理，制定废热排放标准　随着工业发展，冷却水排出量的增加，水体热污染现象将日趋明显。为减轻其可能产生的危害，除需要加强水体的观察，将环境的热监督作为重要的常规项目外，还必须对我国不同地区水体接纳废热后水生生物的生理及生态变化开展广泛调查与研究，以积累资料，制定结合实际、经济可行的允许标准，供参照施行。

(2) 提高降温技术水平，减少废热排放量　在电站的冷却水设计中应针对所在地的自然状态与条件，选用切实可行的降温技术。对于不具备直排条件的水域，需采用冷却池或冷却塔设施使蒸汽冷却水中废热量通过雾化散热冷凝后循环使用。目前，电力及冶金企业已有将冷却设备改水冷式为气冷式。如此，既可能减少水量消耗，又可避免热量被混入水体，因而是一种有效的防治热污染的方法。

(3) 水体中排入废热源的综合利用　对于电站等排入水体中的冷却水，其中的剩余热量可作为热源加以利用，如利用部分温水进行水产养殖、农业灌溉、冬季供暖、预防水运航道和港口结冰等。废热的综合利用有广阔前景可待开发，但需注意的是季节性限制和电站停机期间的调剂等问题。

2. 大气热污染防治

为了降低废热排放对大气环境的影响，有效的综合防治措施如下。

(1) 增加森林覆盖面积　植物具有美化自然环境、调节气候、截留飘尘、吸收大气中有害气体成分等功能，在大面积范围内可长时间连续对大气进行净化作用，特别是大气中污染物浓度低、分布面广时更显成效。在城市和工业区有计划地利用空闲地种植并扩大绿化面积，对包括控制热污染在内的大气污染综合防治、改善城市居民生活环境等方面都是十分有利的。

(2) 积极开发和利用洁净的新能源　开发少污染或无污染的能源包括核能、太阳能、风力能、海洋能和地热能等，这些新能源的推广应用必将起到积极的减少热污染作用。

(3) 提高热能利用率　目前，我国所用的热力装置一般偏低，民用燃烧设备的热效率为10%～20%，工业锅炉的热效率差别较大，在20%～70%；化石电厂的高压蒸汽转化为电能的热效率一般为37%～40%，平均热能利用率仅在28%～30%，与工业发达国家相比约低20%。这就意味着在我国每消费 1×10^8t 煤中有 2×10^7t 被浪费，亦即约有 5.8×10^6kJ 的热量未经利用而释放于环境中，因此，改进现有能源利用技术，提高煤热力装置的热能利用率是十分重要的。

二、光污染与防治

(一) 光污染及其危害

光是人类不可缺少的。但是，过强、过滥、变化无常的光，也会对人体造成干扰和伤害。光污染是指光辐射过量而对生活、生产环境以及人体健康产生的不良影响，它主要来源于人类生存环境中日光、灯光以及各种反射、折射光源造成的各种过量和不协调的光辐射。

据美国一份最新的调查研究显示，夜晚的华灯造成的光污染已使世界上1/5的人对银河系视而不见。这份调查报告的作者之一埃尔维奇说："许多人已经失去了夜空，而正是我们的灯火使夜空失色"。他认为，现在世界上约有2/3的人生活在光污染里，在远离城市的郊外夜空，可以看到两千多颗星星，而在大城市却只能看到几十颗。

近年来，环境污染日益加剧。无数悲剧的发生，让人们越来越懂得环境对人类生存健康的重要性，人们关注水污染、大气污染、噪声污染等，并采取措施大力整治，但对光污染却重视不够，其后果就是各种眼疾，特别是近视比率迅速攀升。据统计，我国高中生近视率达60％以上，居世界第二位。为此，我国每年都要投入大量资金和人力用于治疗近视，见效却不大，原因就是没有从改善视觉环境这个根本入手。有关卫生专家认为，视觉环境是形成近视的主要原因，而不是用眼习惯。

随着城市建设的发展和科学技术的进步，日常生活中的建筑和室内装修采用镜面、瓷砖和白粉墙日益增多，近距离读写使用的书本纸张越来越光滑，人们几乎把自己置身于一个“强光弱色”的“人造视环境”中。

光污染一般包括白亮污染、人工白昼污染和彩光污染。有时人们按光的波长分为红外光污染、紫外光污染、激光污染及可见光污染等。

1. 白亮污染

现代不少建筑物采用大块镜面或铝合金装饰门面，有的甚至整个建筑物会用这种镜面装潢。也有一些建筑物采用钢化玻璃、釉面砖墙、铝合金板、磨光花岗岩、大理石和高级涂料装饰，明亮亮、白花花眩眼逼人。据测定，白色的粉刷面光反射系数为69％～80％，而镜面玻璃的反射系数达82％～90％，比绿色草地、森林、深色或毛面砖石装修的建筑物的反射系数大10倍左右，大大超过了人体所能承受的范围。

专家们研究发现，长时间在白色光亮污染环境下工作和生活的人，眼角膜和虹膜都会受到不同程度的损害，引起视力的急剧下降，白内障的发病率高达40％～48％。同时还使人头昏心烦，甚至发生失眠、食欲下降、情绪低落、乏力等类似神经衰弱的症状。

2. 人工白昼污染

当夜幕降临后，酒店、商场的广告牌、霓虹灯使人眼花缭乱，一些建筑工地灯火通明，光直冲云霄、亮如白昼。

人工白昼对人体的危害不可忽视。由于强光反射，可把附近的居室照得如同白昼，在这样的“不夜城”里，使人夜晚难以入睡，打乱了正常的生物节律，致使精神不振，白天上班工作效率低下，还时常会出现安全方面的事故。据国外的一项调查显示，有三分之二的人认为人工白昼影响健康，84％的人认为影响睡眠，同时也使昆虫、鸟类的生殖遭受干扰，甚至昆虫和鸟类也可能被强光周围的高温烧死。

3. 彩光污染

彩光活动灯、荧光灯以及各种闪烁的彩色光源则构成了彩光污染，危害人体健康。据测定，黑光灯可产生波长为250～320nm的紫外线，其强度远远高于阳光中的紫外线，长期暴露在这种黑光灯下，会加速皮肤老化，还会引起一系列神经系统症状，诸如头晕、头痛、恶心、食欲不振、乏力、失眠等。彩光污染不仅有损人体的生理机能，还会影响到人的心理，长期处在彩光灯的照射下，其心理积累效应，也会不同程度引起倦怠无力、头晕、性欲减退、阳痿、月经不调、神经衰弱等身心方面的疾病。此外，红外线、紫外线也正日益严重地污染环境。

4. 眩光污染

汽车夜间行驶时照明用的头灯、厂房中不合理的照明布置等都会造成眩光。某些工作场所，例如火车站和机场以及自动化企业的中央控制室，过多和过分复杂的信号灯系统也会造成工作人员视觉锐度的下降，从而影响工作效率。焊枪所产生的强光，若无适当的防护措施，会伤害人的眼睛，长期在强光条件下工作的工人（如冶炼工、熔烧工、吹玻璃工等）也会由于强光而使眼睛受害。

5. 视觉污染

视觉污染指的是城市环境中杂乱的视觉环境。例如城市街道两侧杂乱的电线、电话线、杂乱不堪的垃圾废物、乱七八糟的货摊和五颜六色的广告招贴等。

6. 激光污染

激光污染也是光污染的一种特殊形式。由于激光具有方向性好、能量集中、颜色纯等特点，而且激光通过人眼晶状体的聚焦作用后，到达眼底时的光强度可增大几百至几万倍，所以激光对人眼有较大的伤害作用。激光光谱的一部分属于紫外和红外范围，会伤害眼结膜、虹膜和晶状体，功率很大的激光能危害人体深层组织和神经系统。近年来，激光在医学、生物学、环境监测、物理学、化学、天文学以及工业等多方面的应用日益广泛，激光污染愈来愈受到人们的重视。

7. 红外线污染

红外线近年来在军事、人造卫星以及工业、卫生、科研等方面的应用日益广泛，因此红外线污染问题也随之产生。红外线是一种热辐射，对人体可造成高温伤害。较强的红外线可造成皮肤伤害，其情况与烫伤相似，最初是灼痛，然后是造成烧伤。红外线对眼的伤害有几种不同情况，波长为7500～13000埃的红外线对眼角膜的透过率较高，可造成眼底视网膜的伤害，尤其是11000埃附近的红外线，可使眼的前部介质（角膜、晶体等）不受损害而直接造成眼底视网膜烧伤。波长19000埃以上的红外线，几乎全部被角膜吸收，会造成角膜烧伤(混浊、白斑)，波长大于14000埃的红外线的能量绝大部分被角膜和眼内液所吸收，透不到虹膜，只是13000埃以下的红外线才能透到虹膜，造成虹膜伤害。人眼如果长期暴露于红外线可能引起白内障。

8. 紫外线污染

紫外线最早是应用于消毒以及某些工艺流程。近年来它的使用范围不断扩大，如用于人造卫星对地面的探测。紫外线的效应按其波长而不同，波长为1000～1900埃的真空紫外部分，可被空气和水吸收；波长为1900～3000埃的远紫外部分，大部分可被生物分子强烈吸收；波长为3000～3300埃的近紫外部分，可被某些生物分子吸收。

紫外线对人体主要是伤害眼角膜和皮肤。造成角膜损伤的紫外线主要为2500～3050埃部分，而其中波长为2880埃的作用最强。角膜多次暴露于紫外线，并不增加对紫外线的耐受能力。紫外线对角膜的伤害作用表现为一种叫做畏光眼炎的极痛的角膜白斑伤害，除了剧痛外，还导致流泪、眼睑痉挛、眼结膜充血和睫状肌抽搐。紫外线对皮肤的伤害作用主要是引起红斑和小水疱，严重时会使表皮坏死和脱皮。人体胸、腹、背部皮肤对紫外线最敏感，其次是前额、肩和臀部，再次为脚掌和手背。不同波长紫外线对皮肤的效应是不同的，波长2800～3200埃和2500～2600埃的紫外线对皮肤的效应最强。

（二）光污染防治

防治光污染主要有下列几个方面：

① 加强城市规划和管理、改善工厂照明条件等，以减少光污染的来源。

② 对有红外线和紫外线污染的场所采取必要的安全防护措施。

③ 采用个人防护措施，主要是戴防护眼镜和防护面罩。光污染的防护镜有反射型防护镜、吸收型防护镜、反射-吸收型防护镜、爆炸型防护镜、光化学反应型防护镜、光电型防

护镜、变色微晶玻璃型防护镜等类型。

光污染虽未被列入环境防治范畴，但它的危害显而易见，并在日益加重和蔓延。因此，人们在生活中应注意防止各种光污染对健康的危害，避免过长时间接触污染。

光对环境的污染是实际存在的，但由于缺少相应的污染标准与立法，因而不能形成较完整的环境质量要求与防范措施。防治光污染，是一项社会系统工程，需要有关部门制定必要的法律和规定，采取相应的防护措施。

第四篇 可持续发展篇

第十三章 可持续发展的形成

从第一次产业革命开始，人类的经济与社会就进入了一个空前发展的历史时期。20 世纪以来，随着科技进步和社会生产力的极大提高，人类创造了前所未有的物质财富，加速推进了文明发展的进程。现在，人类远古以来的梦想与企望——上天、入地、千里眼、顺风耳、宏观世界、微观世界……都已成为现实，人类的生活越来越方便，越来越舒适。与此同时，世界人口急剧增长、资源过度消耗与大量浪费、严重的环境污染和生态破坏，都已成为全球性的重大问题，它们不仅严重地阻碍着经济的发展和人民生活质量的提高，而且已威胁到人类的生存和发展。在这种严峻形势下，人类不得不重新审视自己的社会经济行为和走过的历程。认识到通过高消耗追求经济数量增长和“先污染后治理”的传统发展模式已不再适应当今和未来发展的要求，而必须努力寻求一条人口、资源、经济、社会与环境相互协调的、既能满足当代人的需求又不对满足后代人需求的能力构成危害的发展模式。也就是在这样的历史背景之下，可持续发展的理论逐步形成了。它脱胎于单纯发展理论，但在深度上和广度上都更加深化和拓展，并迅速成为全球行动纲要和发展战略。

第一节 可持续发展的由来

朴素的可持续发展思想古已有之。例如，中国古代即有“与天地相参”的思想，《吕氏春秋》中写到：“竭泽而渔，岂不获得？而明年无鱼；焚薮而田，岂不获得？而明年无兽”。古代这种朴素的辩证唯物主义思想至今对我们仍有现实的指导意义。西方经济学家马尔萨斯（Malthus，1802 年）、李嘉图（Ricardo，1817 年）和穆勒（Mill，1900 年）等也较早认识到人类消费的物质限制，即人类的经济活动范围存在着生态边界。

一、早期的反思

20 世纪 50 年代以来，人类开始面临一系列的环境问题，并进行了认真的探索，美国科学家蕾切尔·卡尔逊（RachelCarson）称得上是一位先行者。她注意到由于化学杀虫剂的生产和应用，很多生物随着害虫一起被杀灭，连人类自己也不能幸免，首先对世人发出了警告。她在那本闻名于世而且也必将载入史册的《寂静的春天》中通过对污染物富集、迁移、转化的描写，阐明了人类与大气、海洋、河流、土壤、动植物之间的密切关系，初步揭示了污染对生态系统的影响，她告诉人们，“地球上生命的历史一直是生物与其周围环境相互作用的历史”，“只有人类出现后，生命才具有了改造其周围大自然的异常能力。在人对环境的所有袭击中，最令人震惊的是空气、土地、河流以及大海受到各种致命化学物质的污染。这种污染是难以恢复的，因为它们不仅进入了生命赖以生存的世界，而且进入了生物组织内”，她在书中描述了一幅十分可怕的图画：“从那时起，一个奇怪的阴影遮盖了这个地区，一切都开始变化，神秘莫测的疾病袭击了成群的小鸡，牛羊病倒和死亡；不仅在成人中，而且在孩子们中间也出现了一些突然的、不可解释的死亡现象。一种奇怪的寂静笼罩了这个地方，这儿的清晨曾经荡漾着鸟鸣的声浪，而现在一切声音都没有了，只有一片寂静覆盖着田野、树林和沼泽”，她还向世人呼吁：“我们长期以来行驶的道路，容易被人误认为是一条可以高速前进的平坦、舒适的超级公路，但实际上，这条路的终点却潜伏着灾难，而另外的道路则为我们提供了保护地球的最后唯一的机会”，卡尔逊没有能确切地告诉人们这“另外的道路”究竟是什么样的，但《寂静的春天》像是黑暗中的一声呐喊，唤醒了广大民众。尽管当时的工业界特别是化学工业界因担心卡尔逊这些惊世骇俗的预言会损害他们的商业利益而对她发起了猛烈的抨击，尽管当时的美国政府没有及时给予卡尔逊应有的支持，尽管卡尔逊本人在书籍出版两年后，终因遭受到癌症和诋毁攻击的双重折磨而与世长辞，卡尔逊的警告还是唤醒了人类，从那时起，在社会意识和科学讨论中出现了一个崭新的词汇，这就是环境保护。卡尔逊的思想在世界范围内引发了人类对自身行为和观念的深入反思。

令人遗憾的是，《寂静的春天》引发的杀虫剂之争虽然已经有了较为明确的结论，DDT和一些剧毒农药也早已被禁用，但她的著作发表后几十年来，卡尔逊所忧虑的局面不但没有消失，反而是更加严重了，人类面临的环境问题已经从局部的小范围发展成地区性的甚至是全球性的了，其影响也更广泛更深远了。面对如此众多如此严重的环境问题，面对人类生死存亡的抉择，越来越多的人们追随着卡尔逊，进行了严肃的思考。人们发现，环境问题的出现和发展与经济的发展是同步的，经济的发展是人类所驱使的。因此为了迎接环境问题的挑战，争取继续生存继续发展的权利，研究分析人类环境与发展二者之间的关系是十分必要的。

人类发挥自己的聪明才智，通过辛勤劳动及发明创造，促进了工农业发展和城市建设。原来的荒地成了米粮仓；不毛之地成了繁华的大都市；原来沉睡在地下或紧锁在原子内部的能源，被开发出来为人类利用；原来交通阻隔、鸡犬相闻、老死不相往来的世界，变成了交通便利、信息通达、人们息息相关的地球村等，人类从自然界获取了似乎是无穷无尽的资源，把环境改造得更适合人类的需要，这无疑是人类对环境的正面作用，但人类的发展同时也在愈来愈深刻地改变着自然界，例如自然资源的过度消耗、环境质量的不断下降，这都是人类及发展对环境不利影响的表现。

人类生产活动和城市建设对自然环境的正反两个方面的影响，是相互联系，交织在一起的，值得注意的是，负面的影响往往要在较长的时间里才能显现出来。人们常常只看到自己的活动带来的短期效果，而忽略了其负面影响。比如，人们为了增加粮食生产而围湖造田、毁林开荒，却没有看到由此会带来水土流失，土壤沙化的后果；人们为了一时的增产而过度捕捞，却没有想到因此破坏了渔业资源等。也因为负面影响显示较慢这一特点，所以在很长时间内都没有引起人们的注意。工业革命以来，特别是二十世纪以来，在科学技术和工业飞速发展，人们的生活水平显著提高的形势下，人们高唱凯歌，欢呼人类征服自然的伟大胜利，提出了一个又一个征服自然的宏伟计划。然而，就在此时，上述的各种环境问题相继爆发，这是自然对人类的抗议和报复，也是人类发展史中深刻的教训。

二、人类的觉醒

随着科学技术的进步和工农业建设的发展，人类对自然的利用和改造愈来愈广泛和深刻，至20世纪中叶，人类活动的影响所及已超出地球的范围而进入了太空，同时工业化和城市化带来的环境问题日趋严重，已逐步成为人类面临的一大危机。这说明人类的发展已经成为主导的、决定的因素。是人类自己创造了高度的文明、优越的生活，充分利用和发展了环境和资源对人类的正面作用，但同时也是人类自己破坏了环境，过度消耗了资源，造成了环境和资源的危机。此时人类对环境和资源的负面作用已在一定程度下超过了正面效应，作为回报，环境和资源对人类和发展的负效应也逐步增大，表现为污染了的环境威胁着人类的健康和生命安全，资源的枯竭制约了进一步的发展。可以说，此时已出现了一种对人类对地球都不利的恶性循环。

越来越多的人终于警觉到，这种恶性循环如不加控制任其发展，必将危及人类的前途、地球的命运。因此出现了更多为环境保护呐喊并鲜明地指出必须调整发展模式的思想家和行动家。1968 年，来自世界各国的几十位科学家、教育家和经济学家聚会罗马，成立了一个非正式的国际协会——罗马俱乐部，它的工作目标是关注、探讨与研究人类面临的共同问题，使国际社会对人类困境包括社会的、经济的、环境的诸多问题有更深入的理解，并在现有全部知识的基础上提出应该采取的能扭转不利局面的新态度、新政策和新制度。受俱乐部的委托，以麻省理工学院 D. 梅多斯（Dennis. J. Meadows）为首的研究小组，针对长期流行于西方的高增长理论进行了深刻反思，并于 1972 年提交了俱乐部成立后的第一份研究报告——《增长的极限》。报告深刻阐明了环境的重要性以及资源与人口间的基本联系，报告认为：由于世界人口增长、粮食生产、工业发展、资源消耗和环境污染这 5 项基本因素的运行方式是指数增长而非线性增长，全球的增长将会因为粮食短缺和环境破坏于 21 世纪某个时段内达到极限。也就是说，地球的支撑力将会达到极限，经济增长将发生不可控制的衰退，继而得出了要避免因超越地球资源极限而导致世界崩溃的最好方法是限制增长，即“零增长”的结论。

这个报告在世界上产生了极大的反响，人们关注世界的未来，对书中的观点展开了激烈的争论。有人支持《增长的极限》所持的观点，认为如果人类不控制发展，世界将更加拥挤，污染将更加严重，生态将更不稳定，尽管物质产量会更加丰富，而更多的人将更加贫困。《增长的极限》曾一度成为当时环境运动的理论基础，在保护环境的运动中起了巨大的作用。但也有人反对《增长的极限》的结论，认为地球有足够的土地和丰富的资源，可以支持经济不断发展的需要，而且生产的不断增长能为更多的生产进一步提供潜力。他们还认为，只有经济的不断发展才能为解决环境问题提供资金和技术。显然由于种种因素的局限，《增长的极限》的结论和观点存在十分明显的缺陷，但是，报告所表现出的对人类前途的“严肃的忧虑”以及对发展与环境关系的论述，是有十分重大的积极意义的。它所阐述的“合理的持久的均衡发展”，为孕育可持续发展的思想萌芽提供了土壤。

1972 年，联合国在瑞典斯德哥尔摩召开了“人类环境会议”，来自世界 113 个国家和地区的代表会聚一堂，共同讨论环境与人类的关系及二者的相互影响。这是人类第一次将环境问题纳人世界各国政府和国际政治的事务议程。大会通过的《人类环境宣言》向全球呼吁：“现在已经到达历史上这样一个时刻，我们在决定世界各地的行动时，必须更加慎重地考虑它们对环境产生的后果。由于对环境的无知或不关心，我们可能给人类所依赖的地球环境造成巨大的无法挽回的损失。因此，保护和改善人类环境是关系到全世界各国人民的幸福和经济发展的首要问题，是全世界各国人民的迫切希望和各国政府的责任，也是人类的紧迫任务，各国政府和人民必须为全体人民和自身后代的利益而做出共同的努力”。

这一切都表明，作为探讨保护全球环境战略的第一次国际会议，联合国人类环境大会的意义在于唤起各国政府和人民共同关注环境问题特别是环境污染问题。尽管大会对整个环境问题认识比较粗浅，对解决环境问题的途径尚未确定，但是，它正式吹响了人类共同向环境问题挑战的进军号。各国政府和公众的环境意识，无论是在广度上还是深度上都向前迈进了一步。

三、可持续发展的提出

“人类环境会议”决定成立以挪威首相布伦特兰夫人为首的世界环境与发展委员会，对世界面临的问题及应采取的战略进行研究。1987 年，世界环境与发展委员会发表了影响全球的题为《我们共同的未来》的报告，它分为“共同的问题”、“共同的挑战”和“共同的努力”三大部分。在集中分析了全球人口、粮食、物种和遗传资源、能源、工业和人类居住等方面的情况，并系统探讨了人类面临的一系列重大经济、社会和环境问题之后，这份报告鲜明地提出了三个观点：①环境危机、能源危机和发展危机不能分割；②地球的资源和能源远不能满足人类发展的需要；③必须为当代人和下代人的利益改变发展模式。在此基础上报告提出了“可持续发展”的概念。报告深刻指出：在过去，我们关心的是经济发展对生态环境带来的影响，而现在，我们正迫切地感到生态的压力对经济发展所带来的重大影响。因此，我们需要有一条新的发展道路，这条道路不仅是一条能在若干年内、在若干地方支持人类进步的道路，而且是一直到遥远的未来都能支持全球人类进步的道路。这实际上就是卡尔逊在《寂静的春天》没能提供答案的所谓的“另外的道路”，即“可持续发展道路”。布伦特兰夫人鲜明、创新的科学观点，把人们从单纯考虑环境保护引导到把环境保护与人类发展切实结合起来，实现了人类有关环境与发展思想的重要飞跃。

四、重要的里程碑

1992 年，联合国在巴西里约热内卢举行了“环境与发展大会”，有 183 个国家，102 位国家元首、政府首脑和 70 个国际组织出席，大会空前热烈，经过反复讨论，通过了《里约热内卢环境与发展宣言》（又名地球宪章）、《21 世纪议程》以及一些有关环境问题的公约。这次大会标志着自从 1972 年联合国人类环境会议召开到 1992 年的 20 年间，国际社会关注的热点已由单纯注重环境问题逐步转移到环境与发展的关系上来。《里约宣言》是开展全球环境与发展领域合作的框架性文件，是为了保护地球永恒的活力和整体性，建立一种新的、公平的全球伙伴关系的“关于国家和公众行为基本准则”的宣言，它提出了实现可持续发展的 27 条基本原则。《21 世纪议程》则是全球范围内可持续发展的行动计划，它旨在建立 21 世纪世界各国在人类活动对环境产生影响的各个方向的行动规则，这两个历史性的文件表明，可持续发展已得到世界最广泛范围和最高级别的政治承诺。

以这次大会为标志，人类对环境与发展的认识提高到了一个崭新的阶段，它对人类发出了走可持续发展之路的总动员，使人类迈出了跨向新的文明时代的关键性一步，从而为人类的环境与发展矗立一座重要的里程碑。

第二节 可持续发展的基本理念

“控制人口，节约资源，保护环境，实现可持续发展”。这是中国环境与生态学者及中国政府针对全球性发展资源、生态环境的锐减、污染和破坏以及中国国情，为解决全球性环境问题而提出的一句极为科学而鲜明的行动纲领。

一、传统发展中存在的环境问题

传统发展模式的主要特点是：

1. 只注重经济增长而无限制地向大自然索取

传统发展现推行以经济增长为核心的发展战略，在这种发展观的支配下，人们不认识也不承认环境本身所具有的价值，将自然界看作是一座永不枯竭、可以随意索取的宝库。为了追求最大的经济效益，不惜采取以损害环境为代价来换取经济增长的发展模式，其结果造成全球范围内严重的环境问题。

2. 主要动力来自于过度消费的刺激和拉动

传统的经济增长方式一方面依靠资源、能源的高消耗和资金、劳力等的高投入实现经济的高增长，从而导致资源的加速耗竭和环境的高污染；另一方面许多工业化国家以高消费和高享受来刺激、拉动经济增长，如美国的人口数量不足世界总人口的 5%，但其能源和资源的消耗量却占世界的 1/5 左右。

3. 思想基础是"征服自然"、"人定胜天"

工业革命极大地解放了生产力，也使一部分人自认为已经能够彻底摆脱自然的束缚，成为主宰地球的精灵。"驾驭自然，做自然的主人"的机械论思想鼓舞着一代又一代的人企图征服大自然，创造新文明。这种"人定胜天"的主观意志和"征服自然"的行动已经使人类和自然两败俱伤，使威胁人类生存和发展的环境问题不断在全球显现并日益加剧。

概括说来，传统发展模式是建立在掠夺性地使用资源、破坏环境、损害生态基础上的发展，虽然它在历史的进程中曾极大地推动了人类历史和社会文明的进步，但正如马克思早在 130 年前所预言的："文明如果是自发的发展，而不是自觉的发展，则留给自己的是荒漠"。

二、可持续发展的定义

可持续发展的概念来源于生态学，最初应用于林业和渔业，指的是对于资源的一种管理战略，如何仅将全部资源中的一部分加以收获，使得资源不受破坏，而新成长的资源数量足以弥补收获的数量。以后，这一词汇很快被用于农业、开发和生物圈，而且不限于考虑一种资源的情形。人们现在关心的是人类活动对多种资源的管理实践之间的相互作用和累积效应，范围则从几个大区扩大到全球。

可持续发展一词在国际文件中最早出现于 1980 年由国际自然保护同盟在世界野生生物基金会支持下制订发布的《世界自然保护大纲》中。在联合国环境规划署 1987 年 4 月发表的《我们共同的未来》中将可持续发展定义为"既满足当代人的需求，又不危及后代人满足其需求的发展"。该定义简单鲜明，受到国际社会的普遍赞同和广泛接受。可持续发展是一种从环境和自然资源角度提出的关于人类长期发展的战略或模式，它不是一般意义上所指的一个发展进程在时间上的连续性，而是特别指出环境和自然资源的长期承载力对发展的重要性以及发展对改善生活质量的重要性。可持续发展的概念从理论上结束了长期以来把发展经济同保护环境与资源相互对立起来的错误观点，并明确指出了它们应当是相互联系和互为因果的辩证关系，是人类发展观念的一次重大革命。可持续发展既是一种新的发展论、环境论、人地关系论，它又可以作为全球发展战略实施的指导思想和主导原则。可持续发展与环境保护是密不可分的，正如联合国环境规划署第 15 届理事会《关于可持续发展的声明》所说："可持续发展意味着维护、合理使用并且提高自然资源基础，意味着在发展计划和政策中纳入对环境的关注和考虑。"

可持续发展首先是从环境保护的角度来倡导保持人类社会进步与发展的，它明确提出要变革人类沿袭已久的生产方式和生活方式，并调整现行的国际经济关系。这种调整和变革要按照可持续发展的要求进行设计和运行，这几乎涉及经济发展和社会生活的所有方面，包含了当代与后代的需求、国家主权与国际公平、自然资源与生态承载力、环境与发展相结合等重要内容。就理性设计而言，可持续发展具体表现在：工业应当是高产低耗、能源应当被清洁利用、粮食需要保障长期供给、人口与资源应当保持相对平衡、经济与社会应与环境协调发展等。

三、可持续发展理论的基本内容和原则

（一）可持续性发展理论的基本内容

1. 可持续发展的要领是全面发展

经济和社会发展必须做到既要满足人民不断增长的物质需要，又要保持生态平衡和资源永续利用，既要考虑发展的目的，又要考虑发展的手段，真正实现经济社会系统发展与自然生态系统的协调和平衡。

2. 可持续发展的核心是以人为本

发展必须把人置于一切经济社会问题的中心位置，加强人的能力建设，知识创新和科学技术是提高人类能力的最重要工具，必须通过全面推进素质教育来提高人民的创新精神和实践能力。人类首先要明确自己在自然界的地位——“人是生态系统的一个成员”，同时也要认识到人也是环境系统的主要因素。人类必须约束自己的行为，控制人口增长使之更有利于与环境协调发展，在自然界中能长期生存下去。

3. 可持续发展的物质基础是发展经济

物质需求是人民生存的基础，经济的持续增长是维持人民生存权和发展权的前提条件。因此，必须坚持以经济为中心，转变经济增长方式，重视经济增长质量。

传统的经济发展模式是一种单纯追求经济无限“增长”，追求高投入、高消费、高速度的粗放型增长模式。这种发展根基是建立在只重视生产总值，而忽视资源和环境的价值，无偿索取自然资源的基础上的，是以牺牲环境为代价的。这样的“增长”必然受到自然环境的限制，因此，单纯的经济增长即使能消除贫困，也不足以构成发展，况且在这种经济模式下又会造成贫富悬殊两极分化，所以这样的经济增长只是短期的、暂时的，而且势必导致与生态环境之间矛盾日益尖锐。现在衡量一个国家的经济发展是否成功，不仅以它的国民生产总值为标准，还需要计算产生这些财富的同时所消耗的全部自然资源的成本和由此产生的对环境恶化造成的损失所付出的代价以及对环境破坏承担的风险，这一正一负的价值总和才是真正的经济增长值。

经济发展是人类永久的需要，是人类社会发展的保障，而经济可持续发展必须与环境相协调，它不仅追求数量的增加，而且要改善质量、提高效益、节约能源、减少废物、改变原有的生产方式和消费方式（实行清洁生产、文明消费）。也就是说，在保持自然资源的质量和其所提供的服务的前提下，使经济发展的净利益增加到最大限度。

4. 可持续发展的外部条件是生态资源保护

自然资源是可持续发展的源泉，有效的经济增长并不一定是资源环境保护的敌人，提高经济效益的政策和改善环境管理的政策是相互补充的，良好的资源环境条件是可持续发展的必备条件，环境与资源的保障是可持续发展的基础。树立正确的生态观，掌握自然环境的变

化规律，了解环境容量及其自净能力才能使人与自然和谐相处，使人类社会持续发展。

5. 可持续发展的重要推动力是政府作用和社会参与

实施可持续发展强调“综合决策”和“公众参与”。政府在推动经济与社会发展方面，有着重要的义务和不可替代的责任。政府通过政策的导向、科学的规划、合理的政策、密切的国际合作并提高全体人民的可持续发展意识，发动全社会参与，可以保证可持续发展战略的实现。

（二）可持续发展的基本原则

可持续发展的原则主要体现为公平性原则、持续性原则和共同性原则。

1. 公平性原则

主要包括三个方向，一是当代人的公平，即要求满足当代全球各国人民的基本要求，予以机会满足其要求较好生活的愿望；二是代际间的公平，即每一代人都不应该为当代人的发展与需求而损害人类世世代代满足其需求的自然资源和环境条件，而应给予世世代代利用自然资源的权利；三是公平分配有限的资源，即应结束少数发达国家过量消费全球共有资源，给予广大发展中国家合理利用更多的资源以达到经济增长和发展的机会。

2. 持续性原则

要求人类对于自然资源的耗竭速率应该考虑资源与环境的临界性，不应该损害支持生命的大气、水、土壤、生物等自然系统。持续性原则的核心是对人类经济和社会发展不能超越资源和环境的承载能力。“发展”一旦破坏了人类生存的物质基础，“发展”本身也就衰退了。

3. 共同性原则

强调可持续发展一旦作为全球发展的共同总目标而定下来，对于世界各国所表现的公平性和持续性原则都是共同的，实现这一总目标必须采取全球共同的联合行动。正如 2000 年 9 月 8 日中国国家主席在联合国千年首脑会议上发言指出：经济全球化趋势正在给全球经济、政治和社会生活等诸多方面带来深刻影响，既有机遇也有挑战。在经济全球化的过程中，各国的地位和处境很不相同。我们需要世界各国“共赢”的经济全球化，需要世界各国平等的经济全球化，需要世界各国公平的经济全球化，需要世界各国共存的经济全球化。

可持续发展的理论内涵为：人类任何时候都不能以牺牲环境为代价去换取经济的一时发展，也不能以今天的发展损害明天的发展。要实现可持续发展，必须做到保护环境同经济、社会发展协调进行，二者的关系是人类的生产、消费和发展，不考虑资源和环境，则难以为继；而孤立地就环境论环境，没有经济发展和技术进步，环境的保护就失去了物质基础。另外，可持续发展的模式是一种提倡和追求“低消耗、低污染、适度消费”的模式，用它取代人类工业革命以来所形成的“高消耗、高污染、高消费”的非持续发展模式，扼制当今小部分人为自己的富裕而不惜牺牲全球人类现代和未来利益的行为，显然可持续发展思想将给人们带来观念和行为的更新。

第十四章　可持续发展战略的实施

第一节　可持续发展战略的实施途径

不论是对于人类还是对于世界各国的政府，可持续发展战略都是一个全新的革命性的发展战略。为了在国际国内的各项工作中对此项战略加以实施，必须解决一系列的问题，包括：①加强教育，改变人们的哲学观和发展观，特别是帮助人们建立环境伦理观；②制定国际条约和国内法规，用法律、行政、经济等各种手段约束和规范人们的行为；③制定可持续发展的行动纲领和实施计划，将经济发展规划与环境保护规划协调起来；④在工业和一切产业部门实施清洁生产，以达到最大限度地节约资源和最大限度地减少对环境的危害；⑤在农村大力发展生态农业，使人类的生产活动与自然实现和谐一致；⑥按照生态平衡的原理建设和管理城市，使城市成为可持续发展的人类居住区；⑦实现对能源和资源的可持续利用，尽可能地提高能源和资源的利用效率，采用可再生的能源和资源代替不可再生的能源和资源；⑧加强对各类废弃物的净化处理和综合利用，采用合理措施修复已被污染破坏的生态环境。

一、关于可持续发展的指标体系

目前，尽管可持续发展已被人们，尤其是各国政府所接受，但是，还有很多人认为可持续发展只是一个概念、理想，对于如何操作却并不明了，因此，很多学者和管理人员提出了建立可持续发展指标体系的问题，即通过一些指标测定和评价可持续发展的状态和程度。从前面的叙述我们知道，可持续发展是经济系统、社会系统以及环境系统和谐发展的象征，它所涵盖的范围包括经济发展与经济效率的实现、自然资源的有效配置和永续利用、环境质量的改善和社会公平与适宜的社会组织形式等。因此，可持续发展指标体系几乎涉及人类社会经济生活以及生态环境的各个方面。

1992 年世界环境与发展大会以来，许多国家按大会要求，纷纷研究自己的可持续发展指标体系，目的是检验和评估国家的发展趋势是否可持续，并以此进一步促进可持续发展战略的实施。作为全球实施可持续发展战略的重大举措，联合国也成立了可持续发展委员会，其任务是审议各国执行《21 世纪议程》的情况，并对联合国有关环境与发展的项目计划在高层次进行协调。为了对各国在可持续发展方面的成绩与问题有一个较为客观的衡量标准，该委员会制定了联合国可持续发展指标体系。

长期以来，人们采用国内生产总值来衡量经济发展的速度，并以此作为宏观经济政策分析与决策的基础。但是，正如前面提到，从可持续发展的观点看，它存在着明显的缺陷，如忽略收入分配状况、忽略市场活动以及不能体现环境退化等状况。为了克服其缺陷，使衡量发展的指标更具科学性，不少较权威的世界性组织和专家学者都提出了一些衡量发展的新思路。

1. 衡量国家（地区）财富的新标准

1995 年，世界银行颁布了一项衡量国家（地区）财富的新标准：一国的国家财富由三个主要资本组成，即人造资本、自然资本和人力资本。人造资本为通常经济统计和核算中的资本，包括机械设备、运输设备、基础设施、建筑物等人工创造的固定资产。自然资本指的是大自然为人类提供的自然财富，如土地、森林、空气、水、矿产资源等。可持续发展就是要保护这些财富，至少应保证它们在安全的或可更新的范围之内。很多人造资本是以大量消耗自然资本来换取的，所以应该从中扣除自然资本的价值，如果将自然资本的消耗计算在内，一些人造资本的生产未必是经济的。人力资本指的是人的生产能力，它包括了人的体力、受教育程度、身体状况、能力水平等各个方面，人力资本不仅与人的先天素质有关系，而且与人的教育水平、健康水平、营养水平有直接关系，因此人力资本是可以通过投入人造资本来获得增长的。从这一指标中我们可以看出，财富的真正含义在于：一个国家生产出来的财富，减去国民消费，再减去产品资产的折旧和消耗掉的自然资源，这就是说，一个国家可以使用和消耗本国的自然资源，但必须在使其自然生态保持稳定的前提下，能够高效地转化为人力资本和人造资本，保证人造资本和人力资本的增长能补偿自然资本的消耗。如果自然资源减少后，人力资本和人造资本并没有增加，那么，这种消耗就是一种纯浪费型的消耗。该方法更多地纳入了绿色国民经济核算的基本概念，特别是纳入了资源和环境核算的一些研究成果，通过对宏观经济指标的修正，试图从经济学的角度去阐明外境与发展的关系，并通过货币化度量一个国家或地区总资本存量（或人均资本存量）的变化，以此来判断一个国家或地区发展是否具有可持续性，能够比较真实地反映一个国家和地区的财富。

按照上述标准排列，中国在世界192个国家和地区中排在161位。人均财富6600美元，其中自然资本占8%，人造资本占15%，人力资本占77%。从人均财富相对结构来看，中国的自然资源相当贫乏；从人均财富的绝对量来看，中国拥有的各种财富的量也非常低，特别是高素质人才少，人力资本只有发达国家或地区的1/50。因此，今后如果仍一味地追求那种以自然资源高消耗、环境高污染为代价来换取经济高增长的模式，我国的人均财富不仅难以大幅度增长，而且还有可能下降。

2. 人文发展指数

联合国开发计划署（UNDP）于1990年5月在第一份《人类发展报告》中，首次公布了人文发展指数（HDI），以衡量一个国家的进步程度。它由收入、寿命、教育三个衡量指标构成：收入是指人均GDP的多少；寿命反映了营养和环境质量状况；教育是指公众受教育的程度，也就是可持续发展的潜力。收入通过估算实际人均国内生产总值的购买力来测算；寿命根据人口的平均预期寿命来测算；教育通过成人识字率（2/3权数）和大、中、小学综合入学率（1/3的权数）的加权平均数来衡量。虽然“人类发展”并不等同“可持续发展”，但该指数的提出仍有许多有益的启示。HDI强调了国家发展应从传统的以物为中心转向以人为中心，强调了达到合理的生活水平而非追求对物质的无限占有，向传统的消费观念提出了挑战。HDI将收入与发展指标相结合，人类在健康、教育等方面的社会发展是对以收入衡量发展水平的重要补充，倡导各国更好地投资于民，关注人们生活质量的改善，这些都是与可持续发展原则相一致的。

在这个报告中，中国的HDI在世界173个国家中排名第94位，比人均GDP（第143位）名次提高了49位。但我们却比朝鲜和蒙古这些不发达的国家还要低，差距主要在于环境质量和受教育水平，特别是学龄儿童入学率，“人文发展指数”进一步确认了一个经过多年争论并被世界初步认识到的道理：“经济增长不等于真正意义上的发展，而后者才是正确的目标”。

3. 绿色国民账户

从环境的角度来看，当前的国民核算体系存在三个方面的问题：一是国民账户未能准确反映社会福利状况，没有考虑资源状态的变化；二是人类活动所使用自然资源的真实成本没有计入常规的国民账户；三是国民账户未计入环境损失。因此，要解决这些问题，有必要建立一种新的国民账户体系。近年来，世界银行与联合国统计局合作，试图将环境问题纳入当前正在修订的国民账户体系框架中，以建立经过环境调整的国内生产净值（NDP）和经过环境调整的国内净收入（EDI）统计体系。目前，已有一个试用性的联合国统计局（UNSO）框架问世，称为“经过环境调整的经济账户体系（SEEA）”。其目的在于：在尽可能保持现有国民账户体系的概念和原则的情况下，将环境数据结合到现存的国民账户信息体系中。环境成本、环境收益、自然资产以及环境保护支出均与以国民账户体系相一致的形式作为附属账内容列出。简单说来，SEEA 寻求在保护现有国民账户体系完整性的基础上，通过增加附属账户内容，鼓励收集和汇入有关自然资源与环境的信息。SEEA 的一个重要特点在于，它能够利用其他测度的信息，如利用区域或部门水平上的实物资源账目，因此，附属账户是实现最终计算 NDP 和 EDI 的一个重大进展。

4. 国际竞争力评价体系

国际竞争力评价体系是由世界经济论坛和瑞士国际管理学院共同制定的，它清晰地描述了主要经济强国正在经历的变化，展示出未来经济发展的趋势。它不仅为各国制定经济政策提供重要参考，而且对整个社会经济的发展具有重要导向作用。国际竞争力评价系统的权威性已得到世界公认，并为各国政府所审视。

这套评价体系由 8 大竞争力要素、41 个方面、224 项指标构成。8 大要素包括国内经济实力、国际化程度、政府作用、金融环境、基础设施、企业管理、科技开发和国民素质。其中国民素质有人口、教育结构、生活质量和就业失业等 7 个要素，生活质量中包含医疗卫生状况、营养状况和生活环境等状况。这套评价体系比较全面地评价和反映一个国家的整体水平，不仅包括现实的竞争能力，还预示潜在的竞争力，从而揭示未来的发展趋势。1996 年，在参加评价的 46 个国家和地区中，中国内地排名第 26 位，美国排在榜首，新加坡排名第二，中国香港地区排名第三，日本排名第四。在 8 大要素中，中国国内经济实力一项排名最好，位列第二；基础设施一项排名最差，位列第 46 位；国民素质一项排名第 35 位，其中生活质量排名第 42 位，劳动力状况与教育结构排名第 43 位，分别位居倒数第三、第四位。由此表明，我国的教育状况和环境状况均是阻碍我国国民素质提高的主要因素。

5. 几种典型的综合型指标

综合型指标是通过系统分析方法，寻求一种能够从整体上反映系统发展状况的指标，从而达到对很多单个指标进行综合分析，为决策者提供有效信息。

（1）货币型综合指标　货币型指标以环境经济学和资源经济学为基础，其研究始于 20 世纪 70 年代的改良 GNP 运动。1972 年，美国经济学家 W. Nordhaus 和 Tobin 提出“经济福利尺度”概念，主张通过对 GNP 的修正得到经济福利指标。这方面研究的代表还有英国伦敦大学环境经济学家 D. W 皮尔斯，他在其著作《世界无末日》中，将可持续发展定义为：随着时间的推移，人类福利持续不断地增长。从该定义出发，形成测量可持续发展的判断依据：总资本存量的非递减是可持续性的必要前提，即只有当全部资本的存量随时间保持一定增长的时候，这种发展才有可能是可持续的。

（2）物质流或能量流型综合指标　以世界资源研究所的物资流指标为代表，寻求经济系统中物质流动或能量流动的平衡关系，反映可持续发展水平，也为分析经济、资源与环境长期协调发展战略提供了一种新思路。物质流或能量流的主要计量单位是能量单位“J”，所有的货币单位都通过特定的系数（能量强度）转化为能量单位。它通过分析自然资产消耗和生产资产增加之间的关系，在一定的政策、技术条件下，对一个国家的国民经济系统的潜力进行分析，这是可持续发展指标的一种定量分析方法。

二、全球《21 世纪议程》

如前所述，1992 年联合国环境与发展大会不仅在《地球宪章》中明确了可持续发展战略的方向，而且还制定了贯彻实施可持续发展战略的人类行动计划《21 世纪议程》。这份文件虽然不具有法律的约束力，但它反映了环境与发展领域的全球共识和最高级别的政治承诺，提供了全球推进可持续发展的行动准则。

1. 全球《21 世纪议程》的基本思想

全球《21 世纪议程》深刻指出：人类正处于一个历史性关键时刻，人类面对国家之间和各国内部长期存在的经济悬殊现象，贫困、饥荒、疾病和文盲有增无减，赖以维持生命的地球生态系统继续恶化。如果不想进入不可持续的绝境，就必须改变现行的政策，综合处理环境与发展问题，提高所有人特别是穷人的生活水平，在全球范围更好地保护和管理生态系统。要争取一个更为安全、更为繁荣、更为平等的未来，任何一个国家不可能仅依靠自己的力量取得成功，必须联合起来，建立促进可持续发展全球伙伴关系，只有这样才能实现可持续发展的长远目标。

《21 世纪议程》的目的是为了促使全世界为 21 世纪的挑战做好准备。它强调圆满实施议程是各国政府必须负起的责任。为了实现议程的目标，各国的战略、计划、政策和程序至关重要，国际合作需要相互支持和各国的努力。同时，要特别注重转型经济阶段许多国家所面临的特殊情况和挑战。它还指出，议程是一个能动的方案，应该根据各国和各地区的不同情况、能力和优先次序来实施，并视需要和情况的改变不断调整。

2. 全球《21 世纪议程》的主要内容

《21 世纪议程》涉及人类可持续发展的所有领域，提供了 21 世纪如何使经济、社会与环境协调发展的行动纲领和行动蓝图。它共计 40 多万字，整个文件分四部分。

第一部分，经济与社会的可持续发展。包括加速发展中国家可持续发展的国际合作和有关的国内政策、消除贫困、改变消费方式、人口动态与可持续能力、保护和促进人类健康、促进人类居住区的可持续发展，将环境与发展问题纳入决策进程。

第二部分，资源保护与管理。包括保护大气层；统筹规划和管理陆地资源的方式；禁止砍伐森林，脆弱生态系统的管理——防沙治旱和山区发展；促进可持续农业和农村的发展；生物多样性保护；对生物技术的环境无害化管理；保护海洋，包括封闭和半封闭沿海区，保护、合理利用和开发其生物资源；保护淡水资源的质量和供应，对水资源的开发、管理和利用；有毒化学品的环境无害化管理，包括防止在国际上非法贩运有毒废料、危险废料的环境无害化管理，对放射性废料实行安全和环境无害化管理。

第三部分，加强主要群体的作用。包括采取全球性行动促进妇女的发展；青年和儿童参与可持续发展、确认和加强土著人民及其社区的作用；加强非政府组织作为可持续发展合作者的作用，支持《21 世纪议程》的地方当局的倡议；加强工人及工会的作用，加强工商界的作用，加强科学和技术界的作用，加强农民的作用。

第四部分，实施手段。包括财政资源及其机制；环境无害化（和安全化）技术的转让；促进教育、公众意识和培训，促进发展中国家的能力建设，国际体制安排；完善国际法律文书及其机制等。

第二节　中国可持续发展的战略措施

中国的社会经济正在蓬勃发展，充满生机与活力，但同时也面临着沉重的人口、资源与环境压力，隐藏着严重的危机，发展与环境的矛盾日益尖锐。表 14-1 列出的新中国成立 50 多年来的环境态势可以说明这一点。

表 14-1　中国各时期的环境态势

项目	1949 年以前的背景情况	50 多年来的发展历程	当前存在的主要问题	目前仍沿用的决策偏好
人口	数量极大，素质低	人口数量增长快，人口素质提高滞后	人口数量压力，低素质困扰，老龄化压力，教育落后	重人口数量控制，轻人口素质提高，未及时重视老龄化隐患
资源	人均资源较缺乏	资源开发强度大，综合利用率低	土地后备资源不足，水资源危机加剧，森林资源短缺，多种矿产资源告急	对各种资源管理重消耗，轻管理，重材料开发，轻综合管理，采富轻贫
能源	能源总储量大，但人均储量少，煤炭质量差	一次能源开发强度大，二次能源所占比例小	一次能源以煤为主，二次能源开发不足，煤炭大多不经洗选，能源利用率低，生物质能过度消耗	重总量增长，轻能源利用率的提高，重火电厂的建设，轻清洁能源的开发利用，重工业和城镇能源的开发，轻农村能源问题的解决
社会经济发展	社会、经济严重落后	经济总体增长率高，波动大，经济技术水平低，效益低	以高资源消耗和高污染为代价换取经济的高速增长，单位产值能耗、物耗高；产业效益低，亏损严重，财政赤字大	增长期望值极高，重速度，轻效益；重外延扩展，轻内涵；重本位利益，轻全局利益；重长官意志，轻科学决策
自然资源	自然环境相对脆弱	生态环境总体恶化，环境污染日益突出，生态治理和污染治理严重滞后	自然生态破坏严重，生态赤字加剧；污染累计量递增，污染范围扩大，污染程度加剧	环境意识逐渐增强，环境法则逐渐健全，但执法不力，决策被动，治理投资空位，环境监督虚位

上述态势的发展，特别是自然生态环境的恶化，已成为社会、经济发展的重大障碍，也使经济领域的隐忧不断加剧，几十年来发展的传统模式已不能适应中国的社会、经济发展，迫切需要新的发展战略，走可持续发展之路就成为中国未来发展的唯一选择，唯此才能摆脱人口、环境、贫困等多层压力，提高其发展水平，开拓更为美好的未来。

联合国环境与发展大会之后，中国政府重视自己承担的国际义务，积极参与全球可持续发展理论的建设和健全工作。中国制定的第一份环境与发展方面的纲领性文件就是 1992 年 8 月党中央国务院批准转发的《环境与发展十大对策》。1994 年 3 月，《中国 21 世纪议程》公布，这是全球第一部国家级的《21 世纪议程》，把可持续发展原则贯穿到各个方案领域。《中国 21 世纪议程》阐明了中国可持续发展的战略和对策，它将成为我国制定国民经济和社会发展计划的一个指导性文件。

中国可持续发展战略的总体目标是：用 50 年的时间，全面达到世界中等发达国家的可持续发展水平，进入世界可持续发展能力的前 20 名行列；在整个国民经济中科技进步的贡献率达到 70％以上；单位能量消耗和资源消耗所创造的价值在 2000 年基础上提高 10～12

倍；人均预期寿命达到85岁；人文发展指数进入世界前50名；全国平均受教育年限在12年以上；能有效地克服人口、粮食、能源、资源、生态环境等制约可持续发展的瓶颈；确保中国的食物安全、经济安全、健康安全、环境安全和社会安全；2030年实现人口数量的“零增长”；2040年实现能源资源消耗的“零增长”；2050年实现生态环境退化的“零增长”，全面实现进入可持续发展的良性循环。

一、环境与发展十大对策

1992年8月，我国按照联合国环境与发展大会精神，根据我国具体情况，提出了我国环境与发展领域应采取的10条对策和措施，这是我国现阶段和今后相当长一段时期内环境政策的集中体现，现将主要内容摘录如下。

（一）实行可持续发展战略

1. 人口战略

中国要严格控制人口数量，加强人力资源开发、提高人口素质，充分发挥人们的积极性和创造性，合理地利用自然资源，减轻人口对资源与环境的压力，为可持续发展创造一个宽松的环境。

2. 资源战略

实行保护、合理开发利用、增值并重的政策，依靠科技进步挖掘资源潜力，促进资源的合理配置，建立资源节约型的国民经济体制。

3. 环境战略

中国要实现社会主义现代化就必须把国民经济的发展放在第一位，各项工作都要以经济建设为中心来进行。但是，生态环境恶化已经严重地影响着中国经济和社会的持续发展。因此防治环境污染和公害，保障公众身体健康，促进经济社会发展，建立与发展阶段相适应的环保体制是实现可持续发展的基本政策之一。

4. 稳定战略

社会可持续发展的内容包括：①人口、消费与社会服务；②消除贫困；③卫生与健康；④人类居住区可持续发展；⑤防灾减灾。经济可持续发展的内容包括：①可持续发展的经济政策；②工业与交通、通信业的可持续发展；③可持续的能源生产和消费；④农业与农村的可持续发展。坚持社会和经济稳定协调发展。

（二）可持续发展的重点战略任务

1. 采取有效措施，防治工业污染

坚持“预防为主，防治结合，综合治理”等指导原则，严格控制新污染，积极治理老污染，推行清洁生产，主要措施如下。

① 预防为主、防治结合。严格按照法律规定，对初建、扩建、改建的工业项目要先评价、后建设，严格执行“三同时”制度，技术起点要高。对现有工业结合产业和产品结构进行调整，加强技术改进，提高资源利用率，最大限度地实现“三废”资源化。积极引导和依法管理，防治乡镇企业污染，严禁对资源滥挖乱采。

② 集中控制和综合营理。这是提高污染防治的规模效益的必由之路。综合治理要做到合理利用环境自净能力与人为措施相结合；生态工程与环境工程相结合；集中控制与分散治理相结合；技术措施与管理措施相结合。

③ 转变经济增长方式，推行清洁生产。走资源节约型、科技先导型、质量效益型道路，

防治工业污染。大力推行清洁生产，全过程控制工业污染。

2. 加强城市环境综合整治，认真治理城市“四害”

城市环境综合整治包括加强城市基础设施建设，合理开发利用城市的水资源、土地资源及生活资源，防治工业污染、生活污染和交通污染，建立城市绿化系统，改善城市生态结构和功能，促进经济与环境协调发展，全面改善城市环境质量。当前主要任务是通过工程设施和管理措施，有重点地减轻和逐步消除废气、废水、废渣和噪声城市“四害”的污染。

3. 提高能源利用率，改善能源结构

通过电厂节煤，严格控制热效率低、浪费能源的小工业锅炉的发展，推广民用型煤，发展城市煤气化和集中供热方式，逐步改变能源价格体系等措施，提高能源利用率，大力节约能源。调整能源结构，增加清洁能源比重，降低煤炭在中国能源结构中的比重，尽快发展水电、核电，因地制宜地开发和推广太阳能等清洁能源。

4. 推广生态农业，坚持植树造林，加强生物多样性保护

推广生态农业，提高粮食产量，改善生态环境，植树造林，确保森林资源的稳定增长。通过扩大自然保护区面积，有计划地建设野生珍稀物种及优良家禽、家畜、作物和药物良种的保护及繁育中心，加强对生物多样性的保护。

（三）可持续发展的战略措施

1. 大力推进科技进步，加强环境科学研究，积极发展环保产业

解决环境与发展问题的根本出路在于依靠科技进步。加强可持续发展的理论和方法的研究、总量控制及过程控制理论和方法的研究、生态设计和生态建设的研究，开发和推广清洁生产技术的研究，提高环境保护技术水平。正确引导和大力扶持环保产业的发展，尽快把科技成果转化成防治污染的能力，提高环保产品质量。

2. 运用经济手段保护环境

应用经济手段保护环境，做到排污收费、资源有偿使用、资源核算和资源计价、环境成本核算。

3. 加强环境教育，提高全民环境意识

加强环境教育，提高全民的环保意识，特别是提高决策层的环保意识和环境开发综合决策能力，是实施可持续发展的重要战略措施。

4. 健全环保法制，强化环境管理

中国的实践表明，在经济发展水平较低，环境保护投入有限的情况下，健全管理机构，依法强化管理是控制环境污染和生态破坏的有效手段。建立健全使经济、社会与环境协调发展的法规政策体系，是强化环境管理、实现可持续发展战略的基础。

5. 实施循环经济

发展知识经济和循环经济，是21世纪国际社会的两大趋势。知识经济就是在经济运行过程中智力资源对物质资源的替代，实现经济活动的知识化转向。自从20世纪90年代确立可持续发展战略以来，发达国家正在把发展循环经济、建立循环型社会看作是实施可持续发展战略的重要途径和实现方式。

二、中国的21世纪议程

（一）中国的21世纪议程主要内容

1994年3月25日中国国务院第16次常务会议讨论通过了《中国21世纪议程——中国

21世纪人口、环境与发展白皮书》，制定了中国国民经济目标、环境目标和主要对策。《中国21世纪议程》共有20章，78个方案领域，主要内容分为四部分。

第一部分，可持续发展总体战略与政策。论述了实施中国可持续发展战略的背景和必要性，提出了中国可持续发展战略目标、战略重点和重大行动，建立中国可持续发展法律体系，制定促进可持续发展的经济技术政策，将资源和环境因素纳入经济核算体系，参与国际环境与发展合作的意义、原则立场和主要行动领域，其中特别强调了可持续发展能力建设，包括建立健全可持续发展管理体系、费用与资金机制、加强教育、发展科学技术，建立可持续发展信息系统，促使妇女、青少年、少数民族、工人和科学界人士及团体参与可持续发展。

第二部分，社会可持续发展。包括人口、居民消费与社会服务，消除贫困，卫生与健康，人类居住区可持续发展和防灾减灾等。其中最重要的是实行计划生育、控制人口数量、提高人口素质，包括引导建立适度和健康消费的生活体系。强调尽快消除贫困，提高中国人民的卫生和健康水平。通过正确引导城市化，加强城镇用地规划和管理，合理使用土地，加快城镇基础设施建设，促进建筑业发展，向所有的人提供住房，改善居住区环境，完善居住区功能，建立与社会主义经济发展相适应的自然灾害防治体系。

第三部分，经济可持续发展。把促进经济快速增长作为消除贫困、提高人民生活水平、增强综合国力的必要条件，其中包括可持续发展的经济政策，农业与农村经济的可持续发展，工业与交通、通信业的可持续发展，可持续能源和生产消费等部分。着重强调利用市场机制和经济手段推动可持续发展，提供新的就业机会，在工业活动中积极推广清洁生产，尽快发展环保产业，提高能源效率与节能，开发利用新能源和可再生能源。

第四部分，资源的合理利用与环境保护。包括水、土地等自然资源保护与可持续利用，还包括生物多样性保护，防治土地荒漠化，防灾减灾，保护大气层，如控制大气污染和防治酸雨、固体废物无害化管理等。着重强调在自然资源管理决策下推行可持续发展影响评价制度、对重点区域和流域进行综合开发整治，完善生物多样性保护法规体系，建立和扩大国家自然保护区网络，建立全国土地荒漠化的监测和信息系统，开发消耗臭氧层物质的替代产品和替代技术，大面积造林，制定有害废物处置、利用的新法规和技术标准等。

（二）中国的21世纪议程实施

自议程颁布以来，我国各级政府分别从计划、法规、政策、宣传、公众参与等方面推动实施，并取得不少成就。今后，在相当长的时期内，我国还要采取一系列举措来促进议程的实施。

具体的措施可归结为以下几条。

1. 切实转变指导思想

长期以来，在计划经济体制下，我们讲到发展往往只注重经济增长而忽视环境问题，这是不全面的也是不能持久的。因为经济发展是通过高投入、高消耗实现较高增长的，于是不可避免地为环境带来严重污染，资源也越来越难以支撑。今后，在建设社会主义市场经济体制的过程中，我国必须真正转变传统的发展战略，由单纯追求增长速度转变为以提高效益为中心，由粗放经营转变为集约经营。

为了持续发展，必须遵循经济规律和自然规律，遵循科学原则和民主集中制原则，在决策中要正确处理经济增长速度与综合效益（经济、环境、社会效益）之间的关系，要把保护环境和资源的目标明确列入国家经济、社会发展总体战略目标中，列入工业、农业、水利、能源、交通等各项产业的发展目标中，要调整和取消一些助长环境污染和资源浪费的经济政策等手段，以综合效益而不是仅以产值来衡量地区、部门和企业的优劣，在制定经济发展速度时，一定要量力而行，要考虑到资源的承载能力和环境容量，不能吃祖宗饭，造子孙孽。要造就人与自然和谐、经济与环境和谐的良性局面。

2. 大力调整产业结构和优化工业布局

今后，我国的人口还会继续增加，工业化进程将会进一步加快，必然给环境带来更大的压力，因此，经济发展要在提高科技含量和规模效益，增强竞争能力上下功夫，才能防止环境和生态继续恶化。

① 制定和实施正确的产业政策，及时调整产业结构。要严格限制和禁止能源消耗高、资源浪费大、环境污染重的企业发展，优先发展高新技术产业。对现有的污染危害较大的企业和行业进行限期治理；推行清洁生产，提倡生态环境技术；大力支持企业开发利用低废技术、无废技术和循环技术，使企业降低资源消耗和废物排放量。

② 根据资源优化配置和有效利用的原则，充分考虑环境保护的要求，制定合理的工业发展地区布局规划，并按规划安排工业企业的类型和规模，同时，依据自然地理的条件和特点，合理利用自然生态系统的自净能力。

③ 要改变控制污染的模式，由末端排放控制转为生产全过程控制；由控制排放浓度转为控制排污总量；由分散治理污染向集中控制转化（使有限的资金充分发挥效益）。通过建立区域性供热中心、热电联产等方式进行集中供热，有效控制小工业锅炉的盲目发展；通过建立区域性污水处理厂，实行污水集中处理；通过建立固体废物处理场、处置厂和综合利用设施，对固体废物进行有效集中控制。

3. 加强农业综合开发，推行生态农业工程建设

农业是国民经济的基础，合理开发土地资源、切实保护农村生态环境是农业发展的根本保证。因此，在发展农村经济时要注意以下几点。

① 加强土地管理，稳定现有耕地面积。

② 积极开发生态农业工程建设，不断提高农产品质量，发展绿色食品生产。生态农业是一种大农业生产，注重农、林、牧、副、渔全面发展，农工商综合经营，它能充分合理地利用农业资源，具有较强的抵抗外界干扰能力、较高的自我调节能力和持续稳定的发展能力。国内外一些生态农场的试验证明：生态农业是遵循生态学原理发展起来的一种新的生产体系，是一种持续发展的农业模式，也是一条保护生态环境的有效途径。

③ 进一步扩大退耕还林和退牧还草规模，加快宜林荒山荒地造林步伐，防止土地沙漠化的扩大和水土流失的加剧；改良土壤、改造中低产田；在大力发展旅游业的同时，注意加强风景名胜和旅游点的环境保护，以改善国土和农村生态环境。

④ 对乡镇企业和个体企业采取合理规划、正确引导、积极扶植、加强管理的方针，提高其生产和设备的科技水平，严格控制其对环境的污染。

4. 加强对环境保护的投资

同经济增长相适应，将公共投资重点向环境保护领域倾斜，并引导企业向环境保护投资。政府在清洁能源、水资源保护和水污染治理、城市公共交通、大规模生态工程建设的投资方面发挥主导作用，并利用合理收费和企业化经营的方式，引导其他方面的资金进入环境保护领域，使中国的环保投资保持在 GDP 的 1%～1.5%。

5. 构筑可持续发展的法律体系

把可持续发展原则纳入经济立法，完善环境与资源法律，加强与国际环境公约相配套的国内立法。

6. 同政府体制改革相配套，建立廉洁、高效、协调的环境保护行政体系加强其能力建设，使之能强有力地实施国家各项环境保护法律、法规。

7. 加强环境保护教育，不断提高国民的环保意识

要使走可持续发展道路的思想深入人心。要充分发挥妇女、工会、青少年等组织和科技界的作用，进一步扩大公众参与环境保护和可持续发展的范围和机会，加强群众监督，使环境保护深入到社会生活各个领域，成为政府和人民的自觉行动。

三、中国走可持续发展道路的必然性

改革开放以来中国经济发展迅速，目前正处在工业化高速发展的起步阶段，经历了100多年贫穷、落后和受尽凌辱的中国人民，正以前所未有的气概实现着富国之梦。与世界其他国家相比，中国在人口、资源、环境方面所面临的问题更多，也更复杂。

1. 中国人口众多

我国人口已超过12亿，每年仍以净增1500万的速度增长，即使严格控制人口增长，在未来50年内仍会净增4亿～5亿人。人口膨胀对资源和环境造成的巨大压力，成为我国实现资源、环境与经济协调发展的首要限制因子。

2. 资源相对短缺

虽然我国有广阔的国土和丰富的自然资源，但按人口平均则就显得严重不足了，多种资源人均占有量远低于世界平均水平，如淡水、耕地、森林和草地资源的人均占有量均不足世界平均值的1/3，矿产资源人均占有量不足世界平均值的一半。资源的不合理开采与浪费，相对落后的生产工艺与生产水平，又加剧了资源的短缺。所以，资源不足成了我国经济可持续发展的硬的约束条件。

3. 生态条件恶化

人口持续增长和资源的不合理利用，造成生态环境的恶化，导致生态失衡。如我国有1/3以上的国土受到水土流失的威胁，自然灾害频发，有4600多种植物和400多种动物处于濒危状态，自然生态环境的承载能力不断下降。

4. 环境污染加剧

在全国600多座城市中，大气质量符合国家一级标准的不足1%；酸雨的程度在加重，范围也在日益扩大，已由几年前的华南、西南地区蔓延至华中、华东和华北地区；全国每年排放污水约360亿吨，其中经过处理的工业污水和生活污水分别约为70%和10%，其余部分未经处理而直接排入江河湖海，致使水体质量严重恶化，在全国的七大水系中，近一半河段遭到不同程度的污染，北方重于南方，流经城市的河段有85%以上水质超标；城市垃圾和工业固体废物与日俱增，且大部分未做妥善处理，另外，生活垃圾围城的现象仍在发展之中。

5. 资源利用效率低，技术经济水平与发达国家相比存在着明显的差距

中国发展经济的根本目的在于持续地最大限度地满足人民对物质和文化的需求，为全体人民创造一个安全、富庶、清洁、舒适的生活条件。中国的国情决定了经济建设不能采取资源粗放型、浪费型的发展模式，这是因为：第一，我国没有那么多的资源投入；第二，就是有资源投放，粗放、浪费式的发展会造成生态环境破坏的严重后果。所以，必须寻求一条使

人口、资源、环境、经济和社会相互协调，兼顾当前与长远、当代人和后代人利益的发展道路，这就是可持续发展道路。走可持续发展道路是中国社会经济发展的必然选择。

第三节　公众与可持续发展

从某种意义上说，地球不是我们从父辈那里继承来的，而是从子孙后代借来的，改善地球环境，不仅取决于我们这一代人的努力，而且也取决于一代又一代人的共同奋斗，不仅取决于政府和工业的努力，也取决于我们每一个人、每一个社区、每一个社会团体的共同努力。因此加强环境教育，使广大青少年从小培育起热爱自然、保护自然的高尚情操，是我们这一代人义不容辞的责任和义务。我们必须认识到，地球的承载力是有限的，人类社会的发展必须与周围环境之间达到一定程度的协调和平衡。因此，要逐步树立起一种全新的观念，在这种观念里，自然不是我们随意盘剥的对象，也不是我们无止境地摄取财富的源泉，而是与我们生存和发展息息相关的生命共同体。对于自然，我们不能虚妄地去“征服”和“战胜”，而是精心地加以保护和照顾，否则，我们就会遭到自然界的无情报复。科学技术是我们了解自然、开发自然、保护自然的一把金钥匙，科学技术在利用自然资源方面发挥巨大的威力，同时，在改善环境方面也能起到关键性的作用，因此，社会各阶层都需要了解和掌握科学知识，以建立起一种新的生活和生产方式。

地球日益恶化的环境已向我们敲响了警钟，人类面临着选择：应该走怎样的道路？地球只有一个，她不只是属于我们的，她还属于我们的子孙后代，而且最终将属于他们。保护环境，保护人类赖于生存的地球，不仅利于当代，更重要的意义在于为人类的未来营造一方净土。因此，地球上的每一个公民都应该积极参与环境保护，为环境保护这个伟大的系统工程增砖添瓦。

一、思想上的误区

一般人认为环境保护是政府的事情，是环境保护局的事，跟我们个人没有关系。这种想法是极其错误的，我们应该清楚，国家不会污染，环保局也不会污染，反而是我们每个人每天都在污染。一个人每天都在制造垃圾，消耗不可降解的塑料袋，形成白色污染；每人平均每天要排出150升的废水在污染河川、大海和土壤。生活污水大部分来自家庭，真是小家连着大家，如果每个家庭能够尽量少排，就能相应减轻国家的处理负担，减轻城市污水处理厂的运行负担，由此可见个人、家庭、社区在环境保护中的重要性。

每当坐在行使的火车上往外看，在城市的垃圾站和饭馆附近堆起的一堆堆白色的小山，这些都是我们每一个人丢弃的一次性饭盒、购物袋所造成的，它们是由塑料制造的，是一种难以降解的材料。根据科学家估算，这些材料埋入地下，它们的降解至少需要一百年左右，如果我们每一个人都这样消费下去，那不久的将来，我们将被白色所包围。所以说，我们每一个人和社区的行为与优美的环境有着密切的联系，我们每一个人都应自觉地来维护良好的环境，使环境保护的理念深入到我们每一个人的心中，使我们每一个人都自觉地以实际行动来保护环境，这样，我们的地球才有希望。

二、个人与可持续发展

在21世纪里，中华民族的复兴大业是否能够得以实现，从环境的角度讲，在很大程度上取决于整个民族能否建立起环保意识，取决于我们每一个人的行动，善待地球又是一场变革，牵涉到每个阶层、每个家庭和每个人的变革。它需要智慧去关注生存环境的变化，需要良知去阻止破坏环境的现象，需要热情去传播环保和可持续发展的理念，更需要勇气来调整自己的生活价值和生活习惯，它也许是人类历史上最深刻的一场社会变革，因为它的成败所系，是人类这个物种的生存或者毁灭。

我们每个人都在以自己的消费行为和生活方式改变着地球环境。如果我们每一个人都能自觉地节能节水，购买绿色产品，少用“一次性”餐具和塑料袋，分类回收生活垃圾，拒食野生动物……那么，13 亿人就是世界上最强大的一支环境保护大军。在这方面，仅仅依靠政府的努力是不够的，因为政府不可能强制每个人的消费行为，也不可能规定每个人的生活方式，因此，我们对每一个人发出号召。

① 节约资源，减少污染。人类只有一个地球，地球正面临着生态危机，只要我们改变既浪费又污染的生活方式，就能够改善环境，减轻地球的负担。节约，在这里不只是经济行为，更是一种思想道德境界，而是正在变成一种时尚，你会因关心地球、关怀未来而受到尊敬，挥霍不再是体面与荣耀，而是自私和冷漠，因为你为了自己的享受不惜毁掉后代人的生存根基。

水资源的严重短缺正威胁着我们和后代的生存，不良的用水习惯是造成水危机的祸根之一，别小看那瞬间的流水，水龙头一分钟滴漏几滴水，一年就会浪费 1t 的水。北京市一年滴漏的水比北海公园的水还要多几倍，我们要以节水为荣，随时关紧水龙头，别让水空流。

木材是造纸的主要原料，浪费纸张就等于加入了砍伐森林的行列，珍惜纸张就是珍惜我们的森林资源，平时多使用再生纸，减少森林砍伐。少用一次性筷子，别让森林变木屑，很多人喜欢用一次性筷子，认为它既方便又卫生，使用后也不用清洗，一扔了之，然而，正是这种吃一餐就扔掉的东西加速着对森林的毁坏，一次性筷子是日本人发明的，日本的森林覆盖率高达 65%，但他们却不砍自己的森林。有的人一张纸写不到几个字就丢掉了，这些纸都是砍树来做原料的，而且造纸厂的污染又是工业中最严重的，一个纸厂能毁掉一条河，看了触目惊心，我们可以养成一种习惯，在家里、在办公室里节约用纸，可将纸张多次使用，我们要珍惜纸，珍惜环境，保护我们绿色的家园。

② 要对废品进行回收利用。在我们的生活中扔掉的废弃物大部分都可以回收利用的，回收各种废弃物，几乎所有的垃圾都能变成资源。北京市的生活垃圾中每天约有 180 多吨废金属可以回收，铝制易拉罐再制铝，比用铝土提取铝少消耗 71%的能量，减少 95%的空气污染；废玻璃再造玻璃，不仅可以节约石英砂、纯碱、长石粉、煤炭，还可以节电，减少大约 32%的能源消耗，减少 20%的空气污染和 50%的水污染。回收一个玻璃瓶节省的能量，可使灯泡发亮 4h，推动垃圾分类回收，举手之劳战胜垃圾公害，垃圾分类不仅仅是政府的事，我们每一个公民对此同样也负有重要的责任。若不是人们随便乱扔纸屑、易拉罐等废品的恶习，哪有那么多的垃圾呢？

别小看废纸回收，回收 1t 废纸能生产好纸 800kg，可以少砍 17 棵大树，节省 3m 的垃圾填埋场空间，还可以节约一半以上的造纸能源，减少 35%的水污染。每张纸至少可以回收两次，办公用纸、旧信封信纸、笔记本、书籍、报纸、广告宣传纸、货物包装纸、纸箱纸盒、纸餐具等在第一次回收后，可再造纸印制成书籍、稿纸、名片、便条纸等，第二次回收后，还可制成卫生纸。

③ 绿色消费，环保选购。我们的每个消费行为都潜存着一个信息。我们应该带着环保的眼光去评价和选购商品，审视该产品在生产、运输、消费、废弃的过程中会不会给环境造成污染。哪种产品符合环保要求，我们就赞扬哪种产品，这样它就会逐渐在市场上占有越来

越多的份额；哪种产品不符合环保要求，我们就不买它，同时也动员别人不买它，这样它就会逐渐在市场上占有越来越少的份额直到被淘汰。如果每个消费者都能有意识地选择有利于环境的消费品，那么这些信息就将汇集成一个信号，引导生产者和销售者去生产和销售对环境有利的产品。

④ 珍爱生灵，万物共存。在地球上，人不是唯一的物种，还有许许多多别的生灵。它们和人类一样，都是大自然的子民，人类不过是大自然的一员，每一物种的生存都依赖于其他物种，任何一个物种的灭绝，都会影响到整个生态链条的平衡，人类的可持续发展就会受到威胁。保护生物多样性，就是保护人类自己。在地球演变的过程中，生物的进化和灭绝都是必然的趋势，但现代野生生物如此快速的灭绝却是人为所致。根据国际自然保护联盟的报告，野生动植物灭绝的主要原因是：生态环境，特别是热带林、珊瑚礁、湿地、岛屿等环境的破坏和恶化；人类掠夺性的捕猎和砍伐；外来物种的影响；栖息环境被毁和食物不足所致。为了人类的可持续发展，为了保护我们人类自己，我们每一个人都应积极参与保护野生动植物的活动。不打鸟、不捉蛇、不食青蛙；不私养珍稀野生动物；不购买用野生动物毛皮制成的商品，爱护各种小动物；不采摘花草、不砍伐树木、不践踏草坪；积极参加植树造林活动。

三、社区、社会团体和可持续发展

可持续发展的理念能够深入人心，社区和社会团体起到了很大的作用。这期间，各种社会团体和组织为人类的可持续发展向各国政府呼吁，同时各种社会团体和民间组织从对人类高度负责的角度出发，发起各种与可持续发展相关的运动。目前，有很多的民间团体和组织，他们不是去等待政府，而是自发地来保护环境。

美国在1988年成立了一个“学生保护生态环境行动联盟”，现在已发展到1500个分会，遍及美国各地。瑞典的孩子们将卖废品的钱筹集在一起，购买了中美洲哥斯达黎加一片面积达6.5万公顷的原始森林，严加保护，不准任何人破坏。这一举动表明，民众团体组织保护环境的行动已经跨越了国界。

我国，有一个叫“地球村”的民间团体，“村”里的人多为归国的留学生。他们大多有自己的职业，但除此而外，还致力于我国的环境保护事业，他们都是志愿者。没有经费和外界赞助，他们便拿出当年在国外打工攒下的钱。“绿色列车”是我国首创的环保宣传方式。1993年3月18日，第一列“绿色列车”从长沙驶往深圳，这趟列车的窗帘和茶几布上都印有宣传环保内容的文字、图案和标志，车上广播环保专题节目，同时备有《人类、环境、奥秘》等环保科普读物供乘客阅读。

环境保护过程中，政府起指导的作用，但是，环境保护和可持续发展运动领导的最终责任落到每个公民的肩上，其实现取决于公众的态度。引导公众态度的大部分责任，落在非政府组织等社会团体的肩上。

几百万年以来，地球养育、繁衍着人类，但是近百年来人类大规模的生产和生活活动，却破坏、污染着地球。认识是意识的前提，对事物没有足够的认识，就难以增强意识。意识又是认识的动力，意识的增强会促使你对事物做深入的认识。对于发展中的事物，首先要知其然，然后再不断地深入其所以然，这就是对事物的认识过程。环境保护就是这样一种事物，在其发展的过程中不断地被人们知道和熟悉，人们的环境意识也就在此过程中不断得到加强，并在这种意识的支配下积极参与环境保护。地球是我们唯一的家园，让我们携起手来一起保卫我们的家园。

第十五章　可持续发展的实践

第一节　清洁生产与绿色产品

一、清洁生产

1. 清洁生产的由来

在人类历史的长河中，工业革命标志着人类的进步，但在烟囱林立、烟尘滚滚、钢花四溅、生产规模不断扩大给人类带来巨大财富的同时，也在高速消耗着地球上的资源，在向大自然无止境地排放着危害人类健康和破坏生态环境的各类污染物。大自然承受能力是有限的，当消纳不了这些污染物时就出现了20世纪50年代相继发生的恶性的八大公害污染事件。面对这严峻的危害，人们震惊了，认识到只顾单纯地消耗资源而发展经济不行了，这威胁人类生命。20世纪70年代人们开始广泛关注由于工业飞速发展带来的一系列环境问题，国家针对工业排出的污染物展开了攻势——治理污染，即对各工业排放的污染物进行末端治理，人们付出了巨大代价，对排放的各种污染废水、工业废气进行治理，然而工业迅速发展，排放污染物急剧增加，这种末端治理显示出其局限性，1972～1992年发生的十大公害事件又一次震撼了人们。人们明确地认识到在人类社会大大进步的同时，人们为对大自然的任意掠夺而付出了惨痛代价，自工业革命100年来，困扰人类的环境问题说明了一切。

一系列环境问题使人们清醒地认识到，由于我国处于社会主义初级阶段，人口众多，经济增长速度过快，加之落后的经济增长方式和技术管理，使资源、能源浪费和短缺，成为我国经济可持续发展的重要障碍。末端治理措施已付出沉重代价，人们意识到单纯依靠末端治理已不能有效地遏制环境的恶化，不能根本解决污染问题，环境恶化在继续，在相当大程度上制约了经济进一步发展，面对现实，人们寻求一种节约资源、能源，排污少和经济效益最佳的生产方式，探索一条既落实环境保护基本国策、实施可持续发展战略，又使经济、社会、环境、资源协调发展的新途径——清洁生产应运而生。走可持续发展道路就成为必然的选择，“清洁生产”是实施可持续发展战略的最佳模式。而人类科学技术进步为解决环境污染、降低消耗提供了新的技术手段，使“清洁生产”成为现实。朱镕基总理在人大九届二次会议上所作的《政府工作报告》中，提出了“鼓励清洁生产”的新主张，这是在国家最高级讲坛上，在政府最高层次的报告中第一次提出清洁生产。这就是说，清洁生产已正式提上国家的议程。

2. 清洁生产的概念

清洁生产是关于产品和制造产品过程中预防污染的一种创造性的思维方法，是对产品的生产过程持续运用整体预防的环境保护策略。《中国21世纪议程——中国21世纪人口、环境与发展白皮书》对清洁生产的定义是：清洁生产指既可满足人们的需要又可合理使用自然资源和能源并保护环境的实用生产方法和措施，其实质是一种物料和能耗最少的人类生产活动的规划和管理，将废物减量化、资源化和无害化或消灭于生产过程之中。

联合国工业与环境规划中心（UNEPIE/PAC）对清洁生产的定义为：清洁生产是指将

综合预防策略持续应用于生产过程和产品中，以便减少对人类和环境的风险性。对生产过程而言，清洁生产包括节约原材料和能源，淘汰有毒原材料并在全部排放物和废物离开生产过程以前减少它们的数目和毒性；对产品而言，清洁生产策略旨在减少产品的整个生产周期，即从原材料的提炼到产品的最终处置，降低对人类和环境的影响。清洁生产不包括末端治理技术，如空气污染控制、废水处理、固体废弃物焚烧或填埋，清洁生产通过应用专门技术、改进工艺技术和改变管理态度来实现。

通俗一点讲，清洁生产就是用清洁的能源和原材料、清洁工艺及无污染或少污染的生产方式、科学而严格的管理措施生产清洁的产品。

3. 清洁生产的内容

“清洁生产”的内容相当广泛。比如：企业通过技术改造削减排污量，降低能源消耗，既提高了经济效益，又减少了对环境的污染；通过清洁生产，大量降低工业用水和矿产资源的消耗；推广“绿色产品”的使用，如生产和使用可降解塑料、消除“白色污染”等。概括地说清洁生产的主要内容应包括四个方面，即清洁的能源、清洁的生产过程、清洁的产品和清洁生产的“全过程”控制。

(1) 清洁的能源　清洁利用矿物燃料；加速以节能为重点的技术进步和技术改造，提高能源利用率；加速开发水能资源，优先发展水力发电；积极发展核能发电；开发利用太阳能、风能、地热能、海洋能、生物质能等可再生的新能源。人类的生存和发展离不开能源，能源给人类带来光和热，给人类的活动提供多种动力。但是能源的开发利用也会造成环境污染，在开采煤炭的过程中，会造成矿井地表沉陷；露天开采对自然生态和农业环境产生危害；酸性矿井水排到地面会污染水体、土壤和农田。

(2) 清洁的生产过程　采用少废或无废的生产工艺和高效生产设备；尽量少用、不用有毒有害的原料；减少生产过程中的各种危险因素和有毒有害的中间产品；完善生产管理等。

(3) 清洁的产品　产品应具有合理的使用功能和使用寿命，产品本身及其使用过程中，对人体健康和生态环境不产生任何不良影响和危害，产品失去使用功能后易于回收再生和重复使用等。清洁产品的概念是相对的，它的标准既可以由政府或者社会团体制定，也可以由社会习惯形成。一般来讲，清洁产品应该达到以下几方面的要求：①节约原料和能源，少用昂贵和稀缺的原料，利用二次资源做原料；②产品在使用过程中以及使用后不含危害人体健康和生态环境的因素；③易于回收、重复使用和再生；④合理包装；⑤具有合理的使用功能以及节能、节水、降低噪声的功能；⑥合理的使用寿命；⑦产品报废后易处理、易降解。

4. 清洁生产的意义

人类在创造世界、改造世界的过程中，就要向大自然进行掠夺，在利润诱惑下，资源过度开发、消耗，环境被污染和生态平衡被破坏，已触及世界每一个角落，人们开始反思并重新审视已走过的路，认识到建立新的生产方式和消费方式，清洁生产是必然的选择。

(1) 清洁生产使工业持续发展　1992年在巴西召开的环境发展大会，通过《21世纪议程》，制定了可持续发展重大行动计划，将清洁生产作为可持续发展关键因素，得到各国共识。清洁生产可大幅度减少资源消耗和废物产生，通过努力还可使破坏了的生态环境得到缓解和恢复，排除缺乏资源困境和污染困扰，走工业可持续发展之路。

(2) 清洁生产开创防治污染新阶段　清洁生产改变了传统的被动、滞后的先污染、后治理的污染控制模式，强调在生产过程中提高资源、能源转换率，减少污染物的产生，降低对环境的不利影响。

(3) 清洁生产避开了末端治理 推行清洁生产，是实现可持续发展自身要求的技术条件，是使我国经济沿着健康、协调道路发展的重要保证，是实现社会主义精神文明、提高民族整体素质的重要组成部分。实现清洁生产不单是一个工业企业的责任，也是全民经济的整体规划和战略部署，需要各行各业共同努力，转变传统的发展观念，改变原有的生产自费方式，实现一场新的工业革命。

5. 清洁生产与ISO 14000环境管理体系

(1) ISO 14000简介 ISO 14000标准是环境管理体系（EMS）标准的总称，是国际标准化组织（ISO）继ISO 9000标准之后发布的又一国际性管理系列标准，已被近百个国家和地区采用。对我国而言，ISO 14000标准的实施，既是保护人类生存发展的需要，也是国民经济可持续发展、建立完善社会主义市场经济体制、实现两个根本转变的需要，同时也是促进国内外贸、实现环境管理现代化的需要。

ISO 14000是一套一体化的国际标准，包括环境管理体系、环境审核、环境绩效评价、环境标志、产品生命周期评估等。具体内容包括下述几个领域：ISO 14001～ISO 14009环境管理体系标准（EMS）；ISO 14010～ISO 14019环境审核标准（EA）；ISO 14020～ISO 14029环境标志标准（EL）；ISO 14030～ISO 14039环境绩效标准（EPE）；ISO 14040～ISO 14049生命周期评估（LCA）；ISO 14050～ISO 14059专业术语和定义（T&O）；ISO 14060产品标准中的环境指标；ISO 14060～ISO14100备用。

(2) 清洁生产与ISO 14000环境管理体系的共同点和不同点 共同点：清洁生产是将污染预防战略持续地应用于生产全过程，通过不断地改善管理和技术进步，提高资源利用率，减少污染物排放，以降低对环境和人类的危害。其核心是从源头抓起、预防为主、生产全过程控制，实现经济效益和环境效益的统一。清洁生产和ISO 14000环境管理体系标准，都是在环境保护从“末端治理”向实施“预防污染”转移的相同背景下产生和形成的，它们虽分属不同的体系，但在许多方面体现了相同的概念和思想。主要表现为，减轻环境影响；降低水、能源和特种原材料的消耗；减少甚至根除有毒有害物质的使用和产生；减少污染物的产生和排放；通过监控和检测，及时消除对环境的不良影响，改善企业的环境行为。同时，清洁生产与ISO14000环境管理体系标准的产生和形成，为人类社会的环境保护提供了具体的指导和手段，为促进工业行业的环境保护提供了管理和技术上的模式。

不同点详见表15-1。

表15-1 清洁生产与ISO 14000环境管理体系的不同点

项目	清洁生产	ISO 14000(环境管理体系)
思想	以节约能源、降低原材料消耗、减少污染物的排放量为目标，以科学管理、技术进步为手段，目的是提高污染防治效果，降低污染防治费用，消除或减少工业生产对人类健康和环境的影响	旨在指导并规范组织建立先进的体系，引导组织建立自我约束机制和科学管理的行为标准。帮助组织实现环境目标与经济目标
侧重点	着眼于生产本身，以改进生产、减少污染产出为直接目标	侧重于管理，强调标准化的、集国内外环境管理经验于一体的、先进的环境管理体系模式
目标	直接采用技术改造，辅以加强管理	以国家法律法规为依据，采用优良的管理，促进技术改造
审核方法	以工艺流程分析、物料和能量平衡等方法为主，确定最大污染源和最佳改进方法	侧重于检查组织自我管理状况，审核对象有组织文件、现场状况及记录等具体内容
作用	向技术人员和管理人员提供了一种新的环保思想，使组织环保工作重点转移到生产中来	为管理层提供了一种先进的管理模式，将环境管理纳入其管理之中，让所有的职工意识到环境问题并明确自己的职责

二、绿色产品

1. 绿色产品的概念及意义

所谓绿色产品又称环境意识产品，就是符合环境标准的产品，即无公害、无污染和有助于环境保护的产品。不仅产品本身的质量要符合环境、卫生和健康标准，其生产、使用和处理过程也要符合环境标准，既不会造成污染，也不会破坏环境。人们对于颜色的感受具有高度的一致性，因为绿色象征着生命、健康、舒适和活力，代表着充满生机的大自然。绿色产品需要国家权威机构来审查、认证，并且颁发特别设计的环境标志（又称绿色标志），所以绿色产品又称“环境标志产品”。各国设计了不同的环境标志（图 15-1）。德国是最先开始绿色产品认证的国家，从 1978 年至今，德国已对国内市场上的 75 类 4500 种以上的产品颁发了环境标志，德国的环境标志称为“蓝色天使”。1988 年加拿大、日本和美国也开始对产品进行环境认证并颁发类似的标志，加拿大称之为“环境的选择”，日本则称之为“生态标志”。法国、瑞士、芬兰和澳大利亚等同从 1991 年，新加坡、马来西亚和中国台湾从 1992 年，中国政府从 1993 年，开始实行绿色标志制度。至此，绿色标志风靡全球，它提醒消费者，购买商品时不仅要考虑商品的价格和质量，还应当考虑有关的环境问题。

图 15-1　部分环境标志示意图

2. 绿色食品及有机（天然）食品

(1) 绿色食品　绿色食品是安全、营养、无公害食品的统称，绿色食品的产地必须符合生态环境质量的标准，必须按照特定的生产操作规程进行生产、加工，生产过程中只允许限量使用限定的人工合成的化学物质，产品及包装经检验、监测必须符合特定的标准，并已经过专门机构的认证。绿色食品是一个非常庞大的食品家族，主要包括粮食、蔬菜、水果、畜禽肉类、蛋类、水产品等系列。绿色食品的核心一是安全，二是营养，三是好吃。中国的绿色食品标志见图 15-2。2002 年，全国共有 749 家企业的 1239 产品获得绿色食品标志使用权。

(2) 有机农业与有机（天然）食品　有机食品这一名词是从英文 Organic Food 直译过来的，在其他语言中也有叫生态或生物食品的。这里所说的“有机”不是化学上的概念。有机食品是指来自于有机农业生产体系，根据国际有机农业生产规范生产加工并通过独立的有机食品认证机构认证的一切农副产品，包括粮食、蔬菜、水果、奶制品、禽畜产品、蜂蜜、

图 15-2 中国绿色食品标志

图 15-3 有机（天然）食品标志

水产品、调料等。除有机食品外，还有有机化妆品、纺织品、林产品、生物农药、有机肥料等，他们被统称为有机产品。

有机食品与国内其他优质食品的最显著区别是，前者在其生产和加工过程中绝对禁止使用农药、化肥、激素等人工合成物质，后者则允许有限制地使用这些物质。因此，有机食品的生产要比其他食品难得多，需要建立全新的生产体系，采用相应的替代技术。有机食品是一类真正源于自然、富营养、高品质的环保型安全食品，它的认定标准比绿色食品更严格。绿色食品（A 级）的生产过程中还允许限量使用限定的化学合成物质，而有机（天然）食品（AA 级）的生产则完全不允许使用这些物质。图 15-3 是有机（天然）食品的标志。

3. 绿色材料

材料是技术进步的物质基础，新材料的开发已成为以信息为核心的新技术革命成功与否的关键。从化学上分，有金属材料、有机高分子材料、无机非金属材料和复合材料。从用途上分，可分为结构材料（利用材料的力学性质）和功能材料（利用材料的电学、光学、磁学等性质）。研制与开发可降解塑料是环境保护特别是消除“白色污染”的重要措施。

（1）生物降解塑料　生物降解塑料一般指具有一定机械强度并能在自然环境中全部或部分被微生物如细菌、霉菌和藻类分解而不造成环境污染的新型塑料。生物降解的机理主要由细菌或其他水解酶将高分子量的聚合物分解成小分子量的碎片，然后进一步被细菌分解为 CO_2 和 H_2O 等物质。生物降解型塑料主要有以下四种类型：①微生物发酵型。利用微生物产生的酶将自然界中易于生物分解的聚合物（如聚酯类物质）解聚水解，再分解吸收合成高分子化合物，这些化合物含有微生物聚酯和微生物多糖等。②合成高分子型。可被微生物降解的高分子材料有聚乳酸（PLA）、聚乙烯醇（PVA）、聚己内酯（PCL）等聚合物。PLA 价格昂贵，主要用在医药上。PVA 具有良好的水溶性，广泛用于纤维表面处理剂等工业产品上。③天然高分子型。自然界中有许多天然高分子物质可以作为降解材料，如纤维素、淀粉、甲壳素、木质素等。以甲壳素制成的降解薄膜，在土壤中 3～4 个月就发生微生物降解，在大气中约一年左右可老化发脆。④掺合型。以淀粉作为填料制造可降解塑料，是指在不具生物降解型的塑料中掺入一定量淀粉使其获得降解型。

（2）光降解塑料　光降解塑料是指在日光照射或暴露于其他强光源下时，发生裂化反应，从而失去机械强度并分解的塑料材料。制备光降解塑料是在高分子材料中加入可促进光降解的结构或基团，目前有共聚法和添加剂法两种。目前国内外研究较多的是生物降解塑料和光生物双降解塑料。将生物降解型的淀粉与光降解型的添加剂加入同一种塑料中，就制成了光生物双降解塑料。该材料可在光降解的同时进行生物降解，在光照不足时照样进行生物降解，从而使塑料的降解更彻底。中国在这方面的技术处于世界领先地位，针对淀粉粒径大难以制成很薄的地膜（厚度小于 0.008mm）以及淀粉易吸潮的缺点，中国已制成不含淀粉而用含有 N、P、K 等多种成分的有机化合物作为生物降解体系的双降解地膜。

其他新材料的研究使用还有超微粉末、特种陶瓷、智能材料、工程塑料等。

4. 绿色建筑

（1）绿色建筑的概念　绿色建筑是指建筑设计、建造、使用中充分考虑环境保护的要求，把建筑物与种植业、养殖业、能源、环保、美学、高新技术等紧密地结合起来，在有效满足各种使用功能的同时，能够有益于使用者身心健康，并创造符合环境保护要求的工作和生活空间结构。绿色建筑包括以下几个原则：资源经济和较低费用的原则；全寿命设计原则；宜人性设计的原则；灵活性原则；传统特色与现代技术相统一的原则；建筑理论与环境科学相融合的原则。

（2）绿色建筑的设计　绿色建筑设计的指导思想是体现可持续发展的要求，即可持续发展原则在建筑设计中的反映。例如，强调能源使用的集约化，运用建筑热工原理使用能源，利用高技术创造低能耗环境；结合气候设计，充分考虑建筑如何利于通风，而不是滥用空调；强调节约资源，减少各种资源和材料的消耗，发展各种生态建筑和生态城市的思想。强调设计与生态相结合，尽量减少对自然界和环境的不良影响等。这些思想逐步推动了设计方法的革新，丰富和发展了传统的设计理论和设计实践，具体体现在：①材料与建造方面，限制排放氟里昂气体、慎重利用热带森林木材、使用对人体无害的材料、使用可循环使用的材料、使用耐久材料、使用对环境影响小的材料；②功能的可持续性，易于维护的建筑和服务体系、灵活的空间规划、隔热、密封、遮阳板等防护措施；③自然资源的利用，利用地热资源、利用太阳的光和热、利用自然通风和通气道、利用自然光、利用水利和生物能、利用风能；④自然资源与能源的有效利用，循环使用建筑材料、废物再生利用、水的循环利用、有效利用未开发的能源、能源的多层次利用、使用高效的设备和控制系统；⑤保证健康和舒适的环境，高质量的声环境、空气环境、热环境、采光、良好的视觉景观；⑥设计与地方结合，使社区表现地方特色；⑦保护生态系统，控制城市气候的变化，控制空气污染，考虑建筑的通风和遮阳，合理处理工业废物，植被和可渗透性铺地。

第二节　循环经济与生态工业

一、循环经济

1. 传统经济与循环经济模式

从物质流动的方向看，传统工业社会的经济是一种单向流动的线性经济，即“资源→生产→消费→废弃物”（图 15-4）。线性经济的增长，依靠的是高强度地开采和消耗资源，同时高强度地破坏生态环境。在传统经济模式下，人们忽略了生态环境系统中能量和物质的平衡，过分强调扩大生产来创造更多的福利。

循环经济是对物质闭环流动型经济的简称。循环经济的增长模式是“资源→产品→再生资源”（图 15-5）。循环经济强调经济系统与生态环境系统之间的和谐，着眼点在于如何通过对有限资源和能源的高效利用，如何通过减少废弃物来获得更多的人类福利。

循环经济的思想萌芽可以追溯到环境保护思潮兴起的时代。20 世纪 60 年代中叶美国经济学家 E. 鲍尔丁提出“宇宙飞船理论”：地球就像一艘在太空中飞行的孤立无援的宇宙飞船，要靠不断消耗其内部的有限资源来维持，一旦资源殆尽，即会毁灭。为了生存，必须不断重复利用自身有限的资源，才能延长运转寿命。

循环经济本质上是生态经济，其思想以及模式的发展是随着环境保护思路的不断改进和

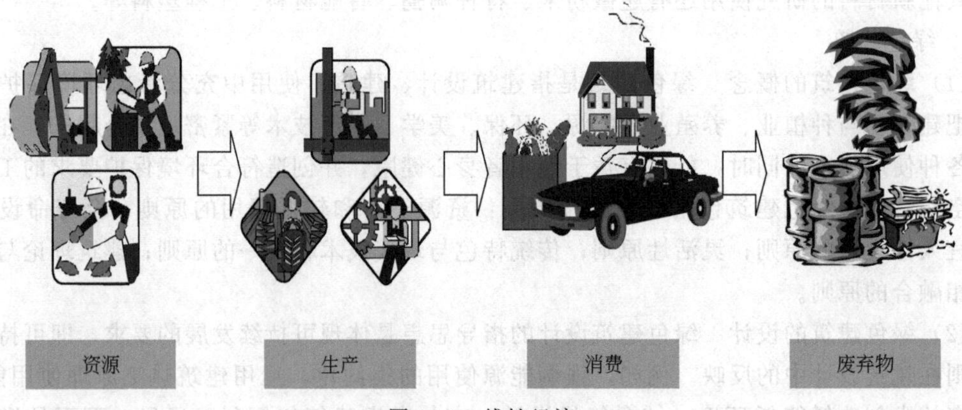

图 15-4 线性经济

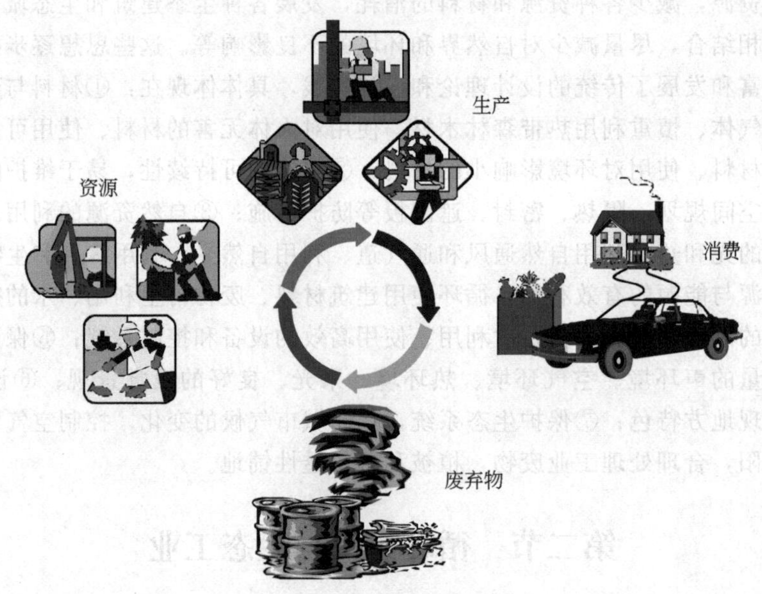

图 15-5 循环经济

发展而进行的。对循环经济的认识归纳为三种观点。

① 从人与自然的角度定义循环经济，主张人类的经济活动要遵循自然生态规律，维持生态平衡。从这一角度出发，循环经济的本质被规定为尽可能地少用或循环利用资源。

② 从生产的技术范式角度定义循环经济，主张清洁生产和环境保护，其技术特征表现为资源消耗的减量化、再利用和资源再生化。其本质是生态经济学，其核心是提高生态环境的利用效率。

③ 将循环经济看作一种新的生产方式，认为它是在生态环境成为经济增长制约要素、良好的生态环境成为一种公共财富阶段的一种新的技术经济范式，其本质是对人类生产关系进行调整，其目标是追求可持续发展，因此可以说循环经济是以清洁生产、资源循环利用和废物高效利用为特征的生态经济。

2. 循环经济的 3R 原则

循环经济实现依赖于以“减量化（Reduce）、再利用（Reuse）、再循环（Recycle）”为内容的行为原则，简称 3R 原则。每一个原则对循环经济的成功实施都是必不可少的。其中减量化原则属于输入端方法，目的是减少进入生产和消费流程的物质量；再利用属于过程性方法，目的是延长产品和服务的时间；再循环是输出端方法，目的是通过废弃物的资源化来减少终端处理量。

（1）减量化原则　循环经济的第一个原则是要减少进入生产和消费流程的物质量，换言之，人们必须学会预防废物产生而不是产生后治理。在生产中，厂商可以通过减少每个产品的物质使用量、通过重新设计制造工艺来节约资源和减少排放，例如，用光缆代替传统电缆，可以大幅度减少电话传输线对铜的使用。在消费中，人们可以减少对物品的过度需求，例如，人们可以通过选择包装较少的、可循环的物品，购买耐用的高质量物品，来减少垃圾的产生量。

（2）再利用原则　循环经济的第二个有效方法是尽可能多次以及尽可能多种方式地使用人们所买的东西。通过再利用，人们可以防止物品过早成为垃圾。在生产中，制造商可以使用标准尺寸进行设计，例如标准设计能使计算机、电视机和其他电子装置中的电路非常容易和便捷地更换，而不必更换整个产品。在生活中，人们把一样物品扔掉之前，可以想一想家中和单位里再利用它的可能性。

（3）再循环原则　循环经济的第三个原则是废弃物尽可能多地再生利用或资源化。资源化是把物质返回到工厂，经过适当处理后进行重新利用。资源化能够减少垃圾填埋场和焚烧场处理压力，减少处理费用。

3. 循环经济的特征

① 新的系统观。人、自然资源和科学技术等要素构成的系统。

② 新的经济观。将经济活动控制在资源承载能力之内，保证区域生态系统的平衡和良性发展。

③ 新的价值观。重视人与自然和谐相处。

④ 新的生产观。“3R”原则（减量、再用、再循环）。

⑤ 新的消费观。提倡物质的适度消费、梯级消费。

4. 中国循环经济的发展

我国从1993年在上海召开的第二次全国工业污染防治会议开始，以循环经济理论为指导的清洁生产得到发展。近年来，循环经济在我国已经引起广泛的关注，并在理论上进行了探索，特别是在清洁生产的基础上，开始建设工业生态示范园区。国家更有效、有序地推进循环经济的建设，在企业、企业群、城市和地区开展了不同范围的循环经济的示范活动。同时，与循环经济相关的制度和政策体系正在不断完善，比如制定了《清洁生产促进法》，但专门为循环经济发展服务的完整的法律、经济政策体系尚未形成。全国总体来看，循环经济推广的面还不广，并且在第二产业即循环工业的试点较多，相对而言，在一产和三产领域循环经济的发展更缓慢，并且我国循环经济的水平（包括技术水平、经济水平）还较低。

西方发达国家经过几十年环境保护新战略的发展，资源、能源利用率高，但废弃物处理处置问题较为突出，因此，其循环经济的切入点是废物管理。中国是发展中国家，处于经济高速发展期，东西部地区经济差异巨大，环境问题多样，集中了发达国家在不同发展时期不同类型的环境污染，又有发达国家的经验可供借鉴。这决定了中国的循环经济发展是全方位的。同时，中国目前工业污染严重，因此，中国发展循环经济的切入点是通过推广企业清洁生产和构建企业间的生态产业链，来促进工业污染控制和区域环境综合整治，逐步构建循环经济型社会。

二、生态工业

1. 生态工业与生态工业园

生态工业是按生态经济原理和知识经济规律组织起来的基于生态系统承载能力、具有高效的经济过程及和谐的生态功能的网络型进化型工业，它通过两个或两个以上的生产体系或环节之间的系统耦合使物质和能量多级利用、高效产出或持续利用。

生态工业园区，是依据循环经济理念和工业生态学原理而设计建立的一种新型工业组织形态。它通过模拟自然生态系统来建立产业系统中"生产-消费-分解"的循环途径，实现物质闭环循环和能量梯级利用。通过分析园区内的物流和能流，模拟自然生态系统建立产业生态系统"食物链"，形成互利共生网络，实现物流的"闭路再循环"，达到物质、能量最大化和最优化利用。生态工业园是实现生态工业和工业生态学的重要途径，它通过工业园区内物流和能源的正确设计模拟自然生态系统，形成企业间共生网络，一个企业的废物成为另一个企业的原材料，企业间能量及水等资源梯级利用。生态工业园区的目标是尽量减少废物，将园区内一个工厂或企业产生的副产品用作另一个工厂的投入或原材料，通过废物交换、循环利用、清洁生产等手段，最终实现园区的污染"零排放"。生态工业园区采用的环境管理是一种直接运用工业生态学的生态管理模式。

2. 生态与传统工业的比较

生态工业是按照生态经济原理和知识经济规律组织起来的基于生态系统承载能力、具有高效的经济过程以及和谐的生态功能的网络型产业。生态工业与传统产业在目标、结构、功能导向、稳定性、社会效益等方面存在差异性，详见表 15-2。

表 15-2 生态工业与传统工业的比较

类别	传统工业	生态工业
目标	单一利润、产品导向	综合效益、功能导向
结构	链式、刚性	网状、自适应
规模化趋势	产业单一化、大型化	产业多样化、网络化
系统耦合关系	纵向、部门经济	横向、复合型生态经济
功能导向	产品生产	产品＋社会服务＋生态服务＋能力建设
责任	对产品销售市场负责	对产品生命周期的全过程负责
经济效益	局部效益高、整体效益低	综合效益高、整体效益大
废弃物	向环境排放、负效益	系统内资源化、正效益
调节机制	外部控制、正反馈为主	内部调节、正负反馈平衡
环境保护	末端治理、高投入、无回报	过程控制、低投入、正回报
社会效益	减少就业机会	增加就业机会
行为生态	被动、分工专门化、行为机械化	主动、一专多用、行为人性化
自然生态	厂内生产与厂外环境分离、负影响	与厂外相关环境构成复合生态体、正影响
稳定性	对外部依赖性高	抗外部干扰能力强
进化策略	更新换代难、代价大	协同进化快、代价小
可持续能力	低	高
决策管理机制	人治、自我调节能力弱	生态控制、自我调节能力强
研究开发能力	低、封闭	高、开放
工业景观	灰色、破碎、反差大	绿色、和谐

3. 生态工业园模式

(1) 丹麦卡伦堡生态产业园工业共生体　卡伦堡是一个仅有2万居民的工业小城市，位于北海之滨，距哥本哈根以西100km左右开始，这里建造了一座火力发电厂和一座炼油厂。随着年代的推移，卡伦堡的主要企业开始相互间交换“废料”：蒸汽、水（不同温度和不同纯净度）以及各种副产品。20世纪80年代以来，当地发展部门意识到它们逐渐地也是自发地创造了一种体系，他们将其称之“工业共生体系”（图15-6）。

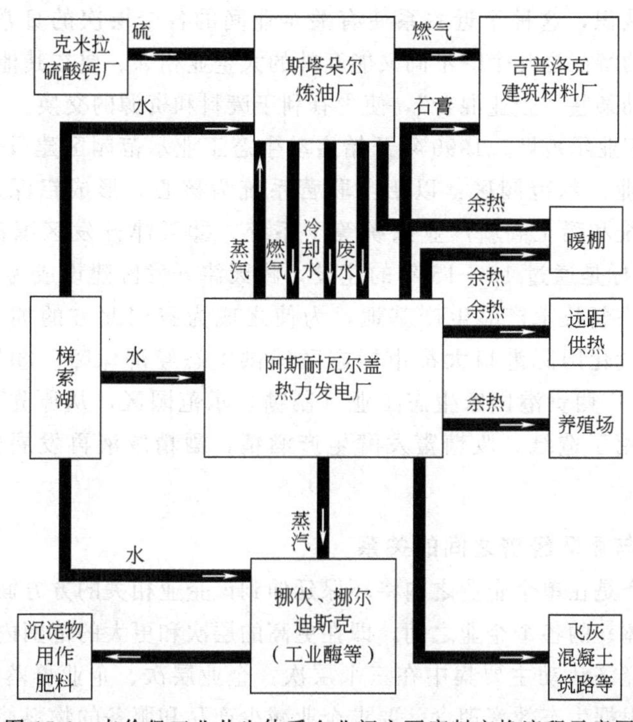

图15-6　卡伦堡工业共生体系企业间主要废料交换流程示意图

卡伦堡共生体系中主要有5家企业，相互间的距离不超过数百米，由专门的管道体系连接在一起。①阿斯耐斯瓦尔盖发电厂，这是丹麦最大的火力发电厂，发电能力为150万千瓦，最初用燃油，（第一次石油危机）后改用煤炭，雇佣600名职工。②斯塔朵尔炼油厂，同样是丹麦最大的炼油厂，年产量超过300万吨，有职工250人。③挪伏·挪尔迪斯克公司，丹麦最大的生物工程公司，是世界上最大的工业酶和胰岛素生产厂家之一，设在卡伦堡的工厂是该公司最大的工厂，员工达1200人。④吉普洛克石膏材料公司，一家瑞典公司，卡伦堡的工厂年产1400万平方米石膏建筑板材，175名员工。⑤最后是卡伦堡市政府，它使用热电厂出售的蒸汽给全市远距供暖。

卡伦堡工业共生系统的环境、经济优势表现为：①减少资源消耗。每年45000t石油、15000t煤炭，特别是600000m³的水，这些都是该地区相对稀少的资源。②减少造成温室效应的气体排放和污染。每年175000t二氧化碳和10200t二氧化硫。③废料重新利用。每年130000t炉灰（用于筑路）、4500t硫（用于生产硫酸）、90000t石膏、1440t氮和600t的磷。

卡伦堡生态工业园特征：①卡伦堡生态工业园事先并没有进行总体设计；②几个既不同又能互补的大企业相邻；③是经济杠杆将不同的企业联系在一起；④环境保护法规起重要的

作用；⑤重视需求和风险管理；⑥相互依存建立在信誉基础上。

关于卡伦堡共生系统，我们归纳三点结论：①共生系统的形成是一个自发的过程，是在商业基础上逐步形成的，所有企业都从中得到了好处。每一种“废料”供货都是伙伴之间独立、私下达成的交易。交换服从于市场规律，运用了许多种方式，有直接销售、以货易货甚至友好的协作交换（比如，接受方企业自费建造管线，作为交换，得到的废料价格相当便宜）。②共生体系的成功广泛地建筑在不同伙伴之间的已有信任关系基础上。卡伦堡是个小城市，大家都相互认识，这种亲近关系使有关企业间的各个层次的日常接触都非常容易。③卡伦堡共生体系的特征是几个既不同又能互补的大企业相邻。要在其他地方复制这样一个共生系统，需要鼓励某些“企业混合”，使之有利于废料和资源的交换。

(2) 中国生态工业示范区　1999 年开始启动生态工业示范园区建设试点工作。①包头国家生态工业（铝业）示范园区：以铝电联营系统为核心，形成铝深加工系统、铝合金铸件系统、建材系统和稀土高新产业系统等子系统。②天津开发区国家生态工业示范园区：2003 年总体目标是通过 10～15 年的建设，将天津开发区建设成为以工业共生、物质循环为特征的新型高新技术产品生产基地，为使之成为我国北方的加工制造中心、科技成果转化基地和现代化国际港口大都市标志区提供生态经济保障。③贵港国家生态工业（制糖）示范园区：广西贵港国家生态工业（制糖）示范园区，从原先单纯制糖，发展甘蔗生产，再将蔗渣用于造纸，废糖蜜发酵生产酒精，酒精废液再发展生产复合肥，供给甘蔗生产。

三、清洁生产与循环经济之间的关系

经典的清洁生产是在单个企业之内将环保延伸到该企业相关的方方面面，而生态工业则是在企业群落（群体）的各个企业之间，即在更高的层次和更大的范围内提升和延伸环保的理念和内涵。循环经济活动主要集中在三个层次：企业层次、企业群落层次和国民经济层次。在企业层次上根据生态效率理念，要求企业减少产品和服务的物料使用量，减少产品和服务的能源使用量、减少排放有毒物质，加强物质循环，最大限度利用可再生资源，提高产品耐用性与服务强度。在企业群落层次上，按照工业生态学原理建立企业群落物质上的能量集成、信息集成和企业间废物输入输出的关系。在国民经济层次上，当前主要宣传生活垃圾的无害化、减量化和资源化，即在消费过程和消费过程后实施物质和能源的循环（包括绿色包装、绿色消费和绿色营销等）。

清洁生产、生态工业和循环经济都是对传统环保理念的冲击和突破，主要表现在以下几方面。

① 从单项到综合（三结合）的方向转变。传统的环保工作重点和主要内容是治理污染、达标排放。清洁生产、生态工业和循环经济突破了这一界限，大大提升了环保的高度、深度和广度，提倡并实施环境保护与生态技术、产品和服务的全部生命周期紧密地结合；将环境保护与经济增长模式统一协调；将环境保护与生活、消费模式同步考虑。

② 从末端治理向全过程控制战略转变。传统的环保战略过重地依靠末端治理，清洁生产是一种整体预防的环境战略，工作对象是生产过程、产品和服务。

③ 从传统管理向先进的管理体制转变。清洁生产的实施要依靠各种工具，目前世界广泛流行的清洁生产工具有清洁生产审计、环境管理体系、生态设计、生命周期评价、环境标志和环境管理会计等生产工具，无一例外地要求在实施时深入企业的生产、营销、财务和环

保等各个领域。总之，清洁生产强调的是源的削减，即削减的是废物的产生量，循环经济强调减量、再用、再循环的排列顺序充分体现了清洁生产削减的精神，而生态工业把环保引入企业和企业群的各个方面，不仅是废物综合利用，而是通过积极主动的产业结构调整、产业升级，引进高新技术等措施改变工业"食物链"和"食物网"，升华为强大工业系统网络，使其具有规模性、竞争性、先进性，从而达到可持续性。

循环经济的前提和本质是清洁生产，它的常用工具包括生态设计、生态包装、绿色消费等成为循环经济的实际操作手段。

参考文献

[1] 杨士弘等. 城市生态环境学. 第二版. 北京：科学出版社，2003.

[2] 姜爱林，陈海秋，张志辉. 城市环境治理：问题及转型期的解决途径. 四川文理学院学报（自然科学），2008，18（5）：114-118.

[3] 姜爱林，陈海秋，张志辉. 城市环境治理若干理论研究. 宁夏社会科学，2008，(3)：35-40.

[4] 金鉴明，田兴敏. 城市的明天——构建生态城市的探讨. 自然杂志，2006，28（3）：131-136.

[5] 李西建. 城市环境污染的根源及治理措施. 西安工程学院学报，2002，24（3）：32-35.

[6] 卢海军，栾亦波. 生态城市规划与建设发展的理论分析. 齐齐哈尔大学学报，2008，24（1）：90-93.

[7] 童志权. 大气污染控制工程. 北京：机械工业出版社，2006.

[8] 刘宏等. 工业环境工程. 北京：化学工业出版社，2004.

[9] 左玉辉. 环境学. 北京：高等教育出版社，2002.

[10] 赵景联. 环境科学导论. 北京：机械工业出版社，2007.

[11] 王光辉，丁忠浩. 环境工程导论. 北京：机械工业出版社，2006.

[12] 战友. 环境保护概论. 北京：化学工业出版社，2004.

[13] 曲向荣等. 环境保护概论. 沈阳：辽宁大学出版社，2007.

[14] 洪宗辉等. 环境噪声控制工程. 北京：高等教育出版社，2000.

[15] 何强等. 环境学导论. 北京：清华大学出版社，2004.

[16] 左玉辉. 环境学. 北京：高等教育出版社，2002.

[17] 钱易等. 环境保护与可持续发展. 北京：高等教育出版社，2000.

[18] 傅庆云. 世界能源形势和前景. 北京：地质出版社，2005.

[19] 郭云涛. 中国能源与安全. 北京：中国经济出版社，2007.

[20] 周大地. 中国能源问题. 北京：新世界出版社，2006.

[21] 曲格平. 能源环境可持续发展研究. 北京：中国环境科学出版社，2003.

[22] 边耀璋. 汽车新能源技术. 北京：人民交通出版社，2003.

[23] 吴邦灿. 现代环境监测技术. 北京：中国环境科学出版社，2005.

[24] 张从. 环境评价教程. 北京：中国环境科学出版社，2002.

[25] 龙湘犁，何美琴. 环境科学与工程概论. 上海：华东理工大学出版社，2007.

[26] 李建成. 环境保护概论. 北京：机械工业出版社，2003.

[27] 叶文虎. 环境管理学. 第二版. 北京：高等教育出版社，2006.

[28] 李克国，魏国印，张宝安. 环境经济学. 北京：中国环境科学出版社，2003.

[29] 严法善. 环境经济学概论. 上海：复旦大学出版社，2003.

[30] 奚旦立. 环境与可持续发展. 北京：高等教育出版社，1999.

[31] 伊武军. 资源、环境与可持续发展. 北京：海洋出版社，2001.

[32] 李爱贞. 生态环境保护概论. 北京：气象出版社，2001.

[33] 王敬国. 资源与环境概论. 北京：中国农业大学出版社，2000.

[34] 高廷耀，顾国维. 水污染控制工程. 第三版. 北京：高等教育出版社，2007.

[35] 陈永文. 自然资源学. 上海：华东师范大学出版社，2002.

[36] 覃定超等. 我国自然资源管理概况. 北京：中国计划出版社，1993.

[37] 孙贤国. 中国自然资源利用与管理. 广州：广东省地图出版社，1998.

[38] 伊武军. 资源、环境与可持续发展. 北京：海洋出版社，2001.

[39] 夏立江等. 土壤污染及其防治. 上海：华东理工大学出版社，2007.

[40] 周启星等. 污染土壤修复原理与方法. 北京：科学出版社，2004.

[41] 张从等. 污染土壤生物修复技术. 北京：中国环境科学出版社，2000.

[42] 国家统计局，国家环境保护总局. 中国环境统计年鉴. 北京：中国统计出版社，2007.

[43] 李国鼎. 环境工程手册（固体废物污染防治卷）. 北京：高等教育出版社，2003.

[44] 李国学，周立祥，李彦明. 固体废物处理与资源化. 北京：中国环境科学出版社，2005.

[45] 聂永丰主编. 三废处理工程技术手册（固体废物卷）. 北京：化学工业出版社，2000.

[46] 邓宏兵，张毅主编. 人口、资源与环境经济学. 北京：科学出版社，2005.

[47] 李通屏，李建民. 中国人口转变与消费制度变迁. 人口与经济，2006（1）：1-16.

[48] 李通屏，成金华. 城市化驱动投资与消费效应研究. 中国人口科学，2005，(5)：65-69.